中国矿业大学教材建设工程资助教材

职业危害与防护

左树勋　裴晓东　编著

中国矿业大学出版社

内 容 提 要

本书是针对工矿企业中广泛存在的各类职业危险有害因素的发生、发展规律及其防治理论与技术问题编写而成的，内容上淡化了有关的医学问题，重点是在工程技术方面，以区别于医学院校的工业卫生学教材。全书共分为 10 章，内容包括体力劳动与作业疲劳，工业微气候及特殊气压环境，工业噪声及其控制，光环境与视觉保护，呼吸性粉尘与尘肺，生产性毒物与职业中毒，辐射及其安全防护，人身事故的处理与急救，职业病的诊断与预防以及职业安全卫生监督与管理概述。

本书可作为普通高等学校安全工程、采矿工程及相关工科专业的工业卫生学教材，也可供其他从事工程设计、现场管理、安全和劳动保护的相关技术人员阅读和参考。

图书在版编目（C I P）数据

职业危害与防护/左树勋，裴晓东编著. —徐州：
中国矿业大学出版社，2015.5
　ISBN 978 - 7 - 5646 - 2689 - 1

Ⅰ．①职…　Ⅱ．①左…②裴…　Ⅲ．①矿业—职业危
害—防护②矿工—职业病—防治　Ⅳ．①TD7②R135

中国版本图书馆 CIP 数据核字(2015)第 088436 号

书　　　名	职业危害与防护
编　　　著	左树勋　裴晓东
责任编辑	杨　廷　黄本斌
出版发行	中国矿业大学出版社有限责任公司
	（江苏省徐州市解放南路　邮编 221008）
营销热线	(0516)83885307　83884995
出版服务	(0516)83885767　83884920
网　　　址	http://www.cumtp.com　E-mail：cumtpvip@cumtp.com
印　　　刷	江苏淮阴新华印刷厂
开　　　本	787×1092　1/16　**印张** 14.25　**字数** 357 千字
版次印次	2015 年 5 月第 1 版　2015 年 5 月第 1 次印刷
定　　　价	29.80 元

（图书出现印装质量问题，本社负责调换）

前　　言

职业卫生问题,按传统的学科分类,是劳动保护学科中的一个重要分支。目前,随着安全科学的蓬勃发展,在概念上已涵盖了劳动保护学科的内容,所以说职业卫生也是安全科学的一个重要分支。安全科学是研究人类生产、生活、生存活动中的所有安全问题,突破了劳动保护学科是"保护劳动者在生产过程中的安全与健康"这个较狭隘的概念,具有更加广阔的发展前景和内涵。

职业卫生不仅是安全科学的一门学科,更是所有生产场所尤其是工矿企业的一项重要工作。为广大生产工人创造安全、舒适、不损害健康的劳动环境,是在各个生产领域从事安全技术、企业管理和职业卫生防护工作者义不容辞的责任。做好职业卫生防护工作,对保障劳动者的生命安全和身体健康,提高工作效率和产品质量,以及对于促进生产稳定持续发展,提升企业综合效益,推动我国企业与国际职业安全卫生管理体系接轨,均具有十分重要的意义。

职业卫生的任务就是研究生产环境中各种不利因素的发生、发展规律及其对作业人员身心健康的影响,探讨营造和改善劳动环境的工程技术途径和方法,使之适应人们的生理和心理需要,以保护广大职工的劳动热情和身心健康,控制和减少各种职业危害。

本教材针对目前我国工矿企业生产活动的实际情况,比较全面地阐述了劳动生理、工业微气候、防毒、防尘、噪声控制、照明与视觉保护、辐射防护和现场急救等内容。教材编写时以编者编写的《工业卫生》为蓝本,在内容编排上进行了必要的删改和增补,并在较大程度上体现矿业特色。虽然职业卫生问题早期是从预防医学中分化出来的,其许多内容与预防医学关系密切,但考虑到理工科院校学生医学基础知识薄弱的特点,教材编写中力求淡化有关的医学问题,而将重点放在工程技术方面,仅在第九章扼要介绍了有关职业病的诊断与防治问题。

本教材由中国矿业大学安全工程学院左树勋和裴晓东编著。在编写过程中,得到了学院杨胜强教授、李增华教授以及出版社马跃龙同志等的支持和帮助,在此一并表示感谢。由于职业卫生领域的新技术、新产品和新装备的应用,相关国家标准、法规的不断更新和完善,教材中内容难以与发展动向同步,加之编者水平所限,教材内容编排不当、疏漏甚至错误之处,请读者不吝指教,以便再版时加以修正。

编者

2014 年 12 月

目　录

第一章 体力劳动与作业疲劳

劳动创造了人类。在科学技术高度发达的今天,社会的发展和进步仍然离不开人类的辛勤劳动。在生理学意义上劳动是一种能量的转化和转移过程。因此,研究人在劳动过程中的能量代谢、人的生理反应、机体的自我调节能力以及劳动中人、机、环境之间的相互作用等问题是劳动生理学研究的重要内容之一,也是保证作业人员健康和安全、提高劳动效率的一项基础工作。

劳动尤其是体力劳动需要付出能量。人通过摄取食物和水,吸入氧气,在体内不断进行氧化而产生能量,但人在劳动中所做的功比实际消耗的能量要小得多。这是因为人在做有用功的同时还需要消耗能量来维持体位平衡、全身性肌肉紧张等而做无用功(没有对外做功)。据测定,人在安静状态下,每千克体重每小时也要消耗约 4.2 kJ 的能量。由此看来,在进行体力劳动时,人是一个效率不高的热机系统。因此了解劳动过程中能量在人体内的代谢和转化过程,充分发挥人的劳动能力是个十分重要的问题,也是劳动生理学研究的基础。

第一节 能 量 代 谢

人体与外界环境之间以及人体内物质与能量的转变过程叫做新陈代谢。它是人体生长、发育、繁殖、运动等生命活动得以进行的基础。新陈代谢一旦停止,人的生命活动也就随之停止。

新陈代谢包括两个方面:把从外界摄入体内的营养物质(食物和氧气)综合组成自身的物质或暂时以能量形式储存起来的过程叫同化作用;把组成自身的物质或储存于体内的物质进行分解并释放能量的过程叫异化作用。其中物质的储存和分解过程又称为物质代谢,而能量的储存和释放过程称为能量代谢。

一、体内能量的来源与转化

伴随着物质的代谢过程同时发生的能量释放、转移、贮存和利用的过程称为能量代谢。人体内所有的代谢过程都是遵循着物质守恒和能量守恒定律的。物质代谢产生的能量有各种不同的形式,它们之间可以相互转换。

体内能量主要由摄入的物质(糖、脂肪、蛋白)氧化分解过程而提供。有机物在生物体内的氧化分解,称为生物氧化。糖是人体的主要能量能源,人体所需能量的 70% 以上是由糖的分解代谢提供的,脂肪则起着储存和供应能量的作用,而含氮的蛋白质则主要作为生命现象的物质基础。

糖在人体各种组织中都能进行分解代谢,主要途径有无氧酵解、有氧氧化以及磷酸戊糖通路。

（1）无氧酵解：糖在无氧情况下（如肌肉剧烈活动产生缺氧情况）分解成乳酸的过程称为无氧酵解，是释放能量的过程。1 mol 葡萄糖产生 2 mol 乳酸和 2 mol ATP。1 mol 葡萄糖的糖原，可释放约 100 kJ 的能量。当激烈运动时，能量需要增加，心肌、骨骼肌对 ATP 的需要量也增加，此时即使增加呼吸和血液循环仍不能满足需要，肌肉处于相对缺氧状态，无氧酵解可以补充所需能量。

（2）有氧氧化：葡萄糖或糖原在有氧条件下完全氧化产生 CO_2 和 H_2O，称为糖的有氧氧化。1 mol 葡萄糖在有氧氧化中产生 36 mol ATP，比无氧酵解时产生的 ATP 要多十几倍，所以糖的有氧氧化是体内糖分解产能的主要途径。

（3）磷酸戊糖通路：提供了细胞代谢所需生物酶的辅酶以及为体内核酸的合成提供了原料。

脂肪在体内的主要功能是氧化供能，1 g 脂肪在体内完全氧化所释放的能量约为 39 kJ，比 1 g 糖或蛋白质氧化时所释放的能量大 1 倍多。同时脂肪在体内便于储存，空腹时，体内所需能量的 50% 以上来自脂肪的氧化，如果绝食 1～3 天则所需能量的 85% 来自脂肪的氧化。

蛋白质是人体各种组织细胞的基本组成成分，它是生命现象的物质基础，它维持组织生长、更新和修复及合成酶与蛋白类激素，是不能被糖和脂肪所代替的必需的营养物质。蛋白质在分解代谢中可以氧化释放能量供机体利用，1 g 蛋白质在体内氧化可释放约 17 kJ 的能量，这种供能作用可被糖和脂肪所代替，含氮的蛋白质在体内分解成氨基酸后，经脱氨基或转氨基作用生成非氮物质，它们和糖、脂肪一样氧化。脱下的氨基作为尿氮（尿素和 NH_4^+）排出体外。

物质在体内氧化分解产生的能量中约有 55% 以上是用于自身各种生理性功能活动并转变为热能以维持体温，且不断地通过体表向体外散发；另一部分以化学能的形式贮存于三磷酸腺苷（ATP）内，ATP 分解时放出能量，以供给各种生理活动。可见，机体活动（例如：肌肉收缩、神经肌肉生物电现象中的离子转运、各种腺体分泌和消化管细胞各种物质的转运等）的大部分能量来源于 ATP。这些化学能除肌肉收缩对外做功外，其余部分被机体利用后，最终仍然转变热能而散于体外。对外做功也可折算为热量。所以，机体每天消耗的能量都可以用热量单位来表示（kJ 或 kcal）。

二、体力劳动时的能量消耗

1. 营养物质的热价

每克营养物质氧化时释放的热量，称为该营养物质的热价（thermal equivalent of food）。营养物质的热价分为物理热价和生物热价。前者指食物在体外燃烧时释放的热量，后者指食物经过生物氧化所产生的热量。实验证明，糖和脂肪在体内氧化和在体外燃烧所产生的热量是相等的，而蛋白质的生物热价则小于它的物理热价。蛋白质在体外燃烧时产生的热量为每克 23.41 kJ，但在体内氧化时，只产生 17.14 kJ 热量。这是因为蛋白质在体内的氧化不完全所致，它的一部分以代谢终产物尿素的形式从尿中排出，在体内没能氧化。若将每克蛋白质所生成的尿素在体外燃烧，还可以产生 6.27 kJ 的热量，加上体内氧化产生的热量，其产生的总热量仍为 23.41 kJ。

2. 氧的热价

某种营养物质氧化时每消耗 1 L 氧所产生的热量叫做该物质的氧的热价(thermal equivalent of oxygen)。氧的热价在能量代谢测定方面也有重要意义,表 1-1 中列出了三种营养物质的产热量和热价数据。

表 1-1　　　　　　　　　　　　产热量及热价表

营养物质	产热量/(kJ/g)		氧耗量/(L/g)	CO_2产生量/(L/g)	消耗 1 L 氧的产热量/(kJ)	呼吸商(CO_2/O_2)
	试验值*	机体内氧化				
糖	17.14	17.14	0.81	0.81	21.12	1.00
脂肪	38.87	38.87	1.98	1.39	19.61	0.71
蛋白质	23.41	17.14	0.94	0.75	18.23	0.80

* 试验值是在弹式热量计内燃烧测定的。

3. 呼吸商

机体依靠呼吸功能从外界摄取氧气,以供各种营养物质氧化分解的需要,同时也将代谢终产物 CO_2 呼出体外,一定时间内机体产生的 CO_2 量与耗氧量的比值称为呼吸商(RQ,respiratory quotient)。例如,葡萄糖在机体内完全氧化时,其反应式和呼吸商(RQ)分别为:

$$C_6H_{12}O_6 + 6O_2 \rightarrow 6CO_2 + 6H_2O$$
$$RQ = 6CO_2/6O_2 = 1.0$$

糖、脂肪和蛋白质氧化时,它们的 CO_2 产量与耗氧量各不相同,三者的呼吸商也不一样。因为各种营养物质不论是在体内还是体外氧化,它们的耗氧量和 CO_2 产生量都取决于该物质的化学组成,所以,在理论上任何一种营养物质的呼吸商都可以根据生成它的氧化终产物(CO_2 和 H_2O)的反应式计算出来。

糖的一般分子式为$(CH_2O)_n$,氧化时消耗的 O_2 和产生的 CO_2 分子数相等,呼吸商等于1,如上述葡萄糖氧化的反应式所示。

脂肪氧化时需要消耗更多的氧。在脂肪的分子结构中,氧的含量远较碳和氢少。因此,另外提供的氧不仅要用来氧化脂肪分子中的碳,还要用来氧化其中的氢。所以脂肪的呼吸商将小于1。

蛋白质的呼吸商较难测算。因为蛋白质在体内不能完全氧化,而且它氧化分解途径的细节有些还不够清楚,所以只能通过蛋白质分子中的碳和氢被氧化时的需氧量和 CO_2 产生量间接算出蛋白质的呼吸商,其值为 0.80。

在人们的日常生活中,营养物质不是单纯的,而是糖、脂肪和蛋白质混合而成的混合膳食。所以,呼吸商常变动于 0.71～1.00 之间。人体在特定时间内的呼吸商要看哪种营养物质是当时的主要能量来源而定。若主要是糖类,则呼吸商接近于 1.00;若主要是脂肪,则呼吸商接近于 0.71;在长期病理性饥饿情况下,能源主要来自机体本身的蛋白质和脂肪,则呼吸商接近于 0.80。一般情况下,摄取混合食物时,呼吸商通常在 0.85 左右。

机体的组织、细胞不仅能同时氧化分解各种营养物质,而且也能使一种营养物质转变成另一种营养物质。糖在转化为脂肪时,呼吸商可能变大,甚至超过 1.00。这是由于当一部分糖转化为脂肪时,原来糖分子中的氧即有剩余,这些氧可以参加机体代谢过程中的氧化反应,相应地减少了从外界摄取的氧量,因而呼吸商变大。反过来,如果脂肪转化为糖,呼吸商也可能低于0.71。这是由于脂肪分子中含氧比例小,当转化为糖时,需要更多的氧进入分子结构,因而机体摄取并消耗外界氧的量增多,结果呼吸商变小。另外,还有其他一些代谢反应也能影响呼吸商。例如,肌肉剧烈活动时,由于氧供不应求,糖酵解增多,将有大量乳酸进入血液,乳酸和碳酸盐作用的结果会有大量 CO_2 由肺排出,此时呼吸商将变大。又如,在肺过度通气、酸中毒等情况下,机体中与生物氧化无关的 CO_2 大量排出,也可以出现呼吸商大于1.00的情况;相反,肺通气不足、碱中毒等情况下,呼吸商将降低。

如前所述,糖和脂肪在体内可以完全氧化,而蛋白质在体内则不能完全氧化,可通过尿氮含量来估算蛋白质的代谢量。蛋白质约含氮16%,1 g尿氮相当于6.25 g蛋白质的代谢产物,测得的尿氮量乘以6.25 g等于蛋白质代谢量。一般情况下,人体内蛋白质代谢比较少,也比较恒定,如省略尿氮的测定,计算结果也不会有太大的误差。表1-2给出了非蛋白质呼吸商和氧的热价。

表 1-2 　　　　　　　　　　　非蛋白质呼吸商和氧的热价

呼吸商	糖/%	脂肪/%	1 L氧的热价/kJ
0.71	0	100	19.61
0.75	14.7	85.3	19.83
0.80	31.7	68.3	20.09
0.85	48.8	51.2	20.34
0.90	65.9	34.1	20.60
0.95	82.9	17.1	20.86
1.00	100	0	21.12

如果测出被试者单位时间内的氧耗量和 CO_2 产生量并计算呼吸商,从表1-2中查出该呼吸商对应1 L氧的热价,最后乘以单位时间内的耗氧量,就得出单位时间的产热量。

4. 体力劳动时力的来源

从生理学角度来说,人的劳动是体力劳动和脑力劳动相结合进行的,只不过工作不同,脑体劳动有所侧重而已。由于骨骼肌约占体重的40%,故体力劳动的消耗要比脑力劳动大。

体力劳动时,骨骼肌活动的能量供给有以下三个途径:

(1) ATP-CP系列

肌肉所需的能量是由肌细胞里的ATP迅速分解而直接提供的,但肌肉中ATP的贮存量甚少,随即由磷酸肌酸(CP)分解及时补充(ATP),由磷酸肌酸(CP)与二磷酸腺苷(ADP)合成ATP的过程,称为ATP-CP系列。表示如下:

$$ATP + H_2O = ADP + Pi + 29.4 (kJ/mol)$$
$$\underset{\substack{\text{二磷酸} \\ \text{腺苷}}}{} \quad \underset{\substack{\text{磷酸} \\ \text{根}}}{}$$

$$CP + ADP \rightarrow Cr + ATP$$
$$Cr + ATP \rightarrow CP + ADP$$

其中,Cr是肌酸。

（2）需氧系列

肌肉中 CP 有限，只能供肌肉活动几秒至一分钟。因此在中等劳动强度下，就需从糖类和脂肪的氧化分解来提供能量合成 ATP，这个过程需要氧的参与才能进行，所以称作需氧系列。1 mol 葡萄糖能相应合成 38 mol ATP；1 mol 脂肪能合成 130 mol ATP。

（3）乳酸系列

在大强度劳动时，ATP 的分解非常迅速，需氧系列所合成的 ATP 受到供氧能力的限制，不能满足肌肉活动需要，这时，要依靠无氧糖酵解来提供能量。由于无氧糖酵解在合成 ATP 的同时还产生乳酸，故称为乳酸系列。虽然这时 1 mol 葡萄糖在乳酸系列中只产生 2 mol 的 ATP，但其速度比需氧系列要快 32 倍，所以能迅速提供较多的 ATP。生成的乳酸是一种致疲劳性物质，所以乳酸系列提供能量的过程只能维持较短时间，活动难以持久。

三、能量代谢与能量代谢率

根据机体所处的状态不同，能量代谢分为基础代谢、安静代谢和劳动代谢。

1. 基础代谢

维持生命所必需消耗的基础情况下的能量代谢叫基础代谢。所谓基础情况是指人在清晨清醒状态下静卧于 18～24 ℃ 环境中，空腹并保持精神轻松、体位安定，各种生理活动维持在较低水平。此时能量代谢不受肌肉活动、精神紧张、消化及环境温度等影响，所以基础代谢反映的是人体维持心率、呼吸和正常体温的最基本的能量消耗。正常人的基础代谢量是比较稳定的，一般与均值相差不超过 15%，如果与均值相差较大则表明机体可能有病理性变化，如体温增高 1 ℃，基础代谢可增加 13%。

基础代谢量是用每平方米体表面积每小时的产热量来计算的，单位是 $kJ/(m^2 \cdot h)$，基础代谢量与体重不直接相关，而与人体表面积成正比例关系。我国正常人基础代谢的水平列于表 1-3。

表 1-3　　　　　我国不同年龄段人口的正常基础代谢量　　　　单位：$kJ/(m^2 \cdot h)$

年龄	11～15	16～17	18～19	20～30	31～40	41～50	＞50
男性	195.2	193.1	165.9	157.6	158.4	153.8	148.8
女性	172.2	181.4	153.8	146.3	146.7	142.1	138.4

人的体表面积与其身高和体重正相关，我国成年人的体表面积与其身高和体重的关系可用以下统计公式计算：

$$B = 0.006\,1H + 0.012\,8W - 0.152\,9 \tag{1-1}$$

式中　B——人的体表面积，m^2；

H——人的身高，cm；

W——人的体重，kg。

2. 安静代谢

安静代谢是人为保持身体平衡及某种姿态所多消耗的能量，一般是在工作前或工作后取坐位姿态进行测定。安静代谢一般为基础代谢量的 20%。

3. 劳动代谢

人为了进行工作或运动，在安静时能耗量的基础上再增加的代谢量称为劳动代谢量。

而作业时所消耗的总能量称为总能量代谢,它是全身各系统器官活动能耗量的总和。脑力劳动增加的劳动代谢量不会超过基础代谢量的10%,而体力劳动的能耗量却可达到基础代谢量的10～25倍,它和体力劳动强度直接相关,是评价作业负荷合理性的重要指标。

4.能量代谢率

由于人的体质、年龄和体力等差别,从事同等强度的体力劳动所消耗的能量会因人而异,这样就无法用能量代谢量进行比较。为了消除个体之间的差异,常采用劳动代谢量和基础代谢量之比来表示某种体力劳动的强度。这一指标称为能量代谢率(RMR,relative metabolic rate)。

$$RMR = \frac{\text{劳动时总能耗量} - \text{安静时能耗量}}{\text{基础代谢量}} \tag{1-2}$$

基础代谢量、安静代谢量与劳动代谢量之间的关系如图1-1所示。

图1-1 安静代谢量及劳动代谢量

1——基础代谢量;2——安静代谢量;3——作业时关节平衡固定时消耗的能量;

4——作业时身体移动消耗的能量;5——纯体力劳动消耗的能量

根据图1-1所示,能量代谢率还可表达为:

$$RMR = \frac{[(1)+(2)+(3)+(4)+(5)]-(1)-(2)}{(1)} = \frac{(3)+(4)+(5)}{(1)} \tag{1-3}$$

表1-4给出了日常生活中RMR的一些实测值,供参考。

表1-4 实测的 RMR

活动项目	动作内容	RMR
睡眠		基础代谢量×90%
开、关窗		2.3
叠被	叠被、褥,放入壁橱	4.3
	就寝前铺被褥	5.3
整装	洗脸、穿衣、脱衣	0.5
扫除	扫地、擦地	2.7
	扫地	2.2
	擦地	3.5
做饭	准备、做饭及饭后收拾	1.6
	准备	0.6
	做饭	1.6
	收拾	2.5
运动	广播体操的运动量	3.0

活动项目	动作内容	RMR
吃饭、休息		0.4
上厕所		0.4
步行	慢走(45 m/min)、散步	1.5
	一般(71 m/min)	2.1～1.5
	快走(95 m/min)	3.5～4
	跑步(150 m/min)	8.0～8.5
上下班	自行车(平地)	2.9
	汽、电车(坐着)	1.0
	汽、电车(站着)	2.2
	轿车	0.5
上下楼梯	上楼时(45 m/min)	6.5
	下楼时(50 m/min)	2.6
学习	念、写、看、听(坐着)	0.2
笔记	用笔记录(一般事务)	0.4
	记账、计算	0.5

第二节　作业时氧耗动态及能量代谢测定

一、氧需与氧债

作业时人体所需要的氧量取决于劳动强度的大小,劳动 1 min 所需要的氧量叫氧需 (oxygen demand)。氧需能否得到满足主要取决于循环系统和呼吸系统的机能及其限度,系统在 1 min 内能供应的最大氧量叫氧上限。成年人的氧上限一般不超过 3 L,经过锻炼的人可以达 4 L 以上。

在作业开始的最初几分钟内,呼吸和循环系统的活动还不能满足氧需,肌肉活动所需的能量是在缺氧条件下提供的,所以氧需和实际供氧量出现了差额,此差值称为氧债。此后随着呼吸和循环系统活动的逐渐增强和适应,氧的供应得到了满足,即进入供氧的稳定状态,这种作业能够维持较长时间。如果劳动强度过大,氧需超过氧上限,机体继续在供氧不足的状态下工作,肌肉内的贮能物质(主要为糖原)迅速消耗,这种作业就无法持久,作业停止后的一段时间内,机体继续消耗高于安静代谢的氧以偿还氧债(图 1-2),并消除无氧糖酵解的最终产物乳酸及部分恢复肌肉原有的糖原储备之用,此恢复期的长短视氧债的多少而定。ATP、CP、血红蛋白等非乳酸氧债可在 2～3 min 内得到补偿,而乳酸氧债则需要十几分钟、甚至 1 h 以上才能完成补偿。

二、静态作业的能量消耗

作业时,由肌肉收缩作用于物体的力叫肌张力,物体作用于肌肉上的阻力称为负荷。要

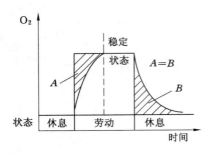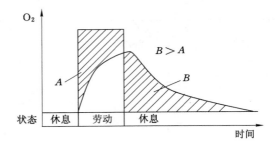

图 1-2　氧债及其补偿

A——氧债；B——补偿氧债

提起或举起某一物体，肌张力必须克服负荷，此时肌肉收缩过程中的负荷相对恒定，肌张力保持不变，这种肌肉收缩叫做等张收缩。运用关节活动进行的作业即属于此类。若人的躯体和四肢保持不动，运用肌张力将负荷支撑在某一位置，肌纤维长度不变，这种肌肉收缩叫做等长收缩。以肌肉等长收缩为主的作业称为静态作业或静力作业。人在任何劳动中均含有静态和动态两种作业成分，静态作业所占的比重与劳动的姿势（支持重物、把持工具、紧压加工物件等）及熟练程度有关，它可以随着劳动时姿势的改变、操作的熟练及工具的改革而减少。

　　静态作业的特征是能量消耗水平不高，但却容易疲劳，此时，即使劳动强度很大，氧需也达不到氧上限，通常不超过 1 L，但在作业停止后数分钟内，氧消耗不仅不像动态作业停止后那样迅速降低，反而先升高后再逐渐下降到原有水平，我们把这种现象叫做"林格"现象，如图 1-3 所示。

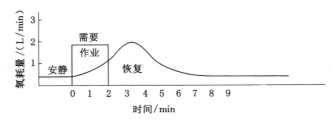

图 1-3　静态作业的氧耗动态（林格现象）

　　静态作业时，由于一定肌群呈持续紧张状态，压迫小血管使血流发生障碍，肌肉在供氧不足的情况下，无氧酵解产物不能及时消除而积聚起来形成氧债。当静态作业停止后，血液循环恢复，立即开始补偿氧债，所以呈现作业后氧消耗反而升高的现象。

　　另外，静态作业时，收缩压及舒张压均升高，但舒张压升高明显，使脉压减小，但经锻炼后，脉压就会增大。静脉压在静态作业开始时增高，工作适应时降低，到出现疲劳时又重新升高。血液循环时间在静态作业时延长，这种现象不能仅用局部机械压迫来解释，可能由于静态作业时大脑皮层中产生了局限性的兴奋灶，这个兴奋灶一方面不断发出冲动，另一方面又不断接受从紧张的肌肉传来的刺激，根据诱导法则，这种持续的兴奋灶能使皮层和皮层下中枢的其他兴奋灶受到抑制。例如能量代谢的抑制，但当静态作业停止后，按照正诱导法则，出现后继性机能的加强，即消耗反而升高的现象。

三、能量代谢的测定

糖、脂肪和蛋白质在体内氧化分解，释放能量的同时最终都生成 CO_2 和水以及含氮的代谢产物。根据能量守恒定律，能量代谢和气体的代谢之间存在着特定的量的联系。因此，测定在一定的时间内机体的气体代谢量，或者测定机体所产生的热量与所做的外功，都可测算出整个机体的能量代谢量。

测定整个机体在单位时间内发散的总热量，通常有两类方法：直接测热法和间接测热法。

人体内物质代谢过程中释放出的能量除做功外，最终都以热能的形式散于体外。直接测热法就是把人置于量热器中，直接测定人体放散的热量。直接测热法的设备复杂，操作繁琐，使用不便，因而极少应用。一般都采用间接测热法。

在一般化学反应中，反应物的量与产物的量之间呈一定的比例关系，这就是定比定律。前述葡萄糖在机体内完全氧化时的反应式便表明了这种关系。同一种化学反应，不论经过什么样的中间步骤，也不论反应条件差异多大，这种定比关系仍然不变。化学反应的这种基本规律也适用于人体内营养物质氧化供能的反应，是间接测热法的理论依据。

间接测热法就是利用这种定比关系通过对氧耗量和 CO_2 产生量的测定，用氧的热价、呼吸商等概念计算出该段时间内整个机体所释放出来的热量。通常是测得机体 24 h 内的耗氧量和 CO_2 产生量以及尿氮量，先由尿氮量算出被氧化分解的蛋白质量。由被氧化分解的蛋白质量算出其产热量、耗氧量和 CO_2 产生量，再从总耗氧量和总 CO_2 产生量中减去蛋白质耗氧量和 CO_2 产生量，计算出非蛋白呼吸商，根据非蛋白呼吸商查出非蛋白呼吸商的氧的热价，计算出非蛋白代谢的产热量。最后，24 h 产热量为蛋白质代谢的产热量与非蛋白代谢的产热量之和。此外，从非蛋白呼吸商还可推算出参加代谢的糖和脂肪的比例。

以下为间接测热法计算方法举例。

某受试者 24 h 的耗氧量为 400 L，CO_2 产生量为 340 L（已换算成标准状态）。另经测定尿氮排出量为 12 g，根据这些数据计算 24 h 产热量。

其计算步骤如下：

① 蛋白质氧化量＝$12 \times 6.25 = 75$ g；

产热量＝$17.14 \times 75 = 1\ 285.5$ kJ；

耗氧量＝$0.94 \times 75 = 70.5$ L；

CO_2 产生量＝$0.75 \times 75 = 56.25$ L。

② 非蛋白呼吸商：

非蛋白代谢耗氧量＝$400 - 70.5 = 329.5$ L；

非蛋白代谢 CO_2 产生量＝$340 - 56.25 = 283.75$ L；

$RQ = 283.75/329.5 = 0.86$。

③ 根据非蛋白呼吸商的氧热价计算非蛋白代谢的产热量：

查表 1-2，非蛋白呼吸商为 0.86 时，氧的热价为 20.47。所以，非蛋白代谢产热量＝$329.5 \times 20.47 = 6\ 745$ kJ。

④ 计算 24 h 产热量：

24 h 产热量＝1 285.5（蛋白质代谢产热量）＋6 745（非蛋白代谢产热量）＝8 030.5 kJ

如不计尿氮测定,则 RQ＝340/400＝8.50,氧热价为 20.42,24 小时产热量＝400×20.42＝8 168 kJ,结果稍偏大,误差不到 2%。

耗氧量与 CO_2 产生量的测定分为闭合式测定法和开放式测定法两种。

(1) 闭合式测定法:在动物实验中,将受试动物置于一个密闭的能吸热的装置中。通过气泵,不断将定量的氧气送入装置。动物不断地摄取氧,可根据装置中氧量的减少算出该动物在单位时间内的耗氧量。动物呼出的 CO_2 则由装在气体回路中的 CO_2 吸收剂来吸收,然后根据实验前后 CO_2 吸收剂的重量差,算出单位时间内的 CO_2 产生量。由耗氧量和 CO_2 产生量算出呼吸商。临床上为了简便,通常只使用肺量计来测量耗氧量。

(2) 开放式测定法(气体分析法):它是在机体呼吸空气的条件下测定耗氧量和 CO_2 产生量的方法,所以称为开放法。其原理是:采集受试者一定时间内的呼出气体,测定呼出气量并分析呼出气中 O_2 和 CO_2 的体积百分比。由于吸入气就是空气,所以其中 O_2 和 CO_2 的体积百分比不必另测。根据吸入气和呼出气中 O_2 和 CO_2 的体积百分比的差数,可算出该时间内的耗氧量和 CO_2 排出量。

气体分析方法很多,最简便而又广泛应用的方法是将受试者在一定时间内呼出气采集于气袋中,通过气量计测定呼气量,然后用气体分析器分析呼出气的组成成分,进而计算耗氧量和 CO_2 产量,并算出呼吸商。此法可测定任何状态下的能量代谢,但贮气袋须背在人的身上,作业时很不方便。我国新开发的肺通气量仪附有新型流量计,可以累计测定呼气量,不需用贮气袋采集气样。

现举一个气体分析实验例。

将某健康成人安静状态下的呼出气作气体分析,结果为:O_2＝16.26%;CO_2＝4.14%。1 min 呼出气量为 5.2 L(通常将呼出气量换算为不含水蒸气的标准状态值,也可换算为相对湿度 100%、1 个大气压、体温状态下的值,1 个大气压＝101 325 Pa)。吸入空气的组成是:O_2＝20.96%;N_2＝79.00%;CO_2＝0.04%。则:

受试者从每 100 mL 通过肺的气体中吸收的 O_2 为:20.96 mL－16.26 mL＝4.7 mL(或每升气体中 47 mL)。因为呼出气量为 5.2 L,则 1 min 的耗氧量为:47 mL×5.2＝244.4 mL。

100 mL 呼出气中的 CO_2 为:4.14 mL－0.04 mL＝4.1 mL(或每升气体中 41 mL),则 1 min CO_2 排出量为:41 mL×5.2＝213.2 mL。

据此可进一步计算受试者在安静状态下混合膳食代谢的呼吸商和代谢量。

第三节　劳动强度及其分级

一、劳动强度

劳动强度可以理解为,在作业中,人在单位时间内做的功与机体代谢能力之比。我们常说的轻、重劳动,费力大小,或重工业、轻工业工种等都不能完全表达劳动强度的含义。有的工作看起来作业强度不大,不太费力,但是如果连续工作时间长,或站着作业甚至强制体位,或者作业环境恶劣、精神非常紧张等等,都应视为重劳动和劳累的工作。所以首先应对劳动强度有一个正确的认识。

前已述,劳动可分为静态作业和动态作业两种。静态作业主要是依靠肌肉的等长收缩来维持一定的体位,特征是能耗水平不高,但却容易疲劳,难以进行劳动强度等级的划分,故一般放在疲劳中研究。动态作业是靠肌肉的等张力收缩来完成作业动作的,即经常说的体力劳动,是劳动强度分级研究的主要内容。

二、劳动强度的分级

劳动强度的大小可以用耗氧量、能耗量、能量代谢率等加以衡量。为了区分劳动强度的大小,将其划分等级是必要的。在此,先简单介绍一个国外的分级情况。

一种划分劳动强度的方法主要是按氧耗量划分的,分为三级:中等强度作业、大强度作业及极大强度作业。

中等强度作业:氧需不超过氧上限,可概括目前我国工、农业生产劳动的强度状况。中等强度又分为 6 级:很轻、轻、中等、重、很重和极重六级。各级指标见表 1-5(资料摘自国际劳工局,1983)。

表 1-5　　　　　　　　　　　　　　中等劳动强度分级表

劳动强度等级	很轻	轻	中等	重	很重	极重
氧需的上限/%	<25	25~37.5	37.5~50	50~75	>75	100
耗氧量/(L/min)	<0.5	0.5~1.0	1.0~1.5	1.5~2.0	2.0~2.5	>2.5
能耗量/(kJ/min)	<10.5	10.5~21.0	21.0~21.5	31.5~42.0	42.0~52.5	>52.5
心率/(次/min)	<75	75~100	100~125	125~150	150~175	>175
直肠温度/℃	—	<37.5	37.5~38	38~38.5	38.5~39.0	>39.0
排汗量*/(mL/h)	—	—	200~400	400~600	600~800	>800

* 排汗量为 8 h 工作的平均数。

大强度作业:指氧需超过氧上限,即在氧债大量积累的情况下作业。如负重爬坡、手工挥镐或煅打。这种作业只能持续 10 min,不会更长。

极大强度作业:指完全无氧的条件下的作业,只在短跑、游泳比赛时才会出现这类情况,持续时间不超过 2 min。

表 1-6 是日本学者研究的分级,把劳动强度分为五级:

表 1-6　　　　　　　　　　劳动强度分级表(日本劳动研究所)

劳动强度分类	RMR	8 h耗能量/kJ	全天耗能量/kJ	作业特点	工种举例
A 极轻劳动	0~0.1	2 478~3 864 (590~920) 1 932~3 024 (460~720)	7 770~9 240 (1 850~2 220) 6 930~8 064 (1 650~1 920)	手指作业,脑力劳动,坐位姿势多变,立位重心不移动,疲劳属精神和姿态方面	电话员、电报员、修理仪表、制图

续表 1-6

劳动强度分类	RMR	8 h耗能量 /kJ	全天耗能量 /kJ	作业特点	工种举例
B 轻劳动	1.0～2.0	3 864～5 250 (920～1 250) 3 024～4 284 (720～1 020)	9 240～10 710 (1 650～1 920) 8 064～9 324 (1 920～2 220)	手指及上肢作业,以手指为主可长时间连续工作,局部可产生疲劳	司机、车工、在桌上修理仪器、打字员
C 中劳动	2.0～4.0	5 250～7 350 (1 250～1 750) 4 284～5 964 (1 020～1 420)	10 710～12 810 (2 550～3 050) 9 324～11 004 (2 220～2 620)	立体为主,身体水平移动,速度相当于步行,上肢用力,可持续几小时	油漆工、邮递员、木匠、石匠
D 重劳动	4.0～7.0	7 350～9 114 (1 750～2 170) 5 964～7 476 (1 420～1 780)	12 810～14 700 (3 050～3 500) 11 000～12 520 (2 620～3 900)	全身作业为主,全身用力,全身性疲劳,10～20 min就需要休息一次	炼钢工、炼铁工、土建工人
E 极重劳动	7.0 以上 (7.0～11)	9 114～10 878 (2 170～2 590) 7 476～8 950 (1 780～2 130)	14 700～16 380 (3 500～3 900) 12 520～13 900 (2 980～3 330)	短时间内全身快速用力作业,呼吸急促、困难,2～5 min即需要休息	伐木工(手工)、大锤工

注:① 括号内数字单位为 kcal。

② 能耗栏内上、下半格数字各为男、女成年工人耗能量。

表 1-6 可作为估算某工作劳动强度的参考。

三、劳动强度分级的国家标准

我国曾于 1983 年颁布过《体力劳动强度分级标准》(GB 3869—1983)。该标准对体力劳动强度进行分级时采用了 8 h 工作日平均能量代谢率和净劳动时间率两个指标,较前述的单一指标有了明显进步。在此基础上,劳动部于 1997 年又委托中国预防医学科学院劳动卫生与职业病研究所对原《体力劳动强度分级标准》进行了修订。与旧标准相比,新标准更加科学,更加实用,有如下几方面的优点:

(1)把作业时间和单项作业能量消耗较客观地统一起来,能比较如实地反映工时较长、单项作业动作耗能较少的行业工种的全日体力劳动强度,同时亦兼顾到工时较短、单项作业动作耗能较多的行业工种的劳动强度,因而基本上消除了长期存在的"轻工业不轻,重工业不重"的行业工种之间分级不合理现象。

(2)体现了体力劳动的体态、姿势和方式,提出了体力作业方式系数,这比笼统地提所谓体力劳动进了一大步。

(3)考虑了性别在体力劳动强度分级中的差异。

新标准(GB 3869—1997)采用了下列定义。

(1)能量代谢率(energy metabolic rate)

能量代谢率是指某工种工作日内各类活动和休息的能量消耗的平均值,单位为kJ/(min·m²)。

平均能量代谢率(M)的计算方法如下:

根据工时记录,将各种劳动与休息加以归类(近似的活动归为一类),按表1-7的内容及计算公式求出各单项劳动与休息时的能量代谢率,分别乘以相应的累计时间(以分钟计),最后得出一个工作日各种劳动休息时的能量消耗值,再把各项能量消耗值总计,除以工作日总时间,即得出工作日平均能量代谢率,单位为 kJ/(min·m²)。

$$M = (单项劳动能量代谢率 × 单项劳动占用的时间 + \cdots +$$
$$休息时的能量代谢率 × 休息占用的时间)/ 工作日总时间$$

(1-4)

单项劳动能量代谢率测定表如表1-7所列。

表 1-7　　　　　　　　　　　能量代谢率测定表

工种:_____　　动作项目:_____

姓名:_____　年龄:_____岁　工龄:_____年

身高:_____cm　体重:_____kg　体表面积:_____m²

采气时间:_____min_____s

采气量

气量计的初读数_____

气量计的终读数_____

采气量(气量计的终读数减去气量计的初读数)_____L

通气时气温_____℃;气压_____Pa

标准状态下干燥气体换算系数(查标准状态下干燥气体体积换算表):_____

标准状态气体体积(采气量乘标准状态下干燥气体换算系数):_____L

每分钟气体体积:标准状态气体体积/采气时间 = _____L/min

换算单位体表面积气体体积:每分钟气体体积/体表面积 = _____L/(min·m²)

能量代谢率:_____kJ/(min·m²)

调查人签名　　　　　　　　　　　　　　年　月　日

当每分钟肺通气量为 3.0～7.3 L 时,可采用式(1-5)计算:

$$\lg M = 0.094\,5x - 0.537\,84$$

(1-5)

式中　M——能量代谢率,kJ/(min·m²);

　　　x——单位体表面积气体体积,L/(min·m²)。

当每分钟肺通气量为 8.0～30.9 L 时,可采用式(1-6)计算:

$$\lg(13.26 - M) = 1.164\,8 - 0.012\,5x \qquad (1\text{-}6)$$

当每分钟肺通气量为 7.3～8.0 L 时,采用式(1-5)和式(1-6)的平均值。

(2) 劳动时间率(working time rate)

劳动时间率是指工作日内纯劳动时间与工作日总时间的比,以百分率表示。

劳动时间率(T)的计算方法如下:

每天选择接受测定的工人 2～3 名,按表 1-8 的格式记录自上工开始至下工为止整个工作日从事各种劳动与休息(包括工作中间暂停)的时间(以分钟计)。每个测定对象应连续记录 3 天(如遇生产不正常或发生事故时不作正式记录,应另选正常生产日,重新测定记录),取平均值,求出劳动时间率。

$$T = \frac{\text{工作日内纯净劳动时间}}{\text{工作日总工时}} \times 100\%$$

$$= \frac{\sum \text{各单项劳动占用的时间}}{\text{工作日总时间}} \times 100\% \qquad (1\text{-}7)$$

表 1-8　　　　　　　　　　　　　　工时记录表

动作名称	开始时间 /(时、分)	耗费工时 /min	主要内容(如物体重量、动作频率、行走距离、劳动体位等)

调查人签名　　　　　　　　　　　　　　　　　　　　　　　　　　年　月　日

(3) 体力劳动性别系数(sex coefficient of physical work)

在计算体力劳动强度系数(S)时,为反映男女性别不同对相同强度的作业引起的不同生理反应,使用了性别系数。男性系数为 1,女性系数为 1.3。

(4) 体力劳动方式系数(way coefficient of physical work)

在计算体力劳动强度指数时,为反映相同体力强度由于劳动方式的不同引起人体不同的生理反应,使用了体力劳动方式系数(W)。搬方式系数为 1,扛方式系数为 0.40,推/拉方式系数为 0.05。

(5) 体力劳动强度指数(intensity index of physical work)

体力劳动强度指数(I)用于区分体力劳动强度等级,指数越大,反映体力劳动强度也越大。

体力劳动强度指数计算公式如下：

$$I = 10 \cdot T \cdot M \cdot S \cdot W \tag{1-8}$$

式中　I——体力劳动强度指数；

　　　T——劳动时间率，%；

　　　M——8 h工作日平均能量代谢率，kJ/(min·m²)；

　　　S——性别系数；

　　　W——体力劳动方式系数；

　　　10——计算常数。

根据体力劳动强度指数，将体力劳动强度分为四级（表1-9）。

表 1-9　　　　　　　　　　　**我国体力劳动强度分级表**

劳动强度级别	Ⅰ级	Ⅱ级	Ⅲ级	Ⅳ级
劳动强度指数	≤15	15~20	20~25	>25

第四节　作 业 疲 劳

作业时对氧的需求量增大，产生的能量供机体各部分做功以后，迅速排出大量代谢产物。此时劳动者出现作业能力明显下降，机体内各系统均发生了变化，有时还伴有疲倦感等主观症状，这些变化和现象叫做作业疲劳。疲劳是一种复杂的生理和心理现象，很难下一个确切的定义。

一、疲劳的表现与类型

当作业能力明显下降时叫疲劳。作业疲劳是劳动生理的一种正常表现，它起着预防机体过劳的警告作用。在正常作业状态下，从主观上出现疲劳感到身体完全筋疲力尽需要一个时间过程。疲劳程度的轻重决定于劳动强度的大小和持续时间的长短。

心理和环境因素对疲劳感出现也起作用。对工作厌倦、缺乏认识和兴趣或环境条件很差的工作，极易出现疲劳感；相反，对工作具有高度兴趣和责任感或有所追求，则疲劳感出现在生理疲劳发生很长时间后。

疲劳虽然可以分类，但都不尽全面，就像不易给疲劳下定义一样。其中一种划分方法是将疲劳分为急性、亚急性和慢性疲劳。急性和亚急性疲劳多是短时间内机体过劳引起的，而慢性疲劳常伴有心理因素，长期劳累以致心力交瘁，疲倦不堪，实际上已超出疲劳概念的范畴。另一种划分方法是将疲劳分为局部肌肉疲劳和全身性（中枢性）疲劳。前者是由于短时间大强度体力劳动引起的肌肉疲劳和血液中的乳酸大量蓄积的结果。这时糖原并未枯竭，所以是局部的。长时间的中等或轻劳动引起的疲劳并不是乳酸蓄积所致，这时既有局部肌肉疲劳（与肌糖原贮备耗竭有关），也有全身性疲劳。

依照疲劳的表现还可分为五种类型：

（1）个别器官疲劳。如计算机操作人员的肩肘痛、眼疲劳，打字、手工作业工人的手指、腕疲劳等。

（2）全身性疲劳。全身动作，进行较繁重的劳动，表现为关节酸痛、困乏思睡、作业力下降、错误增多、反应迟钝等。

（3）智力疲劳。表现为长时间从事紧张的脑力劳动引起的头昏脑涨、全身乏力、肌肉松弛、嗜睡或失眠等，常与心理因素相联系。

（4）技术性疲劳。常见于体脑并用的劳动，如驾驶汽车、收发电报、半自动化生产线工人操作等，表现为头昏脑涨、嗜睡、失眠或腰腿疼痛。

（5）心理性疲劳。单调的作业内容很容易引起心理性疲劳。例如，监视仪表的工人，表面上坐在那里"悠闲自在"，实际上并不轻松。信号率越低越容易疲劳，使警觉性下降。这时体力上并不疲劳，而是大脑皮层的一个部位经常兴奋引起的抑制。

除此以外，还有所谓的周期性疲劳。根据疲劳出现的周期长短，又可分为年周期性疲劳和月、周、日的周期性疲劳。这种疲劳出现的周期越长，似乎越具有社会因素和心理因素的影响。例如，工人在春节休假以后刚上班的头几天，作业能力总是低水平的，而且主观上有明显的疲劳感，似乎没有充分地恢复体力。体力劳动强度越大，上述感觉就越突出。又如，作业人员在周初感到不适应紧张的工作（尤其是工作在流水线上的作业人员），周末则有明显的疲劳感。期末考试以后，学生既感到轻松又觉得疲劳。上述诸例中，体力疲劳是基础，但明显地具有心理因素的影响。

二、疲劳的某些规律

疲劳具有如下一些规律：

（1）青年作业人员作业中产生的疲劳较年老者要小得多，而且易于恢复。这也很容易从生理学上得到解释，因为青年人的心血管和呼吸系统比老年人旺盛得多，供血、供氧能力强。因此某些大强度的作业不适于老年人干。

（2）疲劳可以恢复。年轻人比年老人恢复得快，体力上的疲劳比精神上的疲劳恢复得快，心理上造成的疲劳常与心理状态同步存在、同步消失。

（3）疲劳有一定的积累效应，未完全恢复的疲劳可在一定程度上继续存在到次日。人们在重度劳累疲劳之后，几天内都会感到周身无力，没歇过劲来，就是积累效应的表现。如果次日继续工作，即使并非劳累，也会感到十分疲倦。

（4）人对疲劳有一定的适应能力。例如，连续工作几天后，反而不觉得很累了，这是机体的适应能力所致。不过需指出的是长期慢性疲劳，累积达到严重程度时，就会步入病态疲劳，积劳成疾。有调查表明，慢性疲劳综合征在城市新兴行业人群中的发病率为$10\% \sim 20\%$，在某些行业中更高达50%，如科技、新闻、广告等从业人员和出租车司机等。

（5）在生理周期的低潮期发生的疲劳的自我感受较重，相反在高潮期较轻。

（6）环境因素直接影响疲劳的产生以及疲劳的加重和减轻。例如，噪声可加重甚至引起疲劳，而优美的音乐可以舒张血管、松弛紧张的情绪而减轻疲劳。所以，在某些作业过程中，休息时间和下班后听听音乐可加速疲劳的缓解。

（7）需要单独提出的一个致疲劳因素就是工作的单调，尤其在现代形形色色的流水作业线不断开发后，依附于流水作业的人员，周而复始地做着单一的、毫无创造的、重复的工作，因而在调查中，他们突出地反映工作的单调感。这种没有兴趣的"机器人"作业，使人易于厌烦、疲倦。从生理角度分析，公式化的单调动作也容易使人产生局部疲劳。这种厌倦心理状态可以从下述事实得到证明,即有单调感的工人其工作效率往往在接近下班时反而有所上升。这是由于作业者预感到快从单调的工作中解放出来而引起的兴奋所致,这就是所谓的"最后迸发"。

三、疲劳的机理与测定

研究疲劳具有十分重要的意义,但目前还研究得非常不够,尤其在机理研究方面,对于疲劳程度也缺乏直接客观的测定和评价方法,而常以主观的疲劳感判断疲劳的有无和深浅。测定方法只是间接测定其他生理或心理反应指标,推论疲劳的程度。

1. 疲劳的产生机理

疲劳的类型不同,发生的机理也不尽相同。

短时间大强度体力劳动所引起的局部肌肉疲劳,是由于乳酸在肌肉和血液中大量积蓄造成的,称为"疲劳物质累积机理"。

较长时间轻或中等强度劳动引起的疲劳,既有局部肌肉疲劳,又有全身性疲劳。此时局部肌肉不是由于乳酸积蓄所致,而是由于肌糖原贮备耗竭之故,称为"力源耗竭机理"。

全身或中枢性疲劳的机理有两种观点:一部分学者认为,强烈或单调的劳动刺激会引起大脑皮层细胞贮存的能源迅速消耗,这种消耗会引起恢复过程的加强。当消耗占优势时,就会出现保护性抑制,以避免神经细胞进一步地耗损并加速其恢复过程,这种机理称为"中枢变化机理"。另一部分学者认为,全身(中枢)性疲劳是由于劳动引起平衡紊乱所致。除肌肉疲劳外,还有血糖水平下降、肝糖原枯竭(极度疲劳)、体液丧失(脱水)、电解质(Na^+,K^+)丧失、体温升高等。这称为"生化变化机理"。

静态作业引起的局部疲劳是由于局部血流阻断引起的,此时有一部分能量是在无氧情况下产生的,乳酸堆积速率与收缩力呈线性关系,当张力在最大收缩力的 30% 水平时,血流开始减少;当张力达到最大收缩力的 30%～60% 水平时,血液中乳酸堆积得最多;当张力达到最大收缩力的 70% 水平时,血液流动完全停止。上述疲劳机理称为"局部血流阻断机理"。

2. 疲劳调查与测定

(1) 疲劳调查

周身和局部疲劳可由个人的自觉症状的主诉得以确认。日本产业卫生学会疲劳研究会提供了自觉症状调查表,如表 1-10 所列。按日本的分类方法,疲劳是由身体因子(Ⅰ)、精神因子(Ⅱ)和感觉因子(Ⅲ)构成的。在三个因子中,每个列出 10 项调查内容。把症状主诉率按时间、作业条件等加以分类比较,就可以评价作业内容、条件对工人的影响。还可以计算各项(共 30 项)有自觉症状的比例或各项因子项内所占比例,用以评定作业内容。

(2) 疲劳测定方法

研究疲劳属于劳动生理学和心理学的范畴,所以,测定疲劳的手段也是劳动生理学和心理学的测定手段。上述主诉症状调查依赖于被调查者的主观判断而非十分客观的表达,但目前还没有直接测定疲劳的方法,也没有评定疲劳的明确指标,所以多采用生理心理测试法。主要有:闪光融合值测定法;膝腱反射机理检查法;两点刺激敏感阈值检查法;连续色名呼叫检查法;反应时间测定法;脑电肌电测定法;能量代谢及心率(脉率)血压测定法等。下面介绍几种常见的测定方法。

表 1-10　　　　　　　　　　　　　疲劳自觉症状调查表

编号：＿＿＿＿＿＿＿＿＿＿＿　　　　工作内容：＿＿＿＿＿＿＿＿＿＿＿

姓名：＿＿＿＿＿＿＿＿＿＿＿　　　　工作地点：＿＿＿＿＿＿＿＿＿＿＿

＿＿＿＿年＿＿＿月＿＿＿日＿＿＿时＿＿＿分

有自觉症状在栏内划○，无自觉症状者在栏内划×

Ⅰ		Ⅱ		Ⅲ	
1	头　沉	11	思考不集中	21	头　疼
2	周身酸痛	12	说话发烦	22	肩头酸
3	腿脚发懒	13	心情焦躁	23	腰　疼
4	打呵欠	14	精神涣散	24	呼吸困难
5	头脑不清晰	15	对事物反应平淡	25	口干舌燥
6	困　倦	16	小事想不起来	26	声音模糊
7	双眼难睁	17	做事差错增多	27	目　眩
8	动作笨拙	18	对事物放心不下	28	眼皮跳、筋肉跳
9	脚下无主	19	动作不准确	29	手或脚发抖
10	想躺下休息	20	没有耐心	30	精神不好

① 闪光融合值测定法

受试者观看一个频率可调的闪烁光源，记录工作前、后受试者可分辨出闪烁的频率数。具体做法是先从低频闪烁做起，这时视觉可见仪器内光点不断闪光。当增大频率，视觉刚刚出现闪光消失时的频率值叫闪光融合阈；光点从融合阈值以上降低闪光频率，当视觉刚刚开始感到光点闪光时的频率值叫闪光阈。闪光阈和融合阈的平均值叫临界闪光融合值。人体疲劳后闪光融合值降低，说明视觉神经出现钝化。这一方法对在视觉显示终端（VDT）前面的工作人员的疲劳测定最为适用。一般测定日间或周间变化率，也可分时间段测定。

$$日间变化率 = \frac{休息日第二天的作业后融合值}{休息日第二天的作业前融合值} \times 100\% - 100\% \qquad (1-9)$$

$$周间变化率 = \frac{周末日的作业前融合值}{休息日第二天的作业前融合值} \times 100\% - 100\% \qquad (1-10)$$

闪光融合值变化允许值如表 1-11 所列。

表 1-11　　　　　　　　　　　　　闪光融合值降低率

劳动种类	第一工作日日间降低率		作业前值的周间降低率	
	理 想 值	允 许 值	理 想 值	允 许 值
体力劳动	−10%	−20%	−3%	−13%
中间劳动	−7%	−13%	−3%	−13%
脑力劳动	−6%	−10%	−3%	−13%

② 能量代谢率测定法

这一方法实际上是测定劳动强度。如果有完善的仪器设备可同时测得心跳次数、肺通气量等多项指标，对于判定疲劳更为有利。

$$RMR = \frac{\text{作业中增加氧气消耗量}}{\text{基础代谢时的氧气消耗量}} \tag{1-11}$$

人的工作能力是有一定限度的。表 1-12 给出了人的极限工作能力的参数，它可用于评价疲劳程度、选拔工人、制定定额的参考。

表 1-12　　　　　　　　　　　　　　人的极限工作能力

负荷 /(J/s)	氧耗量 /(L/min)	能量消耗 /[kJ/(m² · min)]	RMR	心率 /(次/min)	极限负荷时间 /min
基础	0.18	2.23	—	64.1	—
安静	0.22	2.72	—	75.0	—
50	0.99	12.35	4.32	113	—
75	1.32	16.32	6.10	124	215
100	1.44	17.85	6.78	128	158
125	1.58	19.55	7.55	133	112
150	1.76	21.73	8.52	140	72
175	2.03	25.02	10.0	149	37
200	2.43	30.59	12.50	166	12
225	2.54	31.49	12.90	168	10
250	2.64	32.60	13.40	171	8
275	2.80	34.58	14.29	177	5
300	3.06	37.79	15.73	187	3

能量消耗不超过 30 kJ/(m² · min)的体力劳动能连续作业 15 min 左右，超过这个时间就会出现急性疲劳。在表 1-12 所列限度内出现的疲劳属于正常的疲劳，比较容易恢复。

不同的劳动负荷具有不同的劳动代谢率和心率，也对应着不同的连续劳动时间。某个人群对应不同的劳动时间具有一定的生理负荷极限。国内某劳动保护研究所根据对体力作业人员进行的实验室和现场实测提出一个生理负荷极限回归方程式，如下：

$$Y_1 = 42.88 - 11.39 \lg X \tag{1-12}$$

$$Y_2 = 201.0 - 32.75 \lg X \tag{1-13}$$

式中　X——负荷时间，min；

　　　Y_1——能量消耗允许值，kJ/(m² · min)；

　　　Y_2——心率负荷允许值，次/min。

利用上述公式可迅速求得所要求的参数。

③ 心率(脉搏数)测定法

心率和劳动强度是密切相关的。在作业开始前 1 min，由于心理作用，心率常稍有增加。作业开始以后的 30～40 s 内迅速增加，以适应供氧的要求，以后缓慢上升。一般经 4～5 min 达到与劳动强度适应的稳定水平。轻作业时心率增加不多，重作业能上升到 150～200 次/min。这时，心脏每搏输出血液量由安静时的 40～70 mL 可增加到 150 mL，输出血液量可达 15～25 L/min，经过锻炼的人可达 35 L/min。

作业停止后,心率可在几秒内至十几秒内迅速减少,然后缓慢地降到原来水平。但是心率的恢复要滞后于氧耗的恢复,疲劳越重,氧债越多,心率恢复得越慢。其恢复时间的长短可作为疲劳程度的标准和人体素质(心血管方面)鉴定的依据。

膝腱反射机理检查法、反应时间的测定以及触觉两点阈值的测定都可间接反映疲劳的程度,不在此详述。

四、疲劳与安全生产

如前所述,作业疲劳可使作业者产生一系列精神症状、身体症状和意识症状,这样就必然影响到作业人员的作业行为,使事故的发生率上升。同时,过度疲劳还易引起职业性疾病。疲劳引起的事故,常见的有如下几种情况。

1. 睡眠不足、困倦引起的事故

这类事故多见于夜班或长时间作业未得到休息的情况下,而且多为技术性作业事故。如某矿卷扬机司机夜班作业,白天不充分休息,上夜班时打盹,开动卷扬机即进入半睡眠状态,以致造成卷扬机过卷事故,拉断钢丝绳,大罐坠入井底,酿成重大事故。又如长途汽车司机昼夜连续行车,困倦难支,导致车辆失控、车毁人亡的事故也不胜枚举。体力为主的劳动,这类事故发生的危险性反而小。立位工作比坐位工作要安全一些,因为坐位技术性作业更易因困倦而导致事故,因为人在极度疲劳和困倦时,坐位技术性作业的困倦往往更难控制。

2. 反应和动作迟钝引起的事故

疲劳感越强,人的反应速度越慢,手脚动作越迟钝。如某钢铁企业厂区内,铁路纵横,道口繁多,疲劳状态下的工人在下班途中或作业过程中常常不能敏锐地察觉后面来车和侧面来车而引起交通伤亡事故。又如某矿井下作业中三名工人因疲劳靠在采场矿壁处休息,两人站立,一人坐位,突然矿壁片帮,坐位工人被压致死,站位两人重伤。一方面是因为休息位置和姿势不当,另一方面也反映出作业人员在疲劳后动作迟钝,对事故前的声响等预兆反应不灵。

3. 省能心理引起的事故

重体力劳动常给作业人员造成一种特殊的心理状态——省能心理,主要反映在作业动作上会使其违反操作规程。例如,矿山井下作业,工作空间有限、照明不良、噪声水平过高等条件,工人从地面下到井下再走到工作场所,已感几分疲劳。所以,在作业动作上常是粗放、简单,偷工减料,设备的搬运、移动往往是抛上摔下。如某矿在充填准备工作中,底部渗水密闭的支柱根数在作业时被无故减少,造成充填过程中砂水跑冒,堵塞巷道多日,无法生产。再如某煤厂冬季煤堆表面冻结,作业人员在装煤时贪图省力,挖空煤堆底部,形成屋檐形煤顶塌落,压死压伤多人,都是明显的例证。

4. 环境因素加倍疲劳效应,导致发生事故

重体力劳动容易导致疲劳,而劳动环境不良则更加重了疲劳程度。例如,在噪声很大的车间工作的工人,下班时拖着疲惫的身体,在回家的路上发生交通事故的屡有记录。某煤矿工人下班时走在巷道中间,因过分疲劳意识不清,又加照明不良,坠入溜煤眼内。事故统计表明,各工业部门在高温季节(七八月份)事故发生率较高;室外作业则在寒冷季节事故率增大。

此外,过度疲劳还易引起职业性疾病。人体过度疲劳时,对外界环境变化及细菌的抵抗

力和适应能力都明显下降,过度疲劳时患感冒、咳嗽等常见疾病不易痊愈,少数病例可转变为气管喘息病(哮喘病)。劳累时排汗过多,在高湿、低温或高风速条件下极易患风湿性关节炎。所以过劳以后应在合适的环境中休息(如休息室)和进食,食物要易于消化,不过量,不吃生冷食物,预防感冒、着凉,这些也是预防某些职业性疾病的必要措施。

事故统计结果表明,疲劳导致事故还与生产的机械化程度密切相关。手工劳动的事故发生率低,高度机械化、自动化作业事故率也较低,而半机械化作业事故率最高,这其中包含许多人机学问题。因为半机械化作业时,人必须围绕机械进行辅助作业,由于作业时间长、动作频繁等原因造成疲劳,再加人机界面上存在问题就会导致事故发生。东北某市统计的死亡事故中,70%属于半机械化作业,具体事故多发生在人机配合上。

综上可见,疲劳与安全是密切相关的,防止疲劳也是安全生产的重要举措。

五、疲劳的预防

在目前的经济发展水平上,疲劳广泛地发生在各种作业岗位上。尽管机械化、自动化程度的提高可以减少许多笨重的体力劳动,从而消除了大强度体力劳动造成的重度疲劳,但是监测仪表、操纵机械、计算机作业等又带来新类型的疲劳。疲劳既影响工作成绩,又有害身体健康,还会导致各种事故。因此在劳动过程中如何有效地预防和推迟疲劳的发生,减轻疲劳的程度,有着十分重要的意义,也是职业卫生和人机工程等学科的重要研究课题,应从如下几个方面采取措施。

1. 建立合理的劳动制度

(1) 确定合理的劳动组织形式

劳动组织形式包括工作日制度和轮班制度等。

① 工作日制度

1935 年国际劳工组织的 47 号公约规定工人劳动时间每周不得超过 40 h。我国和世界上 80%以上国家都已执行这一规定。工作日的时间长短取决于很多因素。许多发达国家实行每周工作 32～36 h,5 个工作日的制度。当然,最为理想的是工人在完成任务条件下,自己掌握作业时间。某些有毒、有害物的加工生产,环境条件恶劣,必须佩戴特殊防护用品才能工作的车间、班组,更应适当缩短工作时间。

② 轮班制度

轮班工作制在国民经济生产中有重要意义。首先是提高设备利用率,增加了生产物质财富的时间,从而增加产品产量。这对于人口众多的发展中国家来说尤为重要,也相当于扩大了就业人数。其次,某些连续生产的工业部门,如冶金、化工等,其工艺流程不可能间断进行。值夜班的医生、民警、通讯作业人员等必须昼夜值班。以美国为例,约有 19%的工作人员从事轮班制作业,人数达到 1 600 万之多。

轮班工作制的突出问题就是疲劳,改变睡眠时间本身就足以引起疲劳。调查资料表明,大多数人都不愿意夜班工作,因为人的生理机能具有昼夜的节律性,长期生活习惯已养成人们"日出而作,日落而息"的习惯,很难一下被改变。安静的黑夜适于人们休息,消除疲劳。轮班制打乱了正常的生活规律,各种生理活动周期发生颠倒。有 27%的人需要 1～3 天才能适应,12%的人则需 4～6 天,23%的人需要 6 天以上,38%的人根本不能适应。作业者在夜班工作的生理机能水平只有白班工作时的 70%,主要表现为:体温、血压、脉搏降低,血液中的盐分增加,感受性、反应机能降低等,这必然导致工作效率降低。另外时间节律的紊乱也明显地影响人的情绪和精神状态,因而夜班的事故率也较高。我国不少企业实行的轮班制度是三班三轮制,即白、中、夜班,每周轮流工作和休息。这种轮班制是最古老的,也是最不合理的方式。每周轮班制使得工人体内生理机能刚刚开始适应或还没来得及适应新的节律时,又进入新的人为节律控制周期,所以,工人始终处于和外界节律不相协调的状态。长期的结果是:影响工人健康和工作效率,加剧疲劳,从而影响到安全生产。

目前一些企业推行四班三轮制较为合理。它又分为几种,如 6(2)6(2)6(2)制、5(2)5(1)5(2)制、4(1)4(1)4(2)制等。这些方式可以减轻疲劳,提高效率和作业的安全性。

（2）劳逸结合

劳逸结合是指工间休息的次数、时间和方式。从生理和心理上看,作业人员是不可能连续工作的,过一定时间效率就将下降,差错就会增多,若不及时休息还会引起产品质量下降,甚至出现安全事故。这是生理、心理和生产条件等不良因素综合作用的结果,疲劳就是重要因素之一。

合理安排作业休息制度,注意劳逸结合。管理者应当根据劳动强度的大小、作业的性质以及劳动环境的好坏等因素来安排作业过程中的休息时间。劳动强度越大,机体耗氧量也越大。当机体的耗氧量与机体通过循环系统所摄取的氧量基本相等时,表明能量消耗处于平衡状态。当劳动强度较小时,这种平衡状态可以维持较长时间,作业也可以持续较长时间;当劳动强度较大时,平衡状态在短时间内就会被破坏,作业只能持续很短时间。实验证明,如果能量代谢率 RMR≤2 时,平衡状态可以维持 6 h;当 RMR＝3.6 时,平衡状态只能维持 20 min。为了延缓疲劳的发生,维护作业者健康,必须在作业过程中插入必要的休息时间。有研究表明,在劳动日内适当地插入工间休息,不仅会使作业人员的主观感觉好转,而且会使生产效率提高 5%～15%。另外,良好的休息方式的选择对消除疲劳也是积极有效的,不应被忽视。

（3）减轻劳动量

劳动强度越大,劳动时间越长,人的疲劳就越重。一定的劳动强度,相应地只能坚持一定的时间。因此,提高作业的机械化、自动化程度是减轻疲劳、提高作业安全可靠性的根本措施。大量事故统计资料表明,笨重体力劳动较多的基础工业部门,如冶金、采矿、建筑、运输等行业,劳动强度大,生产事故较机械、化工、纺织等行业均高出数倍至数十倍。事故统计表明,我国煤矿事故死亡人数也和机械化程度负相关。目前各国发展的趋势都倾向于由机器人去完成繁重、危险、有毒和有害的工作。这些都说明:提高作业机械化、自动化水平,是减少作业人员、提高劳动生产率、减轻人员疲劳、提高生产安全水平的有力措施。

根据目前我国的生产力发展水平,RMR＞6 的作业应该采用机械化、自动化设备来完成;RMR＞4 应给予必要的间歇休息时间;RMR＜4 可持续工作,但工作日内的平均 RMR 值不应大于 2.7。

2. 创造良好的劳动环境

创造舒适良好的劳动环境可以减轻和推迟疲劳的发生。理想的劳动环境应安全、舒适、方便。可用职业卫生和人机工程学的方法从设备布局、工作空间、人机界面、气候条件、照明色彩、空气成分、辐射、噪声等方面来采取措施,为广大生产工人创造良好的劳动环境,尤其要设法改善那些属于"不能忍受"类的劳动环境。

3. 提高劳动者的身心素质

(1) 培养工作兴趣,避免心理疲劳

在现代工业生产中,劳动分工愈来愈细,出现了许多短暂而又高度重复的作业,这种作业称为单调作业,长时间单调作业容易出现单调感和枯燥感等不愉快的心理状态,从而导致心理疲劳,表现为对工作不感兴趣,情绪低落,心烦意乱,有时会对工作产生厌倦感,严重的还会出现神经衰弱症状。所以要善于根据劳动者的不同心理因素,合理分工,及时调配,进行爱岗敬业教育,以便充分发挥劳动者的积极性和创造性。

(2) 加强劳动技能训练,形成动力定型

疲劳与技术熟练程度密切相关。技术熟练的作业人员作业中无用动作少,技巧能力强,完成同样工作所消耗的能量比不熟练工人要少许多。熟练的作业动作是从工作经验中总结出来的,也是长期训练的结果,劳动技能训练能使机体形成巩固的连锁条件反射——动力定型,可使参加活动的肌肉数量减少,动作更加协调、敏捷和准确,各项操作更臻于"自动化"。此时,大脑皮层的负担减轻,故不易发生疲劳。

(3) 选择有利的工作姿势和合理的工作速率

选择正确姿势和体位进行作业,合理设计作业中的用力方法,使作业者处于舒适的状态,以最经济的能量消耗,取得最高的工作效率。另外,还要根据人体的生理特点,合理应用体力。作业速率对疲劳和单调感的产生也有很大影响,在合理的工作速率下工作,机体不易疲劳,持续时间最长。作业速率过高,会加速作业者的疲劳,但作业速率过慢同样不利,会使人感到工作内容贫乏,不能激发工作热情和作业能力的发挥,同样容易疲劳。

(4) 加强身体锻炼和卫生保健

体力锻炼能使机体的肌纤维变粗,糖原含量增多,身体的各部分肌肉得到均等发展,生化代谢也发生适应性改变,并引起机体的一系列有益变化。此外,经常参加锻炼者,心脏每搏输出量增大,而心率增加不多,呼吸加深,肺活量增大,而呼吸次数也增加不多,这就使得机体在参与作业活动时有很好的适应性和持久性。同时,锻炼可使血液碱贮备增加,对酸性代谢产物的耐受性也增强。

锻炼对脑力劳动者所起的作用更大、更重要,这是因为人类的智力发展并不像体力那样要受生理条件的限制。人脑约有 120 亿~140 亿个神经元,而一般人在一生中经常动用的大脑神经细胞仅占 10%~25%,可见人类的智力潜能还有待于进一步开发。

此外,预防疲劳还应针对不同作业的需要,合理供给和搭配营养,改善个人卫生和环境卫生,加强对疾病的防治等。

第二章 工业微气候及特殊气压环境

第一节 劳动环境的微气候

工业生产中可能会遇到各种不利的劳动环境,如高温、高温高湿、高温强辐射、低温强气流、露天作业等。相对于宏观气候而言,由工业生产流程和工艺决定的要求人们所处的小气候环境称之为工业微气候。研究在这些微气候条件下人体与环境的热交换过程和热感觉指标,进而采取相应的控制措施,创造一个适合人们生理和心理需求的舒适微气候是职业防护工作的重要研究内容之一。

一、微气候的主要影响因素和舒适气候条件

影响人们对工业微气候的评价主要是热感觉指标,其次是空气质量指标。

影响热感觉的物理参量主要有温度、湿度、风速和热辐射。正常情况下,人体通过以下三种途径和环境进行热交换,以维持身体的热平衡:与周围空气的对流换热,对周围物体的辐射散热以及水分的蒸发。水分的蒸发为人体散热提供了一种有效的途径,即使空气温度在短时间内高于人体温度时也能通过水分的蒸发(隐形出汗)使身体散出热量而不致使机体过热。

温度是影响人体热感觉的一个最重要指标。使人感到舒适的温度与多种因素有关,如人的体质、年龄、性别、衣着、习服程度、劳动强度等。劳动强度决定着代谢水平,对温度感起着重要作用。不同的劳动状态下,舒适感温度相差可达 10 ℃以上,见图 2-1。一般情况下,人们感到舒适的温度是 21±3 ℃。几种不同劳动条件下的舒适温度大致如下:坐位脑力劳动(办公室、调度室)为 18~24 ℃;坐位轻体力劳动(操纵台、仪表工)为 18~23 ℃;站位轻体力劳动(车工、检查仪表)为 17~22 ℃;站位重体力劳动(工程安装、木匠)为 15~21 ℃;很重的体力劳动(装卸工、土建工)为 14~20 ℃。

人们对环境温度的感受既是物理的,更是生理的和心理的。很难用某种方法测出最佳温度值,况且湿度、风速和热辐射因素也对人的热感觉产生重要的影响。

空气的湿度有相对湿度和绝对湿度两种表示方法。前者与温度关系密切,即用空气中的水蒸气含量与该温度

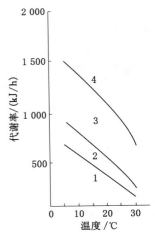

图 2-1 按人体热平衡
算出的各温度区

1——太冷;2——舒适;

3——可耐;4——太热

下的饱和水蒸气含量之比的百分数表示;而后者则与温度无关,只表示单位体积空气中的水蒸气的绝对量,所以绝对湿度也称含湿量。生产环境中大多数情况下用相对湿度来表示空气的湿度指标。在温度舒适区,湿度的大小对热感觉的影响很小,但在高温环境中,湿度对热感觉的影响将非常明显,湿度增大将限制人体水分的蒸发,会使人感到闷热,而在低温环境中,现场调查表明,"湿冷"比"干冷"更加令人不舒适。在我国北方地区,由于冬季比较干燥,即使温度比南方还低,但并不感到更冷。

相对湿度超过70%时称为高气湿,高气湿影响人体通过蒸发方式散热,会使人感到不适;而相对湿度低于30%时叫低气湿,低气湿环境会助长空气中污染物的形成并长时间悬浮,也会使人呼吸时丧失较多水分,使口鼻黏膜干燥而产生不适感。在生产和生活环境中,最适宜的湿度是40%~60%。

风速即工作环境中空气流动的速度。当空气流过人体时,会强化人体对流和蒸发散热的能力。其作用大小取决于风速及皮肤与空气的温差,当二者之间温差(皮肤温度-空气温度)较大时,对人体的"冷却"效果几乎与风速的平方成正比,但当空气温度接近皮肤温度时,风速变化所产生的"冷却"效果则迅速减弱。虽然加大风速可以补偿温度的升高所产生的热感觉,但在生产和工作环境中,过高的风速会带来其他方面的干扰而使人们难以接受,所以舒适的风速不宜超过0.5 m/s,即使气温较高时,也不宜超过1 m/s。我国《采暖通风与空调设计规范》中规定的不同温度与风速的关系见表2-1。

表2-1 适宜的温度、湿度和风速表

室 内 温 湿 度		允许风速/(m/s)
温度/℃	湿度/%	
18	40~60	0.20
20	40~60	0.25
22	40~60	0.30
24	40~60	0.40
26	40~60	0.50

热辐射是自然界一切物体的共性。理论上只要物体的表面温度高于热力学温度0 K,该物体就要对外产生热辐射并成为辐射源。人体表面温度约为310 K,当然也是辐射源,其辐射波长为5~25 μm。在任一时刻,自然界中的物体与物体之间均存在相互辐射,并通过辐射进行能量传递,试图实现温度的平衡。当人处在一个周围物体温度高于人体表面温度的环境中时,相互辐射的结果将使人体受热(获得能量),这种情况称为正辐射,反之则称为负辐射。负辐射有利于人体散热,是舒适微气候的必备条件之一。

热辐射的常用单位为kJ/(m²·min)。夏日中午,在我国武汉市附近测得阳光对地面的热辐射可达60 kJ/(m²·min)。对人体而言,热辐射超过100 kJ/(m²·min)时将会产生明显的烧灼感,达到200 kJ/(m²·min)时,一般人仅能耐受数秒钟。

二、微气候的综合评价指标

为了对温度、湿度、风速和热辐射各不相同的气候条件进行比较,或用于评价采取了某些措施后的效果,在很多情况下,人们希望能用一个综合指标来对微气候进行评价。目前使用的综合指标列举如下几种。

1. 有效温度(ET)

有效温度是一种生理热指标,由美国人雅格罗提出而后被广泛采用,单位为℃。它是在实验室条件下创造出不同的温度、湿度和气流速度,然后根据 130 名受试者主诉的热感觉来划分度数,是一种等效气温。其不同温度、湿度和风速下的值可从有效温度图(图 2-2)中近似地查出。

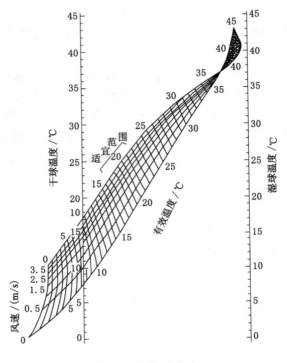

图 2-2 有效温度图

有效温度的不足之处是没有考虑辐射热的影响。但如果用黑球温度来代替干球温度则可反映该影响,称为校正有效温度。表 2-2 所列数值为有效温度的舒适范围及耐受极限建议值,可作为参考。

表 2-2 同劳动条件的有效温度建议值

劳 动 强 度			舒适范围(ET)	心情恶化(ET)
kJ/h	kcal/h	劳动等级	/℃	/℃
500～800	120～190	轻	23～19	35～32
800～1 100	190～260	中重	19～16	32～29
1 100～1 400	260～330	重	16～14	29～25

2. 三球温度指数(WBGT)

三球温度指数是以干、湿、黑球温度计分别测得的温度按一定的比例进行加权平均算出的温度指标,用以规定允许接触高温的阈值。

在有阳光直射处按式(2-1)计算:

$$WBGT = 0.7T_W + 0.2T_G + 0.1T_D \tag{2-1}$$

在室内或室外无阳光直射处按式(2-2)计算:

$$WBGT = 0.7T_W + 0.3T_G \tag{2-2}$$

式中　T_W——自然对流时的湿球温度,℃;

　　　T_G——黑球温度,℃;

　　　T_D——干球温度,℃。

表 2-3 给出了 WBGT 综合指标的临界值。

表 2-3　　　　　　　　　　　WBGT 最大允许值

新陈代谢率/(kJ/h)	空气流速<1.5 m/s	空气流速>1.5 m/s
<960	30	32
960~1 460	27.8	30.5
>1 460	26	28.9

我国国家标准《工作场所有害因素职业接触限值　第 2 部分:物理因素》(GBZ 2.2—2007)中对于高温作业职业接触限值给出了明确的规定,工作场所不同体力劳动强度 WB-GT 限值如表 2-4 所列。

表 2-4　　　　　　　　工作场所不同体力劳动强度 WBGT 限值

接触时间率	体力劳动强度			
	Ⅰ	Ⅱ	Ⅲ	Ⅳ
100%	30 ℃	28 ℃	26 ℃	25 ℃
75%	31 ℃	29 ℃	28 ℃	26 ℃
50%	32 ℃	30 ℃	29 ℃	28 ℃
25%	33 ℃	32 ℃	31 ℃	30 ℃

注:体力劳动强度分级按 GBZ 2.2—2007 中第 14 章执行,实际工作中可参考 GBZ 2.2—2007 附录 B。

从表 2-4 可见,接触时间率 100%,体力劳动强度为Ⅳ,WBGT 指数限值为 25 ℃;劳动强度分级每下降一级,WBGT 指数限值增加 1~2 ℃;接触时间率每减少 25%,WBGT 指数限值增加 1~2 ℃。

如本地区室外通风设计温度≥30 ℃的地区,表 2-4 中规定的 WBGT 指数相应增加 1 ℃。

3. 卡他度

测定卡他度的卡他计是模拟人体表面的散热条件而设计的。它的下端有一个酒精容器呈圆柱形,上部是棒状温度计形状,上面只有 38 ℃和 35 ℃两个刻度线。使用时,把卡他计置于热水中使酒精柱上升到顶端球部,然后取出揩干,悬挂在待测地点。当酒精柱降至 38 ℃时开始计时,到 35 ℃刻度线时停止计时,所测得的时间为 t s,则卡他度计算公式如下:

$$H_d = \frac{F}{t} \tag{2-3}$$

式中　F——卡他计常数,出厂时已标定在卡他计上,相当于每平方厘米酒精球面积上从38℃降到35℃时散出的热量,cal,1 cal=4.18 J。

上述测定方法得到的是干卡他度 H_d,它表示了36.5℃的人体表面在周围气温和风速条件下向外散热的速度。如果要在测定中包括环境湿度对人体水分蒸发的效应,则在卡他计的酒精球上包一块湿布。湿布水分蒸发将从酒精球上吸收更多的热量,因而湿卡他度 H_w 比干卡他度值大。

卡他度越大,表示可能由于气温过低、湿度过小或风速过大而散热越快。总之,它表示了三者对人体散热的综合作用。适宜的卡他度值见表2-5。

表 2-5　　　　　　　　　　　　　不同劳动状况时卡他度建议值

劳动状况	轻劳动	中等劳动	繁重劳动
干卡他度 H_d	>6	>8	>10
湿卡他度 H_w	>18	>25	>30

三、微气候的类型及其对人的影响

1. 微气候的类型

不良的微气候按其最主要的影响因素——温度来分,可分为高温作业和低温作业两大类型,工业生产中多为高温作业类型。高温作业又可分为高温强辐射作业、高温高湿作业和夏季露天作业。

(1) 高温强辐射作业

生产场所中的热源同时以对流和辐射两种形式作用于人体,且气温超过30~32℃,辐射强度超过41.8 kJ/(m² · min)[相当于10 kcal/(m² · min)]时,称为高温强辐射作业。如冶金工业的炼焦、炼钢车间,机械工业的铸造、热处理车间,热电站,锅炉间等。这类车间中有的夏季气温可达40℃以上,辐射强度超过400 kJ/(m² · min),若防护不当极易造成人体过热。

高温强辐射作业,应根据工艺、供水和室内微气候等条件采用有效的隔热措施,如水幕、隔热水箱或隔热屏等。工作人员经常停留或靠近的高温地面或高温壁板,其表面平均温度不应大于40℃,瞬间最高温度也不宜大于60℃。

(2) 高温高湿作业

高温高湿作业场所指气温超过30℃、相对湿度超过80%的场所。常见于造纸、印染车间和较深的矿井中,尤其在井下,通风不良时最易形成这种气候。

(3) 夏季露天作业

夏季露天作业的热源主要是太阳的热辐射和地表被加热后形成的二次热辐射源。地面运输、装卸、建筑施工等工作,露天工作时间较长,如劳动强度过大又无风时,容易发生机体蓄热和中暑。

低温类型的微气候包括低温、低温高湿和低温强气流。这类作业环境在工业生产中占比例较小,常见的有冷藏库、啤酒厂、冬季露天作业和冬季北方浅井等。

2. 微气候对人体的影响

高温和低温微气候对人体的作用机理是不同的。长时间高温作业可使人的正常生理机能——体温调节、水盐代谢等发生障碍,引起体温升高、水盐代谢平衡失调。高温环境还对人体的循环系统、消化系统、神经系统和泌尿系统等造成不同程度的影响,严重时可造成血压变化、食欲减退和消化不良、中枢神经系统抑制、工作能力下降等后果。尽管人体对高温环境有较强的适应能力,但这种能力又是有限的。研究人体对高温微气候的耐受性及体温调节机理,也是职业防护的一个重要研究内容。

人之所以能在多变的热环境中生存下来,是因为人体有灵敏而复杂的体温调节系统,这个系统的机理是复杂的,但过程却比较简单。人体新陈代谢所产生的热量,以及从周围环境中通过辐射和传导所获得的热量,经血液转移到皮肤,再经皮肤通过辐射或传导,或者通过汗液蒸发而散发到环境中去。人的循环系统和汗液分泌系统是体温调节的两个主要生理系统,其次是神经系统,神经系统不仅具有中枢和末梢温度感受器,而且还对参与体温调节的各个系统的功能进行综合管理。其他如内分泌系统和呼吸系统等也参与体温调节,作用相对较小。人体的热平衡可用一个简单公式即 $M \pm C \pm R - E = \pm S$ 来表示,该式中的各参数意义为:通过新陈代谢(M)、传导(C)、辐射(R)和蒸发(E)而获热或散热,其总和表示人蓄积或散失的热量(S)。在一定限度内,人体和环境之间的热交换是可以计算的,且热交换主要是通过人的皮肤完成的,所以皮肤在体温调节中占有特别重要的位置。当人体较长时间处于过热环境中,S值将持续为正值,人体热平衡被破坏,体温将持续上升。当人体的中心温度升至39～39.5 ℃以上时,将会导致热致疾病。在高温环境中作业,应控制人体的中心温度不超过38 ℃。

低温对人体的影响主要是加强人体的散热作用。低温高湿环境以加强人体的负辐射散热为主;而低温下的强气流主要是加强人体的传导散热,使人体过冷或局部过冷,导发各种伤风感冒性疾病。低温影响最敏感的是手指的精细动作,手部皮温降至15.5 ℃以下时,手指操作灵活性将明显下降,手肌力和肌动感觉能力都会明显变差。长时间暴露在低温环境中,人体将产生冻伤。在低温下,人体体表血管剧烈收缩,血液循环和细胞代谢发生障碍,造成组织缺血、缺氧,进而出现组织变性和坏死,产生冻伤,冻伤多发生在人体的末梢部位,如手、足、耳朵等处。人暴露在0 ℃以下气温中,除局部冻伤外,还将出现全身疲惫感、寒战,甚至冻僵。

表2-6给出了人在不同高低温环境中的主诉症状和生理反应,表中所列各项内容均系在无相应防护情况下产生的。

表2-6　　无防护情况下人体对不同温度的反应

温度/℃	后果	主诉可耐时间	主诉症状	生理反应
120	烧伤	1 s～1 min	痛	极限负荷
95	虚脱	1 min～1 h	头晕	
50	疲惫	1 h～1 d	疲惫	血管舒张和出汗
21	舒适	无限	无	
-7	疲惫	1 d～1 h	冷感觉	寒战
5(水中)	冻僵	1 h～1 min	冻僵	寒战
-55(在金属壳内)	昏迷	1 min～1 s	痛	极限负荷

3. 微气候对工作效率及安全的影响

国内外许多统计资料表明,炎热季节特别是 7~8 月发生事故较多。这是因为夏季温度高、湿度大,人的中枢神经系统容易失调,工人常感到精神恍惚、疲劳、周身无力、昏昏沉沉。这种精神状态常成为诱发事故的原因。

日本神山先生用温湿指数研究了脑力劳动的效果。温湿指数也称不快指数(D.I),是由美国气象局提出的。温湿指数为

$$D.I = (t_d + t_w) \times 0.72 + 40.6 \tag{2-4}$$

式中　t_d——干球温度,℃;

　　　t_w——湿球温度,℃。

美国气象局认为 D.I 在 70 以下为舒适带,75 以上约有 50% 的人感到不适,达到 80 时则所有的人都主诉不适,超过 85 将达耐受极限,这时应停止某些工作。神山认为 D.I 在 61~65 之间最适于脑力劳动,思维敏捷;70~80 时只有最佳状态的一半;81~85 时下降到 33%。

山东省莱钢集团安全环保处对莱钢多年以来的伤亡事故所做的统计分析表明,事故涉及人数以 8 月份为最高,其次是 12 月份。莱钢是以冶炼、轧钢为主,包括运输、机械加工、煤气、采矿、发电等多门类的联合企业,工种分布十分广,有车间内工作,有高温、露天、井下工作等,所以在高温和严寒季节的事故明显增多,这充分说明了气候条件和安全生产的密切关系。

四、不良微气候中的人体防护

1. 高温防护方法

地面生产车间和矿山井下作业都可能因存在高温热源而使环境温度过高。夏季地表温度过高,也会在不同程度上影响车间的温度。高温的防护方法有下列几种:

(1) 通风降温

通风可以排出热空气而调节温度,适用于温度不太高的工作地点。当工作场所空间过大,不能采用全面通风时,可采用局部通风法,使操作人员处于凉爽的送风流中。但应注意,风流速度不宜过大。工厂车间常采用此法。送风流的冷却可以用空调器、冷水或冰块等,视热源情况而定。

美国某金属矿山由于自然条件适宜,曾巧妙地采用人工-自然的配合方法调节井下温度。冬季该矿区气候寒冷,为加热入风流,使气流通过采空区并用水喷淋,水结冰后释放潜热使气流升温。炎热的夏季,入风流经过采空区后被冰冷却,降低了入风温度。

(2) 防护服装

存在高温强辐射源的工作处所仅靠通风是不能奏效的,必须穿戴高温防护服,以阻止辐射热的烘烤。常见的高温防护服有隔热石棉服,在我国冶金行业使用较多;第二种是通风防护服,在衣服夹层中供应冷气;第三种是通风冷却服。这些衣服制造成本较高,而且拖带一条通气管或通水管,十分不便,只有特殊场所才采用。通常耐热防护服的最高耐热温度只有 400~500 ℃。据报道,日本已开发出可以抵挡 1 300 ℃的耐超高温防护服,这种耐超高温防护服是采用芳族聚酰胺纤维与碳钢板重叠制作而成的,即使防护服外部的金属熔化,也能保证防护服内的温度控制在 30 ℃以内达 10 s 以上,可用于钢铁、电力、天然气等高温作业

行业,也能有效防止烧伤等重大事故的发生。

此外,合理布置热源、设置空调设备、采取适当的卫生保健措施,如制定合理的劳动休息制度,为工人创造良好的休息环境,合理供给饮料,适当增加营养等,也是常用的高温防护手段。

2. 高温防护要求

我国国家标准《工业企业设计卫生标准》(GBZ 1—2010)中对于高温作业提出了明确的要求。

(1) 当高温作业时间较长,工作地点的热环境参数达不到卫生要求时,应采取降温措施。

① 采用局部送风降温措施时,气流达到工作地点的风速控制设计应符合以下要求:

a. 带有水雾的气流风速为 3~5 m/s,雾滴直径应小于 100 μm;

b. 不带水雾的气流风速,劳动强度 Ⅰ 级的应控制在 2~3 m/s,Ⅱ 级的应控制在 3~5 m/s,Ⅲ 级的应控制在 4~6 m/s。

② 设置系统式局部送风时,工作地点的温度和平均风速应符合表 2-7 的规定。

表 2-7　　　　　　　　　工作地点的温度和平均风速

热辐射强度/(W/m²)	冬季		夏季	
	温度/℃	风速/(m/s)	温度/℃	风速/(m/s)
350~700	20~25	1~2	26~31	1.5~3
701~1 400	20~25	1~3	26~30	2~4
1 401~2 100	18~22	2~3	25~29	3~5
2 101~2 800	18~22	3~4	24~28	4~6

注:① 轻强度作业时,温度宜采用表中较高值,风速宜采用较低值;重强度作业时,温度宜采用较低值,风速宜采用较高值;中等强度作业时其数据可按插入法确定。

② 对于夏热冬冷(或冬暖)地区,表中夏季工作地点的温度可提高 2 ℃。

③ 当局部送风系统的空气需要冷却或加热处理时,其室外计算参数,夏季应采用通风室外计算温度及相对湿度;冬季应采用采暖室外计算温度。

(2) 工艺上以湿度为主要要求的空气调节车间,除工艺有特殊要求或已有规定者外,不同湿度条件下的空气温度应符合表 2-8 的规定。

表 2-8　　　　　空气调节厂房内不同湿度下的温度要求(上限值)

相对湿度/%	<55	<65	<75	<85	≥85
温度/℃	30	29	28	27	26

(3) 高温作业车间应设有工作休息室。休息室应远离热源,采取通风、降温、隔热等措施,使温度不高于 30 ℃;设有空气调节系统的休息室室内气温应保持在 24~28 ℃。对于可以脱离高温作业点的,可设观察(休息)室。

(4) 特殊高温作业,如高温车间桥式起重机驾驶室、车间内的监控室、操作室、炼焦车间拦焦车驾驶室等应有良好的隔热措施,热辐射强度应小于 700 W/m²,室内气温不应高于 28 ℃。

（5）当作业地点日最高气温高于35℃时，应采取局部降温和综合防暑措施，并减少高温作业时间。

3. 低温防护

低温对人体伤害主要有三种类型：一类是使组织产生冻痛、冻伤和冻僵；第二类是冷物体（如金属）与皮肤接触产生的局部粘皮伤害；第三类是低温对全身造成的不舒适症状。第一、二类伤害发生在温度很低情况下，时间不长也会致伤；第三类主要发生在全身低温暴露时间长，虽未引起冻伤，仍可造成人体深部温度下降过多。

防护方法主要是保温，手、脚及耳、颌面部分应佩戴适宜的防寒用具，如手套、棉鞋、面罩、帽子之类，全身应穿着保暖轻便服装，以利于工作。关于服装设计是人机工程学的一个专门部分，这里不多赘述。对特定工种要求的服装，通常由专门的人机学研究后加以设计制作。

第二节　工业洁净室的劳动卫生

一、洁净室的产生与分类

工业洁净室是指工业生产中洁净的生产车间，它是在生产工艺和技术发展的客观要求下产生的。随着加工精密化、产品微型化和高纯度化以及医疗、生物工程等领域对高洁净无尘、无菌环境的要求，目前洁净车间在工业生产中的比重越来越大。

根据用途，洁净室可分为工业洁净室和生物洁净室两大类。集成电路生产、照相制版、光学机械、精密加工、宇航、精细化工等使用的洁净生产车间称为工业洁净室；手术室、无菌病房、血库、药物生产和研究的洁净场所则称为生物洁净室。在洁净技术研究中，这两类场所统称为洁净环境。洁净环境的主要品质要求是空气的洁净度，一般来说，工业洁净室侧重于尘，而生物洁净室侧重于菌。除了对空气洁净度的要求外，由于在洁净环境中进行的工作往往具有特殊性，所以对环境的微气候等也有较高的要求。

二、洁净室的级别与微气候条件

我国工业洁净室的空气洁净度标准等级分为四级，是参照几个主要国家的标准制定的，见表2-9。

表 2-9　　　　　　　　　　　　　　　洁净度级别

级　　别	每立方米中尘粒最大允许个数/个（≥0.5 μm）	每立方米尘粒最大允许个数/个（≥5 μm）
100 级	≤3 500	0
1 000 级	≤350 000	≤2 000
10 000 级	≤3 500 000	≤20 000
100 000 级	≤10 500 000	≤60 000

其他方面的要求包括以下几类。

1. 压力

这里的压力指的是静压差。对于洁净车间,为了防止外界污染物的进入,通常要维持一定的静压差,并且要符合以下原则:

(1) 洁净空间的压力要大于非洁净空间的压力,压差不小于 10 Pa。

(2) 洁净度级别高的空间的压力要高于相邻的洁净度级别低的空间的压力,差值不小于 5～10 Pa。

(3) 相通洁净室之间的门要开向洁净度级别高的房间。

压力差的维持要依靠新风量,这个新风量要能够补偿在该压差下从缝隙漏掉的风量,所以压力差实际上就是泄漏风量通过洁净室的各种缝隙时的阻力。

2. 气流速度

洁净室中的气流组织分为两类:一类是乱流洁净室,主要依靠送风气流的稀释作用来减轻室内污染程度,所以一般不用风速而用换气次数的概念。但对出风口的气流速度要作限制,一般不宜大于 0.2 m/s,以免吹起表面微粒重返气流,造成再污染。另一类称为平行流洁净室(层流洁净室),主要靠气流的"活塞"挤压作用排除污染,所以必须有一定的截面速度。考虑到控制污染和节能的因素,我国规定垂直平行流洁净室的最小风速为 0.25 m/s,水平平行流洁净室的最小风速为 0.35 m/s,但最大均不得超过 0.5 m/s。

3. 湿度

洁净室的温湿度主要是根据工艺要求来确定,但在满足工艺要求的条件下,应充分考虑人的舒适感。

按美国标准,洁净室的推荐温度为 22.2 ℃,允许波动 ±2.8 ℃,特殊的仅允许波动 ±0.3 ℃。湿度要控制在 30%～45% 之间,波动不得超过 ±10%,特殊的不得超过 ±5%。从发展的趋势看,温湿度的允许波动值会越来越小,温度将会限制在 ±0.1 ℃,湿度将限制在 ±2%。

我国有关标准要求,洁净室的温度应控制在 18～26 ℃ 之间,相对湿度宜为 40%～60%,且夏季取上限,冬季取下限。

4. 空气新鲜度

前面已述,空气洁净度标准是控制空气中的微粒浓度,而这种洁净只具有物理学上的意义,如果从化学和生理学的角度看,就不一定是"洁净",因为虽然控制了微粒,但是气态的有害成分却依然存在,这是过滤器所去除不掉的;另外,经过多次过滤,生理上所需要的负离子也可能大为减少。于是人们提出"空气新鲜度"这一概念,以表示这两个成分及其卫生学意义。

洁净室中除了 CO_2 要高于正常比例外,还会有 CO 以及各类有机溶剂产生的有害气体,这类气体有的对人体有害,有的则使人产生不快的感觉(臭味)。

环境中的臭味没有物理量的评价方法,一般用感觉性等级来评价臭气强度,而这种感觉的强弱与臭味或刺激性物质在空气中浓度的对数成正比,通过嗅觉来判断,见表 2-10。

有害气体的浓度常采用 ppm 和 mg/m^3 两种表示方法,ppm 表示 $1\ m^3$ 的空气中含有多少立方厘米有害气体,即百万分之几;mg/m^3 表示 $1\ m^3$ 空气中含有多少毫克有害气体。0 ℃ 时它们之间的关系为 $1\ mg/m^3 = 1\ ppm \times 分子量 \div 22.41$。各类有害气体的毒性及其浓度限制将在后面有关章节中述及,下面仅就空气中的离子成分对人体的生物作用以及洁净室的卫生问题作简要介绍。

表 2-10 评价臭气和刺激的感觉性等级

臭气和刺激的感觉强度指数	评 价		相互间浓度的比率
	不快的臭气和刺激	芳 香	
0	无臭（无刺激）	无味	0
1/2	最低界限	极微弱	0.001
1	正常人能闻出，无不快	微芳香	0.01
2	无不愉快臭气（刺激）	适度的气味	0.1
3	强臭气（刺激）	—	10
4	非常强臭气（刺激）	—	10
5	难以忍受的臭气（刺激）	—	100

三、工业洁净室的卫生防护

从洁净室的各项物理指标看，其微气候条件应该是很宜人的。然而，在实践中人们发现，在各种类型的洁净车间中，其工作人员都程度不同地出现血压改变、心跳加快、头痛、迷糊以及失眠等类似于神经衰弱的征候，有人将其称为空调综合征或洁净室综合征。

出现这种现象的原因，目前认为主要有两个方面因素：其一是洁净车间换气不足，导致洁净室内的空气品质不符合卫生要求；其二是空气经过反复过滤，在滤掉尘粒的同时，也使空气中的离子数量锐减。所以，解决洁净车间的卫生问题应主要从以下两个方面入手。

1. 换气量的计算

洁净室换气量的大小，大多数情况下是以能有效稀释有害气体的浓度为计算准则。对洁净室内有害气体浓度的要求是：

（1）一种有害气体时，其浓度不得高于卫生标准规定的容许浓度，用公式可表示为：

$$\frac{C_1}{T_1} \leqslant 1 \tag{2-5}$$

式中　C_1——该有害气体浓度；

　　　T_1——该有害气体最高容许浓度。

则为了有效稀释这种有害气体，所需的换气量 Q_1 至少应为：

$$Q_1 = \frac{L_1}{T_1 - C_0} \tag{2-6}$$

式中　L_1——该有害气体发生量；

　　　C_0——新鲜风流中含有该有害气体的浓度。

（2）当洁净室内存在多种有害气体发生源，且发生量为 $L_1, L_2, \cdots, L_n$ 时，为简化计算，设新风中各有害气体浓度为零，换气量为 Q，则有：

$$\frac{L_1}{Q} = C_1, \frac{L_2}{Q} = C_2, \cdots, \frac{L_n}{Q} = C_n \tag{2-7}$$

式中　$C_1, C_2, \cdots, C_n$——各种有害气体相应的浓度。

而稀释各有害气体所必需的换气量应为：

$$Q_1 = \frac{L_1}{T_1}, Q_2 = \frac{L_2}{T_2}, \cdots, Q_n = \frac{L_n}{T_n} \tag{2-8}$$

由于各种有害气体都影响人体健康,其共同作用可以视为相加作用(事实上不尽然),则各浓度应符合下式:

$$\frac{C_1}{T_1} + \frac{C_2}{T_2} + \cdots + \frac{C_n}{T_n} \leqslant 1 \tag{2-9}$$

根据式(2-7)、式(2-8),可得:

$$\frac{Q_1}{Q} + \frac{Q_2}{Q} + \cdots + \frac{Q_n}{Q} \leqslant 1 \tag{2-10}$$

即

$$Q \geqslant Q_1 + Q_2 + \cdots + Q_n \tag{2-11}$$

所以,在多种有害气体的环境下,换气量至少应为:

$$Q = Q_1 + Q_2 + \cdots + Q_n \tag{2-12}$$

换气量与洁净度这两个指标是相互制约的,实际工作中应根据具体要求加以权衡。

2. 空气中离子的生物学作用及解决方法

空气中的离子通常是指带有一个基本电荷的分子团,其大小可由几个到几十万个分子组成,而对人体有生物学作用的,主要是分子数小于几十个的中小离子。实践已经表明,空气中的中小负离子具有许多良好的健康效应,可以起到降低血压、抑制哮喘等作用,对神经系统也有镇静作用,并有助于消除疲劳,被人们誉为"空气维生素"。离子的这种生物作用主要在于它对人体组织施加了一个刺激效应。因为带电的离子与生物界面(呼吸器官)接触时,或者放出电荷,或者吸收电荷,这一过程就改变了生物界面上的电子动力状态,相当于施加了一种生物电刺激,且离子越轻,其活动性就越大,刺激也越明显。

实验表明,离子生物作用的结果能提高血液中自由氧的含量。在富含离子的空气中可以测得人们呼出的 CO_2 量增加了,这就证明吸入的氧气量也增加了。血液中含氧量的提高,表明循环系统可以用较少的血液就能满足身体组织的用氧量,从而使脉搏频率减缓,进而使血压下降。

除了生物作用外,空气中的离子还有净化空气、降低生产中的静电事故等作用。因此,在生产车间,尤其是洁净车间,应设法增加空气中负离子的数量,使空气中的离子数目达到室外的平均含量(1 000 个/cm³)。就目前的技术条件是比较容易做到的,其中使用负氧离子发生器是一种常见的选择。

第三节　特殊气压环境

一、高气压环境

(一)高气压作业及其对人体的影响

1. 高气压作业类型

高气压作业主要有两类:一类是潜水作业,另一类是潜函作业。

① 潜水作业

水下施工、桥梁建设、打捞沉船、海洋矿藏勘探等,都经常要进行潜水作业。水面下的压力与下潜的深度成正比,即每下沉约 10.3 m,则增加 1 个大气压(1 个大气压＝101 325

Pa),此压力称为附加压,附加压与水面大气压之和称为总压或绝对压。当潜水员在水下工作时,都需穿上特制的服装——潜水服,为保持潜水服内外压力平衡,通常是通过一根导管将压缩空气送入潜水服内,并根据潜水深度不同随时调节其压力大小。这样,潜水人员身体所承受的空气压力,就始终等于工作点处的水下总压力。

② 潜函作业

潜函作业又称为沉箱作业,是指人员置身于地下或水下深处的构筑物(潜函)内工作。各种地下工程、水下工程、矿山竖井延深等,都可能需要进行潜函作业。当潜函在地下或水下某一深度工作时,为了排出潜函内的水或泥浆,必须用略大于潜函处压力的高压气体送入潜函内,以保证水或泥浆不会进入潜函而便于进行工作。由于潜函内的气压远高于正常大气压,因此,当工人出入潜函时,在减压和加压过程中或在潜函内工作期间,如不严格遵守操作规程,都可能对健康造成一定危害。

2. 高气压对机体的影响

人对高气压有一定的耐受能力。一般健康人均能耐受 3~4 个大气压,若超过此限度,就可能引起机体的正常机能障碍。

高气压对机体的影响,主要发生在加压和减压过程中。加压时,由于外耳道压力比内耳大,使鼓膜内陷,可出现内耳充塞感、耳鸣及头晕等症状,压力上升太快时,可压破鼓膜,造成难以修复的后果。

在持续高压下,可发生神经系统机能的改变。如附加压超过 7~10 个大气压以上时,可发生氮中毒症状,开始表现为兴奋性增高,如酒醉状,以后意识模糊,出现幻觉等。这些症状与氮的麻醉作用有关。氮的麻醉作用还可引起血液循环系统机能的改变,使心脏活动增强,血压升高和血流速度加快。

高气压对人体的影响,最重要的还是从高压环境返回到正常气压环境时,由于未遵守逐渐减压原则,致使溶解在组织和血液内的氮来不及经肺排出而引起减压病。

(二)减压病及其预防

减压病是指在高气压环境中工作一定时间后,在返回正常气压时,因减压过速、减压幅度过大,以致机体组织和血液内产生大量气泡所引起的一种职业病。

1. 发病机理

气体在液体中的溶解度与气压成正比。当人在高气压环境中停留时,高压空气仍按常压下的组分经呼吸系统进入体内,其中大部分氧气和二氧化碳将在新陈代谢过程中被结合和排出,而进入体内的氮气则完全以物理溶解状态分布于全身体液中。其溶解量取决于气压高低和停留时间的长短,在一定气压下,经一段时间后,溶解量将达到动态平衡。一个成年男子,外界压力每增加 1 个大气压,达到平衡时将比标准气压下多溶解约 1 L 氮。

如作业人员正确按操作规程离开高气压环境时,体内溶解的氮就有充分的时间慢慢由体液中释放出来,并经呼吸系统逐渐地排出体外,不会产生不良后果。但如减压过速或因意外事故使压力骤然下降时,体内溶解状态的氮将迅速变成气泡,积存于组织和血液中,这种气泡一旦形成,就很难再通过呼吸系统排出。由于这些气泡压迫有关组织或在血管中形成气泡栓塞,阻碍血液流通,从而产生一系列症状,并根据气泡产生的数量以及部位的不同而出现不同的临床表现。

2. 临床表现

减压病发病的基本机理是血管内气泡栓塞和血管外气泡压迫,绝大多数患者症状发生在减压后 1～2 h,如减压速度过快,也可能在减压过程中就出现症状。据统计,在减压过程中发病的占发病总数的 9.1%,减压结束后 30 min 内发病的占 50%,1 h 内发病的占 85%,3 h 内发病的占 95%,6 h 内发病的占 99%。一般将在减压过程中发病或在离开高压环境几个小时内发病的称为急性减压病。急性减压病的临床表现和病情轻重取决于产生气泡的数量和大小以及气泡栓塞和压迫的部位和范围。主要有如下一些表现:

(1) 皮肤瘙痒

皮肤瘙痒是较多见的早期症状,往往也是轻型病例的唯一症状,常见于胸、背、腹、腰、大腿内侧等皮下脂肪较多之处,可出现皮肤红疹、瘀斑或大理石样斑纹等体征,甚至出现皮下气肿。皮肤瘙痒的原因系生成的小气泡刺激皮下神经末梢所致。上述症状轻者仅表现为某一局部,重者可累及全身多处。

(2) 肌肉关节疼痛

肌肉关节疼痛也为常见症状。轻者在劳累后出现酸痛或单纯发酸,重者可呈刀割样、撕裂样的剧痛,以致迫使患者关节呈半屈状态,妨碍肢体活动。肌肉关节疼痛的原因是由于气泡压迫局部神经以及局部血管栓塞和被压迫而使供血发生障碍所致。另外,气泡生成于骨质内时还可产生无菌性骨坏死,如累及关节面时,也可产生关节疼痛,影响活动。

(3) 神经系统损害

神经系统损害大多发生于脊髓,特别是在血液循环较差的胸腰部。

因气泡压迫栓塞可引起不同程度的脊髓缺血性损害,轻者感觉下肢运动机能障碍、肢体无力,重者可致截瘫、大小便失禁等。大脑损害比较少见,如脑部血管被气泡栓塞,可出现头痛、眩晕、呕吐、运动机能失调、昏迷、偏瘫等严重症状,并可留下持久性后遗症。另外,还可危及视觉和听觉神经,产生眼球震颤、失明、复视、视神经炎、听力减退及内耳眩晕综合征等。

(4) 其他系统和组织损害

气泡栓塞和压迫作用还可损害身体的其他系统、组织和内脏,如血液循环系统有少量气泡栓塞时,即可引起心血管机能改变、脉搏细速、循环衰竭甚至猝死;淋巴系统受侵,可产生局部水肿;肺血管被气泡广泛栓塞时,可引起胸闷、胸痛、呼吸困难、剧烈咳嗽以及肺水肿等症状;肠胃血管中有气泡栓塞时,可出现恶心、呕吐以及腹部绞痛,严重时可致缺血性坏死以及消化道出血。

除了急性减压病外,患者也可因多次轻度气泡栓塞未加治疗或未治愈,体内长期存在气泡而引起缺血性损害,这称为慢性减压病。其特点是发病缓慢、病程较长,临床表现视气泡栓塞程度和累及部位不同而异。如果因气泡栓塞引起长期缺血性损害而造成某些系统和器官不可逆的器质性病变时,则称为减压病后遗症。

3. 治疗

(1) 加压治疗

加压治疗是目前治疗减压病最有效的方法。及时正确地对患者进行加压治疗,可使90% 以上的急性减压病患者获得治愈,对慢性减压病也有很好的疗效。所谓加压治疗,是指将患者送入一种特制的耐压钢筒——高压氧舱(如图 2-3 所示)中,逐步升高舱内压力到患者原来工作环境中所处的气压水平,让散布在各组织器官中的氮气泡又重新溶解于体液和组织中,使气泡造成的压迫和栓塞得以消除,待症状缓解后还需继续保持一段时间再开始减压。减压过程是加压治疗的重要组成部分,由于加压治疗使患者重新处于高气压下,压力大、时间长,体内溶解大量氮气,加之血液循环障碍,气体排出缓慢,所以必须有充分的减压时间,以便使体内溶解的氮气能逐渐地随血液循环并经肺完全排出体外,从而消除了再发病的物质基础。具体减压时间和步骤可根据实际病情而定,一般不得少于 2～3 h,有的需要几十个小时。

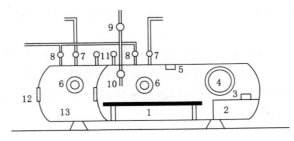

图 2-3　单人高压氧舱示意图

1——床;2——桌;3——对讲电话;4——传物闸孔;5——灯;6——观察孔;
7——排气管阀;8——进气管阀;9——供氧管阀;10——供氧装置;
11——压力表;12——舱口;13——前舱(过渡舱)

（2）辅助治疗

在对患者进行加压治疗的同时,正确地采用一系列辅助治疗措施,能显著地提高加压治疗的效果。对一些轻型病例,即使单独采用辅助治疗,也能起到减轻和缓解症状的效果。如静脉输入葡萄糖生理盐水和右旋糖酐能抗休克、抗凝血以及改善微循环;使用维生素 B 类神经营养药物可改善神经组织的代谢,保护神经细胞;使用中枢神经兴奋类药物可改善呼吸循环机能;使用抗菌类药物可预防继发感染。此外,热水浴、红外线、高频电疗、针刺、按摩等物理疗法均可达到改善血液循环、纠正组织缺氧的目的。中草药中可应用活血化瘀、舒经活络类配方进行辅助治疗,也有一定效果。

4. 预防措施

减压病是由于在高压环境中作业后返回常压时减压不当而引起的疾病,它的致病原因和发病机理都是清楚的,因此是完全可以预防的。其具体措施如下:

（1）改革生产工艺

在竖井延深和各种地下工程施工时,采用先进的钻井法、沉井法、冻结法等施工方法来代替沉箱作业,水下桥墩施工时,采用管柱钻孔法,工人可以在地面或水面上工作,而不必进入高气压环境,这样就从根本上消除了减压病的发生。

（2）严格执行减压规程

从事高气压作业的工作人员在返回常压时严格执行减压规定是防止发生减压病的关键。要对有关的作业人员进行减压病发病机理与预防方面的医学知识教育,组织学习高气压作业中的注意事项以及各种意外事故的处理和预防办法、减压的步骤和规则,以强化对执行减压规定重要性的认识。就目前来说,潜水作业的减压多采用阶段减压法,沉箱作业多用等速减压法。具体方法应按规定的减压表执行。

（3）卫生保健措施

卫生保健措施包括良好的卫生习惯、保健食品的供给和定期健康检查等几个方面。

从事高气压作业的人员应养成良好的卫生习惯，建立合理的生活制度。工作前严禁饮酒，少吃水分多的食物。工作时，注意防止身体受寒和受潮。工作后，应立即脱下潮湿的工作服，饮热茶，热水浴，在温暖的室内休息半小时以上，以促进血液循环，使体内多余的氮气加快排出。潜水前应充分休息，防止过度疲劳。

营养食品的供给：应保证作业人员每天获得 15 000 kJ 以上的热量。

饮食要求：高热量、高蛋白质、低脂肪并具有丰富维生素。

除了就业前体检外，每年应对高气压作业人员进行一次全面体格检查。凡患有听觉器官、心血管系统、呼吸系统及神经系统疾患者，均不宜从事高气压作业。此外，重病后体弱者、嗜酒者、肥胖者也不宜从事此项工作。

二、低气压环境

航空、航天、高原和高山都属于低气压环境。本节着重讨论高原和高山低气压对人体的影响、各种高山疾病的表现症状以及预防等内容。高原或高山均指海拔 3 000 m 以上的地区，其自然气候特点是空气稀薄、氧气不足、气温低、气湿低、昼夜温差大、太阳辐射强烈、气候多变，这些不利的自然因素将对人们的健康产生不同程度的影响。

（一）高原（山）环境对人体的影响

高原（山）地区特有的诸因素中，起主导作用的是缺氧，多数高山反应症状均与缺氧有关，其次是低温低湿和太阳辐射。

1. 气压与氧分压

地球表面的大气层厚约 200 km，施加在海平面上的大气压力为 101.325 kPa，通常称为 1 个大气压。其中，氮气、氧气、二氧化碳以及其他微量气体各占有一定的分压。在海平面处氧气分压为 21.265 kPa，氮气分压为 80 kPa，二氧化碳的分压不到 100 Pa。人的呼吸过程——氧的吸入、二氧化碳的排出能否顺利进行，主要决定于肺泡中氧气和二氧化碳的分压差。

在海平面以上，大气压、氧分压都随着海拔高度的增加而下降，氧和二氧化碳的分压差越来越小，肺泡接受氧气的速度越来越慢，这可以通过动脉血中氧饱和度的降低反映出来。这些指标随海拔高度的变化情况见表 2-11。

表 2-11　　　　　　海拔高度与大气压、氧分压、血氧饱和度的关系

海拔高度 /km	大气压力 /kPa	氧分压 /kPa	肺泡中氧分压 /kPa	动脉血中氧饱和度 /%
0	101.33	21.27	13.60	95
1	89.87	18.83	12.00	94
2	79.47	16.65	9.33	92
3	70.09	14.64	8.27	90
4	61.62	12.88	6.67	85
5	54.00	11.28	6.00	75

海拔高度 /km	大气压力 /kPa	氧分压 /kPa	肺泡中氧分压 /kPa	动脉血中氧饱和度 /%
6	47.16	9.85	5.33	70
7	41.04	8.57	4.67	60
8	35.57	7.44	4.00	50
9	30.72	6.52	3.33	20～40

久居平原的人初进高原(山)，由于吸入的氧气不能满足机体需要，就会产生一系列的缺氧症状，尤其是中枢神经系统对缺氧最为敏感，轻者表现为头痛、眩晕、记忆力减退、大脑活动能力下降，严重者可导致意识丧失和昏迷。但机体对低氧环境也具有一定的适应和代偿能力。最初可通过呼吸加深加快、增加肺通气量来吸入更多的氧气，适应后呼吸频率可逐渐恢复，而以深度增加为主，以维持有效的气体交换。同时，血液循环系统也出现与呼吸相似的变化，以增加血流量来抵消血氧饱和度的降低。另外，血液中红细胞和血红蛋白也随海拔高度增大而增多，这是造血系统为适应低氧环境而发生的变化。这些正常的生理性适应变化都是有一定限度的，超过限度，机体的各个系统就会出现代偿失调，进而发生各种高原(山)适应不全症(高山病)。

由于机体对低氧环境具有一定的适应能力，所以绝大多数人在海拔 3 km 以下时都可以适应，不出现明显缺氧症状，故一般认为高原(山)反应的临界高度为海拔 3 km。在海拔 3～5 km 之间，多数人将出现缺氧症状，但通过代偿和经过一段时间的习服可逐渐适应，故将 3～5 km 作为机体通过习服能适应的范围，5 km 作为代偿障碍的临界高度。而超过 5 km 人就难以完全习服。

此外，随着海拔高度增加，大气压力降低，水的沸点也逐渐下降，可因食物不易煮熟而引起肠胃疾病。

2. 低温与低湿

太阳辐射对大气的直接加热作用是微不足道的，大气中的热量主要来源于地面接收太阳辐射的热量，故在自由大气中和高山地区，一般海拔每增加 1 km，平均气温约下降 6 ℃。对高原地区来说，由于地面宽广，虽然气温随海拔高度的变化小于这个梯度，但仍然随海拔高度的增加而降低。在高山和高原地区，低温再加上日温差大，特别是某些季节里，气温常急骤下降，很容易导致局部受冷或冻伤。衣着调整稍一疏忽，极易引起感冒、上呼吸道感染等。

随着海拔高度增加，绝对湿度也迅速减小，表 2-12 表明了空气中的含湿量随海拔高度变化的情况。由于空气过于干燥，人体水分极易蒸发，会产生口渴和皮肤燥裂等。因此，在高原(山)工作的人，饮水量也明显增多。

表 2-12　　　　　　　　　　海拔高度与水蒸气含量

海拔高度/km	0	2	4	6	8
空气含湿量/%	100	41	17	5	1

3．太阳辐射线

太阳是自然界最大的辐射源，不仅每时每刻向地球辐射着可见光线，而且还辐射大量的不可见的红外线和紫外线。适量的红外线和紫外线照射，对人体健康不仅无害，而且有益。但在高原地区，由于空气稀薄，水分含量低，大气层对红外线和紫外线的吸收能力大为减弱，到达地面的辐射强度远远高于平原地区。如防护不当，过量的辐射直接作用于人体，将会给健康带来一系列危害。

红外线对机体的主要作用是热效应，过量照射可使皮肤发红、充血、渗透性增强，甚至发生灼伤。特别是近红外线（波长 $0.78 \sim 3 \mu m$）可透入皮下组织，使血液及深部组织加热，长时间大面积照射可使机体过热而中暑。红外线对眼睛过度照射可伤害角膜和发生红外线白内障等疾患。

紫外线对人体的影响，主要是波长接近可见光的那一部分才具有卫生学意义。波长更短的紫外线可被大气层完全吸收而不能到达地表。到达地表的紫外线强度，随海拔高度增大，每 100 m 可增加 3％～4％。强烈的紫外线辐射可被眼角膜和上皮层吸收，引起皮肤红斑、变黑、日晒性皮炎、眼角膜炎、口唇炎和表面血管扩张等。由于紫外线波长短，雪面和岩石对其有极强的反射率（80％～94％），对眼睛防护不当时可造成雪盲。另外，大剂量紫外线辐射还可抑制细胞分裂，造成细胞核破坏，蛋白质分解变性，使末梢神经兴奋性降低等。

（二）高山病

我国幅员辽阔，地貌多变，海拔 3 km 以上的高原（山）占全国总面积的六分之一。由于高原（山）地区特殊的自然气候条件，对于因工作需要而进入高原（山）地区的人员，可能因机体不能适应或者不能完全适应高原（山）环境而引起不同程度、不同类型的高原（山）适应不全症，即通常所说的高山病。根据临床症状的不同，可将高山病归纳为如下七种类型。

1．高原（山）反应症

高原（山）反应症是高山性疾病中最多见也是最轻的一种。严格地说，高原（山）反应症并不是一种疾病，而是人的机体对低氧环境的适应过程。初进高原时，多数人都有一些缺氧的表现，在一定的高度适应之后，再上至新的高度，缺氧症状又会重新出现。其表现轻重与海拔高度、升高速度、劳动强度以及个人状况等有关。一般临床表现为：头痛、头晕、胸闷、心慌、气短、恶心、呕吐、食欲减退、腹泻、腹胀、失眠或嗜睡、血压略高、鼻衄、手足麻木等。少数人可出现兴奋性增高、多语、步态不稳如酩酊状。上述现象多在进入高原的路途中发生，一般不需治疗，1～3 周可自行消失。若必要时，可对症处理。

2．高原（山）肺水肿

高原（山）肺水肿是一种严重的急性高山反应，多发生在海拔 3 500 m 以上地区。肺水肿的发病往往有寒冷、感冒、饮酒、过度劳累等诱因。其早期表现为一般高原（山）反应症，并且逐渐加重，中期表现为呼吸困难、两肺广泛性湿鸣、咳嗽并吐粉红色泡沫样痰，后期除咯痰严重外，还出现循环衰竭，最终可因右心衰竭或全心衰竭而致死亡。

对高原（山）肺水肿患者，原则上应就地抢救，让患者绝对卧床休息，注意保暖，防止感染，少饮水。早期可输氧治疗，氧对治疗肺水肿极为重要，早期肺水肿往往经过吸氧，病情可以好转。同时，针对不同表现症状，采取相应的药物治疗。如病情严重，当地又无抢救条件，应立即送返低海拔地区治疗。

3. 高原（山）昏迷

发病高度一般在海拔 4 km 以上。由于脑组织对缺氧非常敏感且耐受性差，缺氧可直接导致细胞损害，引起大脑皮层的广泛抑制。严重缺氧时，可引起脑血管痉挛，脑血流量减少，脑小血管通透性增大，产生脑水肿。脑水肿又进一步影响脑部的供血状况，加重脑缺氧。多数患者在昏迷之前都有高原（山）反应的一些表现，进入昏迷后，意识丧失，大小便失禁，对周围事物无反应，但痛觉和生理反射仍存在。对昏迷患者的抢救和治疗，原则上也应就地进行，及时给氧，以降低颅脑压力。氧气以混合氧（95％氧气、5％二氧化碳）为好。因二氧化碳可刺激呼吸中枢，使呼吸加深加快，刺激循环中枢可使心跳加速、血压上升、脑血流量增多。输氧可避免因大脑缺氧时间过长而带来的不良后果。同时可使用一些促进脑细胞代谢和受损细胞恢复的药物治疗。对其他症状，如血压下降、呼吸衰竭、脑水肿等，也可做相应处理。此外，还应注意保暖、补充营养和预防感染等。

以上所述高原（山）反应症、高原（山）肺水肿和高原（山）昏迷均系急性高山反应，多发生在初进高原（山）的 1～2 周内，尤其是肺水肿和昏迷，后果一般较为严重，应特别引起注意。

4. 高原心脏病

发病多为在 3 km 以上高原地区居住 3～6 个月以上者，主要是因缺氧引起的肺小血管痉挛、变窄、硬化，使肺循环阻力增大，肺动脉压力升高，加重右心室负荷，最终导致以右心衰竭为主的心脏病。

高原心脏病属慢性高山病，开始表现为高原反应症状，以后逐渐感到心慌、气短、咳嗽、体力衰退，偶有心绞痛发作。出现心力衰竭时，则有肝大、腹水、颈静脉怒张、面部和下肢水肿等体征。在心脏未出现器质性损害前，及时治疗或转送低海拔地区，比较容易恢复。如心脏已有改变或心衰严重者，则应禁止体力活动，绝对卧床休息，按一般心力衰竭进行治疗。

5. 高原血压异常

高原血压异常的机理尚不十分清楚，其发病特点是初进高原时血压升高得多，4～6 个月后，出现血压下降得多，并可出现在同一人身上。不管是高血压还是低血压，回到平原后，10～30 天内即可完全恢复。

（1）高原高血压

患者初进 3 km 以上地区时，血压可持续升高，且以舒张压升高、脉压差变小为其特点，也可能舒张压、收缩压同时升高，但收缩压单独升高者少见。其发病原因可能是因为缺氧使小血管收缩、痉挛、循环阻力增大所致。另外，心跳加快、排血量增加、红细胞增多使血液黏稠以及气候因素的影响等，都对血压升高有一定影响。

高原高血压一般症状不明显，有的表现为高原反应症状，有的仅在血压检查时才被发现。对高原高血压患者，主要是注意定期随访观察，一般可不治疗，血压过高时，可服用降压药物，当伴有其他合并症状时，应转到低海拔地区治疗。

（2）高原低血压

是指血压在 12/8 kPa（90/60 mmHg）以下者，患者常有消瘦、轻度水肿、精神萎靡、四肢无力、指甲凹陷以及一些神经衰弱症状。患者返回平原后，症状将逐渐消失，血压也恢复正常。高原低血压主要是由于高原地区氧分压低、个体耐受力较差以及循环系统功能较弱所致，一般不需药物治疗，通过锻炼和参加适当的体力劳动来增强身体素质，症状可逐渐减轻。必要时，也可服用药物进行升压。

6. 高原红细胞增多症

由低海拔地区进入高原,红细胞、血红蛋白增多是机体对高原低氧环境的适应反应之一,但若红细胞超过 650 万个/mm³,血红蛋白超过 20 g/dL 并伴有相应症状时,则称为红细胞增多症。由于红细胞过多使血液黏滞性加大,血流的速度减慢,影响氧气的释放使得组织细胞供氧不足,从而导致一系列病理变化。症状有头昏、头痛、疲倦无力、失眠或嗜睡、胸闷、气短、心悸、鼻衄、食欲不振、腹胀腹痛等。少数患者可发现暂时性视力减退、耳聋以及脑血管血栓形成。该病目前以对症处理、中医治疗(活血化瘀、行气活络)为主。重症者可间断吸氧。脑血栓形成时,可考虑放血 200～300 mL,以缓解症状。凡经确诊为高原红细胞增多症者,应转送低海拔地区治疗。

7. 混合型高山病

常见的混合型高山病多为高原红细胞增多症、高原心脏病和高原高血压同时存在,或其中两种同时存在。主要是因为这几种病的发病机理互有联系,关系十分密切。如有了红细胞增多症后,血液总量和黏滞性加大,加重了心脏的负担,再加上心肌缺氧,便可并发高原心脏病;又如高血压形成后,也使心脏负担加重,肺动脉压升高,也可形成以右心室改变为主的心脏病。有了心脏病后,患者肺部供血将受到影响,进而影响到肺内气体交换,使血氧饱和度下降,血氧下降又进一步刺激红细胞生成,又可继发红细胞增多症。

混合型高山病一般病程较长,且治疗上比单一型要复杂些,确诊后应转往低海拔地区继续治疗。

除了上述七种急慢性高山病外,常见的高山性疾病还有指甲凹陷症、雪盲、日晒性皮炎、高山冻伤、冻僵等。积极预防和治疗这类疾病,也是高山卫生防护工作的重要内容。

(三) 高山病的预防

对高原(山)环境的适应能力,存在着很大的个体差异。个体适应能力较强又有充分时间由低到高逐步适应者,尽管所处海拔较高,反应也不是很严重,恢复也快,甚至无反应;反之则容易发生各种高原(山)适应不全症。

为了有效地预防和减少各种高山病的发生,应做好如下几方面的工作:

1. 进行全面体格检查

进入高原时,应进行全面的严格的身体检查,如有心血管疾病、高血压、结核病、支气管哮喘、支气管扩散、甲状腺功能亢进、听觉和神经疾病、血液系统疾病者,都不宜进入高原地区,对急性感染性疾病,如感冒、气管炎、喉炎、扁桃体炎等,亦应治愈后再进入高原。

2. 加强适应性锻炼

初次进入高原时,应实行"阶梯上升"锻炼,从 2～3 km 开始,每 1 km 左右作为一个阶梯,以 1～2 周时间进行适应性锻炼,待适应后再继续登高。除特殊情况外,一般不要一次进入 4 km 以上地区。

刚进入高原(山)地区,应适当控制劳动时间和强度,待机体适应后再逐步加大。

3. 注意饮食卫生和个人防护

进入高原后,饮食应以易消化、高糖、高蛋白为主,并尽可能多地食用新鲜蔬菜、水果等富含维生素的食物,注意少食多餐,节制饮酒。

冬季室外施工时,应注意防寒保暖,尤其在雪地中,还应佩戴有色防护眼镜(雪镜),以防雪盲。夏季劳动要防止中暑以及日晒性皮炎、口唇炎。高原(山)地区的劳动休息场所应设在向阳干燥的地方,并备有防寒和避暑设施。

4. 做好卫生宣传工作

通过宣传教育,正确认识高原(山)自然环境的特点,解决思想顾虑,避免精神上不必要的恐惧。要向全体进驻人员介绍高原(山)缺氧环境对人体的影响以及常见高山病的发病原因、症状和预防知识,以配合卫生医护人员自觉、积极地预防高山病的发生。

5. 加强医疗防护工作

医务工作者应对所有进驻人员进行定期或不定期的预防性体格检查,注意早期发现、早期治疗。对需要转送治疗的危重患者,还要负责做好途中护理工作。

第三章　工业噪声及其控制

噪声是工作和生活中使人不舒适、厌烦以至难以忍受的声音,通常是由各种不同频率和不同强度的声音无规律地组合而成。工业生产环境中产生的生产性噪声又称工业噪声。在工业生产领域,工人长时间处在高噪声环境中,会引起听觉功能的下降,直至引起噪声性耳聋。特强的噪声还会引起听觉系统的永久性损伤,甚至造成爆震性耳聋。因此,噪声已经成为当今人类社会的四大公害之一。

工业噪声根据声源的不同可分为机械性噪声和空气动力性噪声,前者是由机械的撞击、摩擦和转动而产生的,如织布机、球磨机、电锯、锻锤等产生的噪声;而后者是由气体的某些参数发生突变引起气流的扰动而产生的,如工业鼓风机、汽笛、矿山井下局部通风机等产生的噪声。按噪声的时间分布分为连续声和间断声;声级波动小于 3 dB(A)的噪声为稳态噪声,声级波动不小于 3 dB(A)的噪声为非稳态噪声;持续时间不大于 0.5 s,间隔时间大于 1 s,声压有效值变化不小于 40 dB(A)的噪声为脉冲噪声。

随着工业生产机械化程度的日益提高,机器和设备的种类越来越多,功率也越来越大,生产工人不被噪声所烦恼的时间和空间日益减少。特别是在一些机械行业、钢铁企业和广泛采用压气动力设备的机械化矿井中,噪声的危害和控制问题更为突出。

第一节　声波的基本性质

一、声波的产生与类型

机械振动能引起周围空气质点的振动,这种振动通过媒质传到人耳,就形成声音。因此声波的传播必须有两个条件,一是要有振动的物体,二是要有能够传播声波的媒质。这个做机械振动的物体称为声源,而将能传播声波的弹性媒质空间称为声场。均匀的各向同性媒质中的声场,称为自由声场。在自由声场中传播的声波,称为自由声波。基本符合自由声场条件的房间称为消声室(无回声室)。

声波从声源出发,波的传播方向称为声线。在某一时刻,声波传播到媒质中的各点所联成的面称为波阵面。如果声源是一个平面,振动时波的传播方向又垂直于该平面,则波阵面也是平面,其面积不因为波的传播距离而改变,这种波就称为平面[图 3-1(a)]。如果振动的声源是在无限空间中的一个点,则声波同时向所有的方向传播,则其波阵面为球面,这种波称为球面波[图 3-1(b)]。如果振动的声源是一根无限长的圆柱,则当圆柱做纯径向振动时,声波将向与圆柱轴线相垂直的四周传播,其波阵面为圆柱面,这种波称为柱面波。

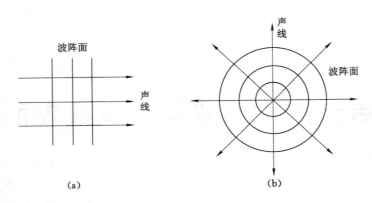

图 3-1　波阵面与声线
(a) 平面波；(b) 球面波

二、声波的物理参数

1. 声波的波长、频率和声速

振动经过一个周期，声波传播的距离称为波长，用 λ 表示，单位为 m；所谓周期(T)就是物体完成一次振动所需要的时间，单位为 s；而把一秒钟内振动的次数称为频率(f)，其单位是赫兹，符号是 Hz。人耳的听力范围约为 20～20 000 Hz。显然频率 f 与周期 T 成倒数关系，即 $f=1/T$。

如果一个振动系统没有任何摩擦和阻力作用，那么根据能量守恒定律，这个振动将保持一定的振幅永远振动下去，这种理想的振动称为自由振动，也叫固有振动。物体在做固有振动时的频率叫固有频率。固有频率 f_0 的大小由振动物体本身的质量和弹性所决定，其数学表达式为：

$$f_0 = \frac{1}{2\pi}\sqrt{\frac{K}{m}} \tag{3-1}$$

式中　m——振动物体的质量，kg；

　　　K——弹性模量，N/m。

由上式可见，要想降低某一振动系统的固有频率，原则上可采取两个措施：① 增加系统的质量；② 减小系统的弹性系数。

频率和波长的乘积就是声速，以 C 表示，单位是 m/s。

$$C = f\lambda \tag{3-2}$$

声波在空气、液体和固体中均能传播，但传播的速度相差很大。声波在空气中传播的速度（即声速）可由下式近似计算：

$$C = 331.4 + 0.6t \tag{3-3}$$

式中　t——摄氏温度，℃。

由式(3-3)可见，声速与空气温度有关。除此之外，它还受空气中湿度的影响，如水蒸气分压每上升 1 mmHg(1 mmHg=133.322 4 kPa)时，声速约增加 0.000 21 m/s。大气压的变化对声速也有一定影响，如 25 个大气压时的声速要比 1 个大气压时的声速增加 0.8%。

常温常压下不同弹性媒质中的声速见表 3-1。

表 3-1　　　　　　　　　常温下常用弹性媒质中的声速($t=20$ ℃)

媒质 项目	空气	氧气	钢	混凝土	砖	软木	软橡皮
声速 C /(m/s)	343.4	317	5.1×10^3	3.1×10^3	3.6×10^6	500	70
密度 ρ_0 /(kg/m^3)	1.18	1.43	7.8×10^3	2.6×10^3	1.8×10^3	250	950

2. 声压

物体的振动引起空气中质点的疏密变化,这种变化引起空气静压(静压强)的起伏变化,我们称这个变化量为声压。声压的单位就是压强的单位,在国际单位制中,声压的基本单位是帕(Pa)。

声波传播的空间,也就是声压存在的空间称为声场。声场中某一瞬时的声压值称为瞬时声压,在一定时间间隔中最大的瞬时声压值称为峰值声压。声压随时间起伏变化,每秒钟变化的次数很多,传到人耳时,由于耳膜的惯性作用,辨别不出声的起伏,而是一个稳定的有效声压起作用。有效声压(p_e)是一段时间内瞬时声压的均方根值,用数学式表达即为:

$$p_e = \sqrt{\frac{1}{T}\int_0^T p^2(t)\,dt} \tag{3-4}$$

式中　$p(t)$——瞬时声压,Pa;

　　　t——时间,s;

　　　T——周期,s。

对于正弦声波,$p_e = \dfrac{p_m}{\sqrt{2}}$,其中 p_m 为声压幅值。

声压愈大,人耳听起来愈响,反之则愈小。人耳能听到的最低声压界限叫闻阈。正常人的闻阈声压约为 2×10^{-5} Pa。能使人耳产生疼痛感觉的声压界限叫痛阈,正常人的痛阈声压为 20 Pa。如果声压继续提高到几十帕以后,人耳的鼓膜就会破裂出血,造成耳聋。从闻阈声压到痛阈声压的绝对值之比是 0.000 02:20=1:10^6,这说明人耳的听觉范围是非常宽广的。所以用声压值直接来衡量声音的大小不是太方便,故声学工程中常采用声压级作为计量单位,其定义为:

$$L_p = 20\lg\frac{p}{p_0} \tag{3-5}$$

式中　p——实际声压,Pa;

　　　p_0——基准声压,$p_0=2\times10^{-5}$ Pa;

　　　L_p——声压级,dB。

关于声压级及其分贝的计算在下一节中讨论。

3. 声波的声能密度、声强和声功率

声波在媒质中传播时,由于声扰动,一方面使媒质点在其平衡位置附近来回振动,使媒质具有了振动动能,同时媒质交替产生压缩和膨胀,将声波传播开去,所以媒质又具有了变形位能。因此声波的全能量为其动能与位能之和。

（1）声能密度

声波的能量称为声能量，单位为 J。单位体积内声能量称为声能密度，记作 E，其单位为 J/m^3。

设单位体积媒质中的动能为 E_k，则

$$E_k = \frac{1}{2}\rho_0 v^2 \tag{3-6}$$

式中　ρ_0——媒质密度，kg/m^3；

　　　v——媒质质点振动速度，m/s。

单位体积媒质的弹性位能等于当声压由零增至 p 时，体积 V 被相应地压缩 $-dV$ 所需要的功与体积 V 的比值。即

$$E_p = \int_0^p \frac{-p\,dV}{V}$$

如果把声波传播过程看成绝热过程，由分子物理学可知，媒质的体积弹性模量为：

$$K = -V\frac{dp}{dV}$$

则

$$E_p = \int_0^p \frac{-p\,dV}{V} = \int_0^p \frac{p\,dp}{K} \tag{3-7}$$

如果把媒质密度 ρ_0 视为常数，且由物理学知体积弹性模量也可表述为 $K = \rho_0 C_0^2$，若视声速 C_0 为一常数，则 K 也为一常数，对式（3-7）积分得单位体积媒质的弹性位能为：

$$E_p = \frac{1}{2K} \cdot p^2 = \frac{1}{2\rho_0 C_0^2} \cdot p^2 \tag{3-8}$$

式中　p——声压，它的大小与声速及媒质质点振动速度有关。其数学表达式为：

$$p = \rho_0 C_0 v \tag{3-9}$$

或

$$Z_s = \frac{p}{v} = \rho_0 C_0 \tag{3-10}$$

式中，Z_s 在声学上称为媒质的声阻抗率，它等于媒质中任何一点处的声压与那点的质点振动的速度之比，它是无衰减平面正弦波，$\rho_0 C_0$ 为一恒量，即声阻抗率为一恒量，它反映了媒质的一种声学特性，是媒质对振动面运动的反作用的定量描述，常称为媒质的特性阻抗。

由式（3-9）得 $v = \dfrac{p}{\rho_0 C_0}$，代入式（3-6）式得：

$$E_k = \frac{1}{2} \cdot \frac{p^2}{\rho_0 C_0^2} \tag{3-11}$$

所以声能密度为：

$$E = E_k + E_p = \frac{p^2}{\rho_0 C_0^2} = \rho_0 v^2 \tag{3-12}$$

式（3-12）是一个既适用于平面声波，也适用于球面声波及其他类型声波的普遍表达式，它代表体积元内声能密度的瞬时值。

由于媒质质点做简谐振动，设 v_A 为质点振动的速度幅值，则

$$v = v_A \cos \omega t$$

将 v 值代入式(3-12)得声能密度为：

$$E = \rho_0 v^2 = \rho_0 v_A^2 \cos^2 \omega t$$

一个振动周期内的平均声能密度为：

$$\overline{E} = \frac{1}{T} \int_0^T \rho_0 v_A^2 \cos^2 \omega t \, dt$$

对媒质质点的一种振动，$\rho_0 v_A^2$ 为一常量，对上式积分得：

$$\overline{E} = \frac{1}{2} \rho_0 v_A^2 = \rho_0 v_e^2 = \frac{p_e^2}{\rho_0 C_0^2} \tag{3-13}$$

式中　v_e——质点振动的有效速度，$v_e = v_A / \sqrt{2}$；

　　　p_e——有效声压，$p_e = \dfrac{p_A}{\sqrt{2}}$。

（2）声功率与声强

单位时间内通过垂直于声传播方向的面积 S 的平均声能量就称为平均声能量流或平均声功率。因此，平均声能量流应等于声场中面积为 S、高度为 C_0 的柱体内所包括的平均声能量，即：

$$\overline{W} = \overline{E} C_0 S \tag{3-14}$$

式中　$\overline{W}$——平均声能量流，单位为 W。

通过垂直于声传播方向的单位面积上的平均声能量流称为平均声能量流密度或声强，即：

$$I = \frac{\overline{W}}{S} = \overline{E} C_0 \tag{3-15}$$

式中　I——声强，单位是 W/m²。

对沿正 x 轴方向传播的平面声波，将式(3-13)代入式(3-15)可得：

$$I = \frac{p_e^2 C_0}{\rho_0 C_0^2} = \frac{p_e^2}{\rho_0 C_0} = \frac{1}{2} \rho_0 C_0 v_A^2 = \rho_0 C_0 v_e^2 \tag{3-16}$$

对沿负 x 轴方向传播的反射波，可求得：

$$I = -\overline{E} C_0 = -\frac{1}{2} \rho_0 C_0 v_A^2 \tag{3-17}$$

这时声强是负值，表示声能量向负 x 轴方向传播，可见声强是有方向的量，它的指向就是声传播的方向。可以预料，当同时存在前进波和反射波时，总声强应为 $I = I_+ + I_-$，如果前进波与反射波相等，则 $I = 0$，因而在有反射波存在的声场中，声强这个量往往不能反映其能量关系，这时必须用平均声能密度 $\overline{E}$ 来描述。

Z_s 为媒质特性阻抗，对于空气，在大气压为 10^6 Pa 和温度 20 ℃下，媒质的特性阻抗 $Z_s = \rho_0 C_0 = 408$ Pa·s/m，特性阻抗随大气压和温度而变化。

式(3-15)使用任意的统一单位均可以，声压单位为 Pa，声强以 W/m² 为单位，则

$$I = \frac{p_e^2}{\rho_0 C_0} \tag{3-18}$$

例如，声压 $p_e = 5$ Pa，则代入上式，得：

$$I = \frac{5^2}{408} = 0.061 \text{ W/m}^2$$

由式(3-14)和式(3-15)可得：

$$W = I \cdot S \qquad (3-19)$$

对于球面声波在自由声场中传播，当波阵面是围绕声源半径为 r 的假想球面时，声源发射出的声功率为：

$$W = 4\pi r^2 I = \frac{4\pi r^2 p_e^2}{\rho_0 C_0} \qquad (3-20)$$

如在国际单位制中，声压单位用 Pa，$\rho_0 C_0 = 408$ Pa·s/m，则

$$W = \frac{4\pi r^2 p_e^2}{\rho_0 C_0} = 30.9 \times 10^{-3} r^2 p_e^2 \quad (\text{W})$$

例如，当有人大喊一声时，离他的嘴唇 30 cm 处平均声压大约为 0.5 Pa，这时他产生的声功率为：

$$W = 30.9 \times 10^{-3} \times (0.3)^2 \times 0.5^2 = 0.000\ 7\ \text{W}$$

如果将声源放置在刚性地面上，声波只能向半球空间辐射，对上面给出的声压，所需要的声功率只要一半就可以了，此时

$$W = \frac{2\pi r^2 p_e^2}{\rho_0 C_0} \qquad (3-21)$$

声源的声功率只是声源总功率中以声波形式辐射出去的一小部分功率，但它是表示机械特性的不变量，它反映了机械的特性和它向外影响的根源。用声功率表示机械特性，在任何环境下都适用，这一点和声强完全不同。声强与环境有关，环境改变，声强也随之发生变化。

三、声波的反射与折射

当声波从一种媒质传播到另外一种媒质时，在两种媒质的分界面上，声波的传播方向要发生变化，产生反射和折射现象。发生这种声学现象的原因是因为两种媒质的声阻抗不同所致。

如图 3-2 所示，当声波从媒质 1（其特性阻抗 $Z_1 = \rho_1 C_1$）传播到媒质 2（$Z_2 = \rho_2 C_2$）时，一部分声能回到媒质 1，其余部分穿过界面在媒质 2 中传播，前者称反射现象，后者称折射现象。

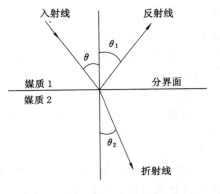

图 3-2　声波的反射与折射

声波的反射和折射符合下列定律：

$$\frac{\sin \theta}{C_1} = \frac{\sin \theta_1}{C_1} = \frac{\sin \theta_2}{C_2} \qquad (3-22)$$

式中　$\theta, \theta_1, \theta_2$ ——入射角、反射角、折射角；

　　　　C_1, C_2 ——声波在媒质 1、媒质 2 中的传播速度。

四、声波的干涉与声驻波

几列声波同时在同一媒质中传播时，这些声波在相遇以后仍能保持其特性，沿原来方向继续传播。例如当几种乐器合奏时，我们仍能区分出各个乐器的声音。但是，在几列声波相遇处，质点的振动就等于各列声波在该处振动的叠加，这就是声波的叠加原理。

1. 声波的干涉

若在同一媒质中同时传播几列声波,当这几列声波的频率相同,且有固定的相位差,则它们在叠加时就会产生波的干涉现象。其结果使声场中某些点处的振动加强,某些点处的振动减弱。能产生干涉现象的两列波称为干涉波。

2. 声驻波

若在同一媒质中两列平面声波的声压幅值相同、频率相等,而传播的方向相反,则由叠加原理合成的声波称为驻波。声驻波是干涉现象的特例。由叠加原理可知,在声波传播途径中将间断地出现声驻波合成声压为零或等于两列声波声压幅值之和的点。合成声压为零的各点称为声压波腹,合成声压等于两列声波声压幅值之和的各点称为声压波节,并且将波腹和波节有效声压的比值定义为驻波比。

3. 不相干波

若在同一媒质中两列声波的频率和相位没有固定的关系而带有随机性,这种波称为不相干波,噪声一般是不相干波。不相干波的合成声压不再由一个单纯的简谐运动所产生。

五、声波辐射的指向性

声源在不同的方向上具有不同的声辐射本领,我们把声源的这种性质称为声源的指向特性。也就是说,声源在不同方向上辐射出去的声能不一样。在远离声源的声场中,我们把任何方向的声强 $I_{(\theta)}$ 和等距离的平均声强 $I_{(0)}$ 的比值定义为指向性因数,以 Q 表示,即

$$Q = \frac{I_{(\theta)}}{I_{(0)}} = \frac{p^2_{(\theta)}}{p^2_{(0)}} \tag{3-23}$$

Q 描述了声波的指向特性。实际工作中也常用 G 来表示指向性因数,称为指向性指数,单位为 dB,则

$$G = 10\lg Q \tag{3-24}$$

显然,无指向性时 $Q=1$,则 $G=0$。

第二节　噪声的量度

声波的性质主要由声强的大小、频率高低和波形特点所确定,一般把这三个参数称为表征声音性质的三要素(也称音强、音调、音色)。对于噪声的三要素可以采用物理量如声压和声压级、声强和声强级、声功率和声功率级以及频谱来量度,也可以用人的听觉,如响度和响度级、各种计权网络声级和感觉噪声级来量度。

一、级和分贝

如上一节所述,声压级是以 L_p 来表示的,单位为分贝(dB),可以使我们在小数字范围内进行计算。

分贝原是电气工程师在电讯领域开始应用的。在声学中,我们用所研究数量与一个任选参考量取以 10 为底的对数量——级,作为表示声音大小的常用单位,即以声压级、声强级和声功率级来代替声压、声强、声功率。级是一个做相对比较的无量纲量,所以,以分贝表示的量是与选定的参考量有关的数量级,以功率为例,其数学表达式为:

$$L = 10\lg\left(\frac{W}{W_0}\right) \qquad\qquad (3\text{-}25)$$

式中　L——级，dB；

　　　W——所研究的功率，W；

　　　W_0——基准功率，W。

　　根据以上级的定义，声压级的数学表达式应为：

$$L_p = 10\lg \frac{p^2}{p_0^2} = 20\lg \frac{p}{p_0} \qquad\qquad (3\text{-}26)$$

式中　L_p——声压级，dB；

　　　p——声压有效值，N/m^2；

　　　p_0——基准声压，是频率在 1 000 Hz 时的听阈声压，即人耳刚能听到声音时的声压，

　　　　　$p_0 = 2\times 10^{-5}$ Pa。

　　同理，可得声强级与声功率级分别为：

$$L_I = 10\lg \frac{I}{I_0}$$

式中　I_0——基准声强，是频率在 1 000 Hz 时的听阈声强，其值为 10^{-12} W/m^2。

$$L_W = 10\lg \frac{W}{W_0}$$

式中　W_0——基准声功率，其值为 10^{-12} W。

　　1. 声压级的加法

　　声压级叠加方法，我们可以用各频带下的声压级相加求得距离某一噪声源一定距离地点的全声压级，同时还可以用声压级相加的方法求得两个或更多个声源同时作用时，在距声源 r m 处的总声压级。

　　声源的声功率或声强可以代数相加，由此可导出计算若干个声源的总声压级公式：

$$L_p = 10\lg\left(\sum_{i=1}^{n} 10^{L_{pi}/10}\right) \qquad\qquad (3\text{-}27)$$

式中　L_p——若干个声源总声压级，dB；

　　　L_{pi}——任一个声源的声压级，dB。

　　2. 声压级的减法

　　把某一噪声作为被测对象，与被测对象噪声无关的干扰噪声的总和，称为相对于被测对象的本底噪声。它由环境噪声和其他干扰噪声组成。本底噪声可以被测定，本底噪声和被测对象噪声的总和也可以测定，所以必须从总噪声级中减去本底噪声才能得到被测对象的噪声。

　　声压级相减法的过程类似于声压级相加，已知总声级方程和外界或背景声压级方程为：

$$L_p = 10\lg\left(\frac{p}{p_0}\right)^2$$

$$L_{pB} = 10\lg\left(\frac{p_B}{p_0}\right)^2$$

　　由此便可得被测声源的声压级为：

$$L_{ps} = 10\lg\left[\left(\frac{p}{p_0}\right)^2 - \left(\frac{p_B}{p_0}\right)^2\right]$$

或

$$L_{ps} = 10\lg(10^{L_p/10} - 10^{L_{pB}/10}) \tag{3-28}$$

式中　L_p——总声压级,dB;

　　　L_{ps}——待测声源的声压级,dB;

　　　L_{pB}——外界或背景声压级,dB。

二、噪声频谱

各种声源发出的声音都有它的"个性",不同声音的"个性"又是由它的频率和相应的强度所确定的。为了解一种噪声的特性,往往要知道声压级和频率之间的关系,即哪一个频率或哪一段频率中噪声最强或最弱,一般把声压级与频率的这种关系叫做频谱,而把表示这种关系的图形叫做频谱图。据此,我们就可以进行频谱分析,即分析频率的组成和相应的强度。通过噪声的频谱分析,就能了解噪声的频率特性,为控制噪声和设计低噪声结构提供依据。

1. 倍频程

可听声波从低频到高频,其变化范围高达 1 000 倍。为了方便和实用,通常把宽广的声频变化范围划分为若干较小的区段,称为频程或频带。频程有上限频率值、下限频率值和中心频率值,上下限频率之差即中间区域称为频带宽度,简称带宽。实践表明,当比较两个不同频率的声音时,决定它们之间差别的是两个声音频率的比值,而不是它们的绝对差值。若将 20~20 000 Hz 的频率范围按频率倍比的关系划分,每个频带的上限频率和下限频率相差一倍,即相邻频率之比为 2:1,这种频程称为倍频程。

为了得到比倍频程更为详细的频谱,也常使用 $\frac{1}{3}$ 倍频程,$\frac{1}{3}$ 倍频程就是把每一个倍频程的频带再按比例等比关系分为 3 段,使每个频带宽度更窄,也就是在每一倍频程的频带中再插入两个频率值,则这四个频率成以下比例:$1 : 2^{\frac{1}{3}} : 2^{\frac{2}{3}} : 2$。

为了方便,1 倍频程和 $\frac{1}{3}$ 倍频程都常用其中心频率来表示,中心频率可由下式求出:

$$f_c = \sqrt{f_u \cdot f_l} \tag{3-29}$$

式中　f_c——中心频率,Hz;

　　　f_u——上限频率,Hz;

　　　f_l——下限频率,Hz。

2. 频谱

除了个别仪器和乐器发出的声音外,单一频率的纯音是很少见的,一般都是由强度不同的许多频率的纯音所组成,这种声音称为复音。组成复音的强度与频率的关系图称为声频谱或简称频谱,也就是在频率域上描述声音的变化规律。不同的声音有不同的频谱。通常以频率(或频带)为横坐标,以声压级(或声强级、声功率级)为纵坐标绘出噪声的测量图形来表述噪声频谱。在倍频带噪声谱中,整个声频范围被分成 10 个倍频带。按照国际标准化组织(ISO)规定,采取的倍频带中心频率分别为 31.5 Hz、63 Hz、125 Hz、250 Hz、500 Hz、

1 000 Hz、2 000 Hz、4 000 Hz、8 000 Hz 和 16 000 Hz。频率每增加 1 倍(倍频程),在噪声谱的横坐标中按相等的线段予以截取。

由于可听频率的宽广和声波波形的复杂性,频谱的形状大致可分为线谱、连续谱和混合谱,如图 3-3 所示。线谱表示的是具有一系列分离频率成分所组成的声音,在频谱图上是一系列竖直线段,线谱也称离散谱。如果在频谱上对应各频率成分的竖直线排列得非常紧密,在这样的频谱中声能连续地分布在宽广的频率范围内,成为一条连续的曲线,称为连续谱。连续谱的频率成分相互间没有简单的整数比的关系,听起来没有音乐的性质,其频率和强度都是随机变化的。有些声源,如敲锣、鼓风机所发出的声音的性质,既有连续的噪声频谱,也有线谱,是两种频谱的混合谱,听起来有明显的音调,但总的说来没有音乐的性质。例如,在机床变速箱的频谱中,常发现有若干个突出的峰值,它们大多是由于齿啮合等原因引起。在分析噪声的产生原因时,对频谱图中较突出的成分应予注意。

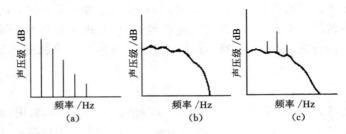

图 3-3 声音的三种频谱
(a) 线谱;(b) 连续谱;(c) 线谱和连续谱混合

三、等响曲线、响度级、响度

在噪声测量中往往通过声学仪器反映噪声的性质,我们经常用声压、声压级或频带声压级作为噪声测量的物理参数。声压级越高,噪声强度越强。声学仪器对高于 20 kHz 的超声波可以作出记录,对低于 20 Hz 的次声波也可以作出记录,但是这两种声音人耳却完全听不到,这说明涉及人耳听觉时,只用上述物理参数不能说明问题,声压、声压级只表征了噪声的强弱,而不能正确反映人耳的响应。为了用人耳来正确评价噪声,必须了解噪声引起的主观响应及其量度。

1. 等响曲线

声音对人耳的影响与人对它的印象取决于它的频率和声压级。在同一频率下,声压级愈高,听起来愈响;频率不同,声压级相同的两个声音听起来也不一样响。根据人耳的这一特性并通过实验可得出所谓的"等响曲线图"。例如,声压级为 95 dB、频率为 45 Hz 的纯音,声压级为 75 dB、频率为 400 Hz 的纯音,声压级为 70 dB、频率为 3 800 Hz 的纯音,它们与声压级为 80 dB、频率为 1 000 Hz 的纯音听起来一样响,故都在同一条曲线上,如图 3-4 所示。图中每条曲线都是经过大量实验得来的。

从等响曲线上可以看出:

(1) 在声压级较低时,低频变化引起的听觉变化比中、高频大,中、高频显得比低频更响些。

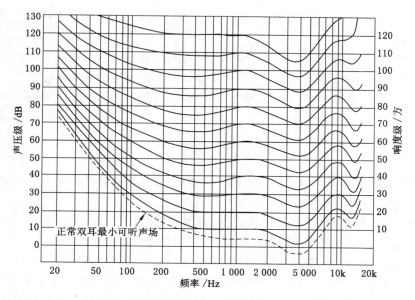

图 3-4　等响曲线

（2）在声压级较高时，曲线较平缓，反映了声压级相同的各频率声音差不多一样响，即与频率的关系不大。

（3）人耳对 4 000 Hz 的声音最敏感，也最容易受损伤，所以在噪声治理中需要着重研究和消除中、高频率噪声。

2. 响度级和响度

用人耳评价噪声的强弱主要取决于噪声的声压和频率等物理参数。等响曲线则是依据人耳的听觉特性来反映声压和频率之间的关系的。为了使用上的方便，人们利用声压级的概念，引出了一个与频率有关的量——响度级，其单位为方（phon）。定义为：选取频率为 1 000 Hz 的纯音作为基准声音，若某一噪声听起来与该纯音一样响，则该噪声的响度级数值就等于这个纯音的声压级数值。例如，某一噪声听起来与声压级 85 dB、频率为 1 000 Hz 的基准声音一样响，则该噪声的响度级就是 85 phon，而不管其频率和实际声压级是多少。

响度级是描述响度的主观值，它把声压级和频率用一个概念统一起来，但响度级仍是一个与声压级有关的量，不便于直接比较和计算。为此，再引入一个新的概念——响度，其单位为宋（sone），并规定：40 phon 为 1 sone，50 phon 为 2 sone，60 phon 为 4 sone……它们之间的关系也可用公式表述：

$$S = 2^{\frac{L_1-40}{10}} \tag{3-30}$$

式中　S——响度，sone；

　　　L_1——响度级，phon。

【例 3-1】　把响度级为 80 phon 的声音用响度表示。

解：根据式（3-30）得：

$$S = 2^{\frac{(80-40)}{10}} = 2^4 = 16（\text{sone}）$$

经验表明，响度级变化 10 phon，人的主观听觉可以感到声音的响度大约变化 2 倍（即加倍或减半）。所以，响度比响度级更接近于人耳的听觉特性，因而在实际工作中得到了广泛应用。

响度级不能直接加减，而两个不同响度的声音可以叠加，这在声学计算上是很方便的。同时用响度表示噪声的大小也比较直观，可直接算出声音增加或减少的百分比。例如，噪声经消声处理后，响度级从 120 phon（响度为 256 sone）降低到 90 phon（32 sone），则总响度降低 87.5%。

四、A 声级

人们对声音强弱的主观感受可以用响度来描述，但其测量和计算都十分复杂，因此目前世界各国基本上都采用 A 声级来评价噪声。

噪声测量仪器有声级计，按其工作要求，声级计的"输入"信号是噪声客观的物理量声压，而"输出"信号不仅是对数关系的声压级，而且最好是符合人耳特性的主观量响度级。声压级没有反映频率的影响，即只有平直的频率响应。为使声级计的"输出"符合人耳的特性，应通过一套滤波器网络造成对某些频率成分的衰减，使声压级的水平线修正为相对应的等响曲线。由于每条等响曲线的频率响应（修正量）各不相同，若想使它们完全符合，在声级计上至少需设 13 套修正电路，这是很困难的。国际电工委员会标准规定，在一般情况下，声级计上只设 3 套修正电路，即 A、B、C 三种计权网络。目前还出现 D（D_1、D_2）、E 和 SL 几种计权。参考等响曲线，设置计权网络，从而对人耳敏感的频域加以强调，对人耳不敏感的频域加以衰减，就可以直接读出反映人耳对噪声感觉的数值，使主客观量趋于统一。目前常用的计权网络主要是 A 计权和 C 计权，B 计权已逐渐淘汰，D 计权主要用于测量航空噪声，E 计权是新近出现的，SL 计权是用于衡量语言干扰的。

A、B、C 计权网络是分别效仿倍频程等响曲线中的 40 phon、70 phon 和 100 phon 曲线而设计的。A 计权网络较好地模仿了人耳对低频段（500 Hz 以下）不敏感，而对 1 000～5 000 Hz 敏感的特点。用 A 计权测量的声级来代表噪声的大小，叫做 A 声级，记作分贝（A）或 dB（A）。由于 A 声级是单一数值，容易直接测量，并且是噪声所有频率成分的综合反映，与人的主观反应接近，故目前在噪声测量中得到最广泛的应用，并用来作为评价噪声的标准。但是 A 声级代替不了用倍频程声压级表示的其他噪声标准，因为 A 声级不能全面地反映噪声源的频谱特点，相同的 A 声级其频谱特性可能有很大差异。

利用 A、B、C 三档声级读数可约略了解声频谱特性。由图 3-5 中各种计权网络的衰减曲线可以看出：当 $L_A = L_B = L_C$ 时，表明噪声的高频成分较突出；当 $L_C = L_B > L_A$ 时，表明噪声的中频成分较多；当 $L_C > L_B > L_A$ 时，表明噪声是低频特性。

五、等效连续声级

国际噪声标准规定（同我国噪声规范），对稳态噪声要测定 A 声级，但对非稳态噪声必须测量等效连续声级，或测量不同 A 声级下的暴露时间，计算等效连续声级。也就是用等效连续声级作为评定间断的、脉冲的或随时间变化的不稳定噪声的大小，单位用 dB（A）表示。

测量 A 声级和暴露时间计算等效连续声级的方法是：将测得的 A 声级从小到大排序并按每 5 dB 分成一段，用中心声级表示。中心声级表示的各段为 80 dB、85 dB、90 dB、95 dB、

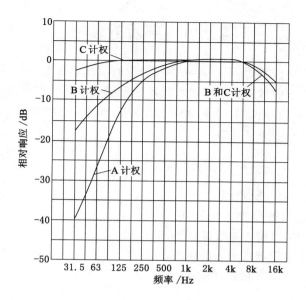

图 3-5 A、B、C 计权特性曲线

100 dB、105 dB、110 dB、115 dB。80 dB 表示 78~82 dB 的声级别范围,其余类推。将各段的声级的总暴露时间统计出来,见表 3-2。

表 3-2　　　　　　　　　　　　　各段声级与暴露时间

n/段	1	2	3	4	5	6	7	8
中心声级 L_p/dB	80	85	90	95	100	105	110	115
暴露时间 T_n/min	T_1	T_2	T_3	T_4	T_5	T_6	T_7	T_8

$$L_{eq} = 80 + 10\lg \frac{\sum (10^{\frac{n-1}{2}} \cdot T_n)}{480} \quad dB(A) \tag{3-31}$$

式中　T_n——第 n 段声级 L_{pn} 在一个工作日的总暴露时间,min。

【例 3-2】　测得某车间的噪声级,在 8 h 内有 4 h 为 110 dB(A),有 2 h 为 100 dB(A),有 2 h 为 90 dB(A)。求该车间的等效连续 A 声级为多少分贝。

解:根据表 3-2 查得:

$$L_{pn} = 110 \text{ dB(A)}, n = 7, T_7 = 240 \text{ min}$$
$$L_{pn} = 100 \text{ dB(A)}, n = 5, T_5 = 120 \text{ min}$$
$$L_{pn} = 90 \text{ dB(A)}, n = 3, T_3 = 120 \text{ min}$$

将已知值代入式(3-31)中得到该车间的等效连续声级为:

$$L_{eq} = 80 + 10\lg \frac{10^{\frac{7-1}{2}} \times 240 + 10^{\frac{5-1}{2}} \times 120 + 10^{\frac{3-1}{2}} \times 120}{480} = 107 \text{ dB(A)}$$

第三节　声波的衰减

声波在实际媒质中传播时,不仅存在声波扩散所引起的损失,而且还有媒质对声波的吸收和媒质中粒子对声波的散射所引起的吸收和散射损失。我们把声波在媒质传播过程中声强和声压随着距声源的距离增大而逐渐减弱的现象,称为声波的衰减。

声波衰减计算的一般关系式为:

$$L_p = L_W - \Delta L_{p1} - \Delta L_{p2} - \Delta L_{p3}$$

式中　L_p——接收点的声压级,dB;

　　　L_W——声源输出的声功率级,dB;

　　　ΔL_{p1}——由于扩散引起的衰减,dB;

　　　ΔL_{p2}——由于媒质吸收引起的衰减,dB;

　　　ΔL_{p3}——由于散射引起的衰减,dB。

一、声波的扩散衰减

在自由声场中,随着距声源距离的加大,通常波阵面也愈来愈大,所以通过单位面积上的声能相应减小,使声强或声压随距离的增加而衰减,这种衰减称为扩散衰减。根据声源的形状和大小不同,可将声源分为三大类型,即点声源、线声源和面声源。不同类型的声源其扩散衰减的计算方法完全不同,由于在实际工作中大多数声源都可简化为点声源,因此我们仅讨论一下点声源的扩散衰减。

所谓点声源就是声源本身的尺寸与声源至接收点的距离相比很小的声源,这样即使几何尺寸相当大的声源也可作为点声源来处理。例如,在远距离处,一座吵闹的工厂,通过围墙向四周均匀地辐射噪声,则可把工厂的中心作为一个点声源来处理。

在自由声场中,点声源的声功率为 W,在半径 r_1 及 r_2 处的声强分别为 I_1 及 I_2,则

$$I_1 = \frac{W}{4\pi r_1^2} \quad I_2 = \frac{W}{4\pi r_2^2}$$

根据声强级的定义,则在半径 r_1 及 r_2 处的声强级分别为:

$$L_{I_1} = 10\lg \frac{I_1}{I_0}$$

$$L_{I_2} = 10\lg \frac{I_2}{I_0}$$

将 I_1、I_2 的值代入以上两式,并求其差得:

$$\Delta L_I = L_{I_1} - L_{I_2} = 10\lg \frac{I_1}{I_0} - 10\lg \frac{I_2}{I_0} = 10\lg \frac{I_1}{I_2} = 20\lg \frac{r_2}{r_1} \tag{3-32}$$

对在空气中传播的平面声波或球面声波有:

$$\frac{I}{I_0} = \frac{p^2/\rho_0 C_0}{p_0^2/\rho_0 C_0} = \frac{p^2}{p_0^2}$$

所以

$$L_I = 10\lg \frac{I}{I_0} = 10\lg \frac{p^2}{p_0^2} = 20\lg \frac{p}{p_0} = L_p$$

上式说明,在空气中传播的平面声波或球面声波,声强级和声压级是相等的,所以式(3-32)说明,距离声源为 r_1、r_2 两处的声压级差等于两距离之比取常用对数的 20 倍,若 $r_2 = 2 r_1$,则

$$\Delta L_p = 20\lg \frac{2}{1} \approx 6 \ (\text{dB})$$

即距声源距离每增加一倍,声压级下降 6 dB,若距离减半,声压级上升 6 dB。

【例 3-3】　距点声源 20 m 处的声压级为 85 dB,距声源 60 m 处的声压级为:

$$L_{p2} = L_{p1} - 20\lg \frac{r_2}{r_1} = 85 - 20\lg \frac{60}{20} \approx 75 \ (\text{dB})$$

二、声波的吸收衰减

声波在均匀媒质中传播时,其振幅和声强也将随着离开声源的距离增大而衰减,其衰减的原因,一是由于声波扩散,二是由于声能被媒质吸收。

现以平面波为例。设在 x 处的声强为 I,经过 Δx 距离后,声强衰减成($I+\Delta I$),ΔI 为声强的增量,为负值,则

$$\Delta I = -2aI \Delta x$$

或

$$\frac{\Delta I}{I} = -2a\Delta x$$

式中　$2a$——声强衰减系数。

当 $\Delta x \rightarrow 0$ 时,对上式进行积分,可得:

$$\int_{I_0}^{I} \frac{\mathrm{d}I}{I} = -2a \int_0^x \mathrm{d}x$$

式中　I_0——在 $x=0$ 处的声强,则:

$$\ln \frac{I}{I_0} = -2a$$

故在 x 处的声强为:

$$I = I_0 \mathrm{e}^{-2ax} \tag{3-33}$$

可见声强因媒质吸收而按指数规律衰减。随着距离 x 增大,衰减幅度减小。衰减曲线如图3-6所示。

式(3-33)可写为:

$$\frac{I}{I_0} = \mathrm{e}^{-2ax} \tag{3-34}$$

而 $I = \dfrac{p_e^2}{\rho_0 C_0}$,因而特性阻抗 $\rho_0 C_0$ 为常数,所以将 I

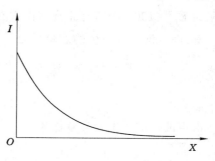

图 3-6　声强的衰减曲线

的值代入式(3-34)可得 $\dfrac{I}{I_0} = \dfrac{p_e^2}{p_0^2} = e^{-2ax}$。

可求得在 x 处的声压 p_e：

$$p_e = p_0 e^{-ax} \tag{3-35}$$

式中　p_0——在 $x=0$ 处的有效声压；

　　　a——声压衰减系数。衰减系数反映声波在传播时媒质的吸收特性，它与媒质的黏滞系数、密度、比热容等多种因数有关。

设声波在 $x=0$ 处的声压为 p_0，声压级为 L_{p0}，传播至 x 处时，声压降低到 $p=p_0 e^{-ax}$，声压级相应降低到 L_p，所以声压级降低的数值即衰减量 ΔL_p 为：

$$\Delta L_p = L_{p0} - L_p = 20\lg \frac{p_0}{p} = 20\lg e^{ax} = 20ax\lg e = 8.7ax \tag{3-36}$$

在噪声控制中，衰减系数常用 dB/m 做单位，表 3-3 给出了温度为 20 ℃时空气的声吸收衰减系数。

表 3-3　　　　　　　　温度为 20 ℃时空气的声吸收衰减系数

f/kHz	衰减系数/(dB/km)				
	相对湿度/(%)				
	10	20	40	60	80
1	11	5	3	3	3
2	41	20	9	7.5	7
4	110	71	33	21	17
6	162	140	73	47	34
8	196	210	126	83	60
10	220	285	191	128	94

【例 3-4】　已知频率为 2 000 Hz 的球面波，其 $a=9\times10^{-3}$ dB/m，距声源 $r_0=10$ m 处的声压为 $L_{p0}=120$ dB，求在距离声源中心 100 m 处的声压级。

解：因空气吸收产生的衰减量为：

$$\Delta L_{p1} = 8.7a(r-r_0)$$
$$= 8.7 \times 9 \times 10^{-3}(100-10)$$
$$= 7(\text{dB})$$

由声波扩散产生的衰减量为：

$$\Delta L_{p2} = 20\lg \frac{r}{r_0} = 20\lg \frac{100}{10} = 20(\text{dB})$$

距声源 100 m 处的声压级为：

$$L_p = L_{p0} - \Delta L_{p1} - \Delta L_{p2}$$
$$= 120 - 7 - 20$$
$$= 93(\mathrm{dB})$$

此外,声波的衰减还包括散射衰减,因其影响不大,不再赘述。

第四节　噪声的测量及标准

一、噪声测量仪器

根据不同的测量目的和要求,可选择不同的测量仪器和不同的测量方法。

对于厂矿噪声的现场测量,最常用的仪器是声级计和频谱分析仪。分析仪和自动记录仪联用,可自动地把频谱记录在坐标纸上。如果现场缺少上述仪器,可先用录音机把被测试的噪声记录下来,然后再在实验室里用适当的仪器进行频谱分析。

1. 声级计

声级计是厂矿进行快速现场测量的一种基本测量仪器,它体积小,重量轻,用干电池供电,便于携带。一般由传声器、放大器、计权网络、指示表头等部分组成。

传声器又叫话筒,它的作用是把声信号转换成电信号,电信号经放大器放大后,由计权网络计权,再经整流器变为直流,由指示表头加以显示。计权网络是根据人耳对声音的频率响应特性而设计的电滤波器。指示表头可以是指针式,也可以是数字式,其读数是声压的有效值,也叫均方根值。

2. 频谱分析仪

频谱分析仪是用来测量噪声频谱的仪器,它主要由两大部分组成,一部分是测量放大器,一部分是滤波器。滤波器是把复杂的噪声成分分成若干个频带,测量时只允许某个特定频带的声音通过,此时表头指示的读数是该频带内的声压级。厂矿常用的有倍频程滤波器和1/3倍频程滤波器。

(a)　　　　　　　　　　　(b)　　　　　　　　　　　(c)

图 3-7　常用噪声测量仪器

(a)声级计;(b)声学校准仪;(c)频谱分析仪

二、噪声测量的方法

测量前要对仪器进行检查,在仪器正常的前提下还要用声学校准器(活塞发声器)进行校准。

1. 测量的条件

测量时要考虑测量条件不受干扰,首先要排除本底噪声的影响,在现场测量时应先测本底噪声,后测总声级,最后按分贝减法的计算原则,计算出声源的噪声。其次要注意现场反射声的影响,要把传声器放在尽量远离反射物的地方。最后,还要考虑诸如风或气流的影响,温度、湿度、电磁场等对测量结果准确性的影响。

2. 测量的量

对稳态噪声测量 A 声级;对不稳态噪声要测量 A 声级和暴露时间,计算等效连续声级。如果为了控制噪声,还要进行倍频程频谱分析。

3. 测点选择

测量车间噪声时,应将声级计传声器放在操作人员的耳朵所在位置,操作人员离开;或者放置在生产作业面附近,选择数个测点。测量机械噪声时,测点均布在机械四周,一般不少于 4 个点,距机械表面的距离视机械的尺寸大小而定。测量风机、空压机进排气口的噪声时,进气噪声测点应取在进气管轴线上,距管口距离等于或大于管径的位置;排气噪声测点应取在与排气口轴线成 45°角的方向上或管口平面上,参见图 3-8。

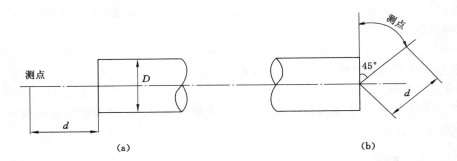

图 3-8　进排气口测点位置

(a) 进气口测点位置($d \geqslant D$);(b) 排气口测点位置($d = 0.5 \sim 1$ m)

三、工业噪声标准

降低噪声需要一定的技术措施和投资,所以制定噪声标准的出发点不是从"最佳"而是从"可以容忍"的条件考虑。

我国的《工业企业噪声控制设计规范》适用于工业企业中的新建、改建、扩建与技术改造工程的噪声(脉冲声除外)控制设计。新建、改建和扩建工程的噪声控制设计必须与主体工程设计同时进行。

按照地点类别的不同,工业企业厂区内各类地点的噪声 A 声级不应超过表 3-4 所列的噪声限制值。

表 3-4　　　　　　　　　　工业企业厂区内各类地点噪声标准

序号	地点类别		噪声限制值/dB(A)
1	生产车间及作业场所(每天连续接触噪声8 h)		90
2	高噪声车间设置的值班室、观察室、休息室(室内背景噪声级)	无电话通讯要求时	75
		有电话通讯要求时	70
3	精密装配线、精密加工车间的工作地点、计算机房(正常工作状态)		70
4	车间所属办公室、实验室、设计室(室内背景噪声级)		70
5	主控制室、集中控制室、通讯室、电话总机室、消防值班室(室内背景噪声级)		60
6	厂部所属办公室、会议室、设计室、中心实验室(包括试验、化验、计量室)(室内背景噪声级)		60
7	医务室、教室、哺乳室、托儿所、工人值班宿舍(室内背景噪声级)		55

注:① 本表所列的噪声级均应按现行的国家标准测量确定。

② 对于工人每天接触噪声不足 8 h 的场合,可根据实际接触噪声的时间,按接触时间减半噪声限制值增加 3 dB 的原则,确定其噪声限制值。

③ 本表所列的室内背景噪声级,系在室内无声源发声的条件下,从室外经由墙、门、窗(门窗启闭状况为常规状况)传入室内的室内平均噪声级。

按照毗邻区域类别的不同以及昼夜时间的不同,工业企业由厂内声源辐射至厂界的噪声 A 声级不得超过表 3-5 所列的噪声限制值。

表 3-5　　　　　　　　　　厂界噪声限制值

厂界毗邻区域的环境类别	昼间	夜间
特殊住宅区	45 dB(A)	35 dB(A)
居民、文教区	50 dB(A)	40 dB(A)
一类混合区	55 dB(A)	45 dB(A)
商业中心区、二类混合区	60 dB(A)	50 dB(A)
工业集中区	65 dB(A)	55 dB(A)
交通干线道路两侧	70 dB(A)	55 dB(A)

注:① 本表所列的厂界噪声级应按现行的国家标准测量确定。

② 当工业企业厂外受该厂辐射噪声危害的区域同厂界间存在缓冲地域时(如街道、农田、水面、林带等),表 3-5 所列厂界噪声限制值可作为缓冲地域外缘的噪声限制值处理。凡拟作缓冲地域处理时,应充分考虑该地域未来的变化。

第五节 噪声的危害

噪声对人的危害是多方面的,既有生理的也有心理的。通常 50 dB(A)以上的噪声开始影响睡眠和休息,70 dB(A)以上干扰交谈,易造成心烦意乱,影响工作效率。噪声的掩蔽效应会使作业人员听不到信号或事故的前兆声响,导致事故危险性增加。长期接触 90 dB(A)以上的噪声,会造成听力损失和职业性耳聋,甚至影响其他系统的正常生理功能,如长期接触噪声,会导致出现神经衰弱综合征、脑电图异常、植物神经系统功能紊乱,心血管系统出现血压不稳(多数增高)、心率加快、心电图改变等,其他如消化系统出现胃液分泌减少、蠕动减慢、食欲下降、消化能力减弱等。据统计,胃溃疡的发病率在高噪声条件下比在安静条件下高 5 倍。

目前对噪声性耳聋还没有十分有效的治疗方法,故加强预防和早期听力保护至关重要。

一、噪声对听觉的损害

听力损失在初期为高频段听力下降,语音频段无影响,尚不妨碍日常会话和交谈;如连续接触高噪声,病情将进一步发展,语言频段的听力开始下降,达到一定程度,即影响听清谈话。当出现了耳聋的现象时,已发生不可逆转的病理变化。

诊断噪声性耳聋的主要依据为:① 有确切的接触噪声职业史并排除了其他原因的耳聋病史;② 听力检查,具有高频听力下降的特点;③ 除气导外,骨导也减退。噪声性耳聋根据听力下降程度分为轻度、中度和重度三级。有些作业如爆破、武器试验等,由于防护不当或缺乏必要的防护措施,可因爆炸所产生的强烈噪声和冲击波造成听觉系统的严重损伤而丧失听力,称为爆震性耳聋,出现鼓膜破裂,中耳听骨错位,韧带撕裂,内耳螺旋器破损,甚至出现脑震荡。患者主诉耳鸣、耳痛、恶心、呕吐、眩晕,检查可发现听力严重障碍甚至全聋,如内耳未受严重损伤,听力可全部或部分恢复。

人耳习惯于 70～80 dB(A)的声音(如语言),也能短时间地忍受高强噪声,但持续的噪声超过 80 dB(A),就会影响健康。声压级达到 120 dB(A),耳膜感到压痛,此数值为声音的痛阈声压。更高的噪声则产生震动感。

强烈的噪声可以引起耳部的不适,如耳鸣、耳痛、听力损伤。据测定,超过 115 dB(A)的噪声会造成耳聋。据临床医学统计,若在 80 dB(A)以上噪声环境中生活,耳聋者可达50%。人对不同声压级的感受见表 3-6。

噪声对听力的影响表现为听阈位移,即听力范围的缩小,也称为听力损失。语言频率听阈位移值超过 25 dB(A)的为噪声性早期耳聋,达 41～70 dB(A)的为中度耳聋,大于 70 dB(A)的为高度耳聋;高频段(3000～6 000 Hz)的听力损失在 20～44 dB(A)的为轻度,45～74 dB(A)为中度,大于 75 dB(A)为重度。低频及高频听力损失在 90 dB(A)以上的为全聋。职业性耳聋在高频段出现最早,工龄与耳聋出现率呈指数关系。

某钢铁企业在研究中发现,暴露在 85～91 dB(A)噪声中的工人,1～10 年工龄者只有轻度耳聋;但暴露在 92～96 dB(A)环境中,则出现中度耳聋;暴露于 97～109 dB(A)噪声环境中,则有重度耳聋出现。可见,职业性耳聋与噪声强度级及暴露时间密切相关。统计结果见表 3-7。

表 3-6　　　　　　　　　　人对不同声压级的感受及声源举例

声压级/dB(A)	听觉主观感受	对人体影响	声　源
0	刚刚听到	安全	自身心跳声
10	十分安静		呼吸声
20	安静		手表摆动声
30			安静的郊外、耳语声
40	安静		轻声谈话
50	一般		办公室
60	不安静		公共场合语言噪声
70	吵闹感		大声说话
80			一般工厂车间、交通噪声
90	很吵闹	长期作用,听觉受损	重型机械及车辆
100			
110	痛苦感	听觉较快受损	风机、电钻、球磨机、空气压缩机
120			
130	很痛苦	心血管、听觉、其他器官受损	铆焊车间、大炮、喷气式飞机起飞
140			
150	听觉受损	心血管、听觉、其他器官受损	发射火箭
160			

表 3-7　　　　　　　　噪声强度级、暴露时间与职业性耳聋的关系

	工龄/a		<5	6～10	11～15	16～20	>20	总计
	受检人数/人		14	18	14	6	6	58
	耳聋出现率/%		57.14 (8)	77.78 (14)	85.71 (12)	66.67 (4)	100 (6)	75.86 (44)
85～91 dB(A)	各种耳聋程度所占比例/%	轻度	100 (8)	100 (14)	83.33 (10)	50 (2)		77.27 (34)
		中度			16.67 (2)	50 (2)	66.67 (4)	18.18 (8)
		重度					33.33 (2)	4.55 (2)
		全聋						

工龄/a			<5	6~10	11~15	16~20	>20	总计
92~96 dB(A)	受检人数/人		56	22	32	16	12	138
	耳聋出现率/%		71.43 (40)	81.82 (18)	93.75 (30)	100 (16)	100 (12)	84.06 (116)
	各种耳聋程度所占比例/%	轻度	75 (30)	72.22 (13)	60 (18)	25 (4)	16.67 (2)	57.76 (67)
		中度	25 (10)	27.78 (5)	26.67 (8)	25 (4)	33.33 (4)	26.72 (31)
		重度			13.33 (4)	50 (8)	50 (6)	15.52 (18)
		全聋						
97~109 dB(A)	受检人数/人		24	26	52	8	18	128
	耳聋出现率/%		66.67 (16)	100 (26)	92.31 (48)	100 (8)	100 (18)	90.63 (116)
	各种耳聋程度所占比例/%	轻度	87.50 (14)	69.23 (18)	37.50 (18)	25 (2)	44.44 (8)	51.72 (60)
		中度		23.08 (6)	25 (12)	12.50 (1)	16.67 (3)	18.96 (22)
		重度	12.50 (2)	7.69 (2)	29.17 (14)	12.50 (1)	16.67 (3)	18.96 (22)
		全聋			8.33 (4)	50 (4)	22.22 (4)	10.34 (12)

注:括弧内数字为人数。

噪声最初作用于听觉器官,主观感觉为双耳发胀、耳鸣、耳闷。噪声级在 100 dB(A)以下,下班后症状消失。但暴露在 100 dB(A)以上的噪声环境中(如轧钢厂、凿岩工作面),下班后仍可能有暂时性耳聋、耳鸣、听不清说话声音,适应环境后则上述症状消失,且习惯于高声谈话。半年以后,耳鸣、耳聋逐渐加重,有时头晕、头疼、恶心,视物模糊。病理检查发现,永久性耳聋患者双耳膜混浊、内陷、无运动,半规管呈死腔,无淋巴液流动,毛细血管和小静脉扩张、组织水肿、缺氧、代谢不良,最后发生末梢感受器损害,严重者可导致全聋。

内耳病理学研究表明,耳蜗接受高频声(3~6 kHz)的纤维细胞较少且集中在耳蜗基底部,接受低频的纤维细胞较多且分布广泛。耳蜗基底部最早受损,所以表现出明显的高频听力下降,听力曲线呈 V 形或 U 形下陷。这可作为职业性耳聋早期特征而用于诊断。

高频听损与语言听损线性相关,且有下列关系:

$$Y = 25.73 + 0.98X$$

式中　　X——语言听损,dB;

　　　　Y——高频听损,dB。

语言听损达到 25 dB 时,高频听损可达到 50 dB 左右。

在钢铁厂接触稳态噪声 95～105 dB(A)的工人,语言听损的发展速度是 1.6 dB(A)/a,高频听损的平均进展为 3.6 dB(A)/a。高频听损发展到 25 dB(A)需 7 年,发展到 50 dB(A)需 13～14 年,而语言听损发展到 25 dB(A)需 15～16 年。

二、噪声对神经系统及心脏的影响

噪声作用于中枢神经系统,能使大脑皮质的兴奋和抑制失调,导致条件反射异常。久之,就会形成牢固的兴奋灶而引起头痛、头晕、眩晕、耳鸣、多梦、失眠、心悸、乏力、记忆力减退等神经衰弱症候群。暴露于噪声环境中的工人,各个工龄组都程度不同地存在上述症状。当噪声强度超过 90 dB(A)时,神经症状的出现率和次数均有剧烈上升的趋势。高噪声的工作环境可使人出现头晕、头痛甚至精神错乱。

不同声强级噪声职业性暴露与神经衰弱症候群阳性率的关系如图 3-9 所示。

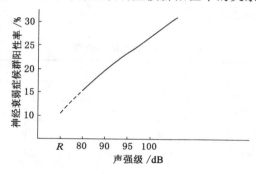

图 3-9　神经衰弱症候群阳性率与声强级的关系(R 为对照值)

长期暴露于噪声环境中,有可能对心功能及神经体液系统产生影响,使体内肾上腺分泌增加,血压上升。已有报道说长期暴露者血压上升,心搏加快,但统计上无显著意义。心电图检查也无明显异常,这可能与目前诊断水平有关。

三、噪声对视觉的影响

现代医学研究发现,噪声对人的视力也会造成一定的危害。噪声能通过对听觉的影响进而作用于视觉器官,噪声能降低眼睛对光亮度的敏感性,且随着噪声级的增加而严重。试验表明:当噪声强度达到 90 dB(A)时,有近 40%的人出现瞳孔放大,视物模糊;当噪声强度达到 115 dB(A)时,几乎所有的人眼睛对光亮度的适应性都有不同程度的减退。在强度 85 dB(A)、频率 800 Hz 的噪声作用下,绿色闪光融合频率降低,红色闪光融合频率增大。长期连续暴露于强噪声环境中,可引起永久性视野变窄。所以长时间处于噪声环境中的人很容易发生眼疲劳、眼痛、眼花和视物流泪等眼损伤现象。

有研究资料表明,在 90 dB(A)左右噪声环境下作业 5 年以上的人群中,视力检查发现有 94%的人不同程度地出现了视觉敏锐度下降、怕光流泪、视物模糊和辨色能力减退等眼科病理改变。

噪声损害视力的机理研究表明,噪声的危害影响了人体对维生素的吸收利用,尤其是影响了与视力有关的维生素 A 的吸收利用。眼球内具有感光作用的视紫红质的合成离不开维生素 A 及其代谢衍生物的参与,眼睛感受微弱光线即有赖于这种视紫红质的感光作用,而噪声恰恰干扰了人体对维生素 A 的吸收代谢,从而导致代谢失衡,降低了眼睛对光亮度的敏感性,进而造成诸多症状。因此,经常在噪声环境中工作的人应多食用一些维生素类的食物,如一些新鲜蔬菜和水果,或在医生的指导下服用一些维生素类药物。

四、噪声对工作的影响

正常情况下,噪声给人的一般感觉是单调、烦恼和易于疲劳。例如,搭乘火车、飞机时,旅途单调感一方面来自单调的环境,另一方面主要来自车辆的噪声和震动。旅途看书很容易疲劳,只能阅读调节情绪的小说和新闻报刊。这时既不能读费思索的书籍,也无法完成精确缜密的思维活动。100 dB(A)以下的噪声对非听觉性工作的影响不大,但对需要记忆、分辨、精细操作以及智力活动就显示出明显的作用。研究发现,噪声超过 85 dB(A),会使人感到心烦意乱,人们会感觉到吵闹,因而无法专心工作,结果会导致工作效率降低。表 3-8 给出了不同工作中噪声的影响调查。

表 3-8   噪声对工作的影响调查表

工作性质	工作条件	噪声强度/dB(A)	对工作的影响
仪表监视	表盘监视(一指针)	80~100 白噪声	无明显的影响
	表盘监视(三指针)	112~114	信号脱漏较多
	监视 20 个信号灯	100	无明显影响
	监视 20 个仪表盘	100	效率明显下降
	连续显示的图形中找标准信号	白噪声	效率下降
仪表读数	每 2 h 交替工作和休息	100 白噪声	无明显影响
读写	42 min 快速读写成对字母	100 白噪声	明显下降

第六节　控制噪声的基本方法

对于生产过程和设备产生的噪声,应首先从声源上进行控制,如仍达不到要求,则应在噪声传播途径中采取隔声、消声等综合措施。

控制噪声的最有效办法是从声源上控制它。如研制和选择低噪声设备,以低噪声的工艺和设备替代高噪声的工艺和设备,改进生产加工工艺,提高机械设备的加工精度和安装技术,使发声体变为不发声体或低发声体。另外,也可以通过合理布局,比如把高噪声的机器和低噪声的机器分开,把高噪声的车间和低噪声的车间分开,把生活区和工厂区分开,把一些噪声极强、影响范围大的设备(如航空发动机试车站等)搬到较偏僻的地区等,这都是从声源上控制噪声的有效途径。但是,在许多情况下,由于技术和经济上的原因,直接从声源上治理难以达到标准或不可能,所以在噪声控制的技术研究中,都是从传声途径中采取措施以达到噪声标准的要求。

从传声途径上控制噪声就是限制和改变噪声的传播途径,使噪声在传播途径中衰减,减少传递到听者的能量。可采取的技术措施有吸声、隔声、消声和隔振等。

一、吸声技术

所谓吸声就是把多孔吸声材料做成一定形式的结构,安装在室内墙壁上或吊在天花板上,吸收室内的反射声,或安装在消声器和管道内壁上,增加噪声衰减量。

1. 吸声系数和吸声减噪量的计算

当声波传到一面贴有吸声材料的墙壁时,将有一部分声能反射回去,一部分声能通过墙壁透射过去,还有一部分被吸声材料吸收掉。为了表征吸声材料的吸声性能,我们引入了吸声系数 α。被吸声材料吸收的声能与入射能之比定义为吸声系数,其表达式为:

$$\alpha = E_a/E_i = (E_i - E_r)/E_i \tag{3-37}$$

式中　E_i——入射波声能;

$\quad\quad E_r$——反射波声能;

$\quad\quad E_a$——被吸声材料吸收掉的声能。

当室内墙壁和天花板装饰上吸声材料后,室内声压级有所降低,其噪声降低量可按式(3-38)确定:

$$\Delta L_p = 10\lg \frac{A_2}{A_1} = 10\lg \frac{\alpha_2}{\alpha_1} \tag{3-38}$$

式中　A_1, A_2——室内进行吸声处理前后内表面的吸声量,$A = S \cdot \alpha$,S 为室内总表面积;

$\quad\quad \alpha_1, \alpha_2$——室内进行吸声处理前后内表面平均吸声系数。

一般经吸声处理后,得到 7~8 dB 的减噪量是很容易的,但要想获得更好的效果,付出的代价将成倍增加,因而是不经济的。

2. 吸声材料

一种吸声材料对于不同频率的声音,其吸声系数的值是不同的。一般多采用倍频程中的 6 个中间频段即 125 Hz、250 Hz、500 Hz、1 000 Hz、2 000 Hz、4 000 Hz 的吸声系数平均值来表示某一材料的吸声效率特性,而且认为只有这 6 个频段的吸声系数的算术平均值大于 0.2 的材料才可称为吸声材料。

常用吸声材料,按其外观可分为多孔材料(包括用多孔材料制成的成型板材)、膜状或板状吸声结构以及穿孔板吸声结构。

多孔吸声材料是应用最广泛的一种吸声材料,种类繁多,最初多以农作物中的棉、麻等材料为主,随着化纤工业的发展,现在多以玻璃棉、矿渣棉、聚氨酯泡沫塑料等为主。吸声材料可以是松散的,也可以加工成"棉花胎"状、毡状、板状或块状,如木屑板、甘蔗纤维板、多孔吸声砖等。

当声波入射到多孔材料时,大部分声波在筋络的空隙间传播,一小部分也能沿纤维传播,因此由声波产生的振动将带动材料孔隙中的空气质点振动,但筋络不动,筋络附近的空气质点受到筋络的黏滞阻力不易振动,声波克服这种阻力消耗声能,声能转换为热能而释放掉;此外,空气与筋络的热交换,筋络本身的振动,也均要消耗声能。

根据上述材料的吸声原理,可认为一种好的多孔吸声材料必须具备下列条件:① 材料表面多孔,孔洞向外敞开;② 材料中空隙体积与总体积之比(即孔隙率)较高;③ 孔与孔互相连通,以便声波能入射到材料内部。一般多孔吸声材料的孔隙率都在 70% 以上,高的达到 90% 左右。材料的多孔性、厚度、密度、装置方式和孔洞大小都影响材料的吸声效果。一般多孔材料对高频声波吸收较多,对低频声波吸收较少。增大材料厚度,可以增加对中低频声波的吸收,但对于噪声的每个频率,都有一个极限材料厚度,超过了这个厚度,则无意义。增加材料的密度,在一定限度内,也可以提高材料的吸声效果。空气中的水雾、油雾、粉尘等堵塞材料的孔隙,会影响材料的吸声效果。

3. 吸声结构

可以用来吸声的吸声结构有薄板吸声结构、微穿孔板吸声结构以及穿孔板共振吸声结构等。

由板状材料做成的薄板(如胶合板、硬质纤维板、纸板、铅板等)装饰在墙壁上,薄板与墙壁间留有一定厚度的空气层,这样板与空气便组成了一个振动系统。板相当于重物,空气相当于弹簧,当声波作用到板上,且声波的频率与这个振动系统的固有频率相等时,系统发生共振,部分声能转换为热能消耗掉。若在该板上以一定孔径和孔距打上孔,穿孔率小于20%,就构成穿孔板吸声结构。这种结构的吸声频率较窄,对中、低频噪声吸收较好。为了加大吸声频带的宽度和提高吸声系数,可在板后腔内充填多孔吸声材料。消声室的墙壁、地板和天花板都是吸声系数很高的吸声结构。

轨道交通和高架桥两侧的声屏障常采用吸声结构来降低交通噪声对附近居民的影响。

二、隔声技术

采用隔声性能良好的墙、门、窗、罩等,把声源或需要保持安静的场所与周围环境隔绝起来,这种方法叫隔声。一墙分隔两室,把吵闹的房间与需要安静的房间分开是最常用的一种隔声方法。

1. 隔声结构的隔声量计算

(1) 单层墙的隔声

当声波入射到墙上时,墙的透射程度可用透射过去的声能 E_τ 与入射到墙上的声能 E_i 的比值 τ 来表示,τ 称为透射系数,即:

$$\tau = E_\tau / E_i \tag{3-39}$$

隔声结构的隔声性能用隔声量 $R(dB)$ 来表示,R 与 τ 的关系为:

$$R = 10\lg 1/\tau \tag{3-40}$$

噪声频率愈高,墙的单位面积质量愈大,墙的隔声效果越好,这就是隔声质量定律,如果取 500 Hz 时的隔声量作为该噪声的平均隔声量,则 R 的计算公式为:

当 $m > 100$ kg/m³ 时,

$$R_{500} = 18\lg m + 8 \tag{3-41}$$

当 $m < 100$ kg/m² 时,

$$R_{500} = 13.5\lg m + 13 \tag{3-42}$$

式中 m——墙的单位面积质量,kg/m²。

(2) 带空气层的双层墙的隔声

经计算可知,仅靠提高墙的质量来提高隔声量是很不经济的,而用带空气层的双层或多层隔声墙能大大提高隔声效果,还能大量节约筑墙材料。

在实际的设计和工程中仍可按质量定律来计算双层墙的隔声量,但要附加一个修正项 ΔR:

当 $(m_1 + m_2) > 100\ \text{kg/m}^2$ 时，

$$R = 18\lg(m_1 + m_2) + 8 + \Delta R \tag{3-43}$$

当 $(m_1 + m_2) < 100\ \text{kg/m}^2$ 时，

$$R = 13.5\lg(m_1 + m_2) + 13 + \Delta R \tag{3-44}$$

式中，ΔR 可从图 3-10 中的曲线查出，它的大小随空气层的厚度增大而增加。

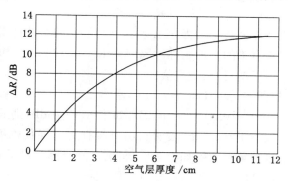

图 3-10　ΔR 与空气层厚度的关系

（3）带有门、窗的隔声墙的隔声

在一面墙上有门、窗等具有不同隔声量的构件，它们总的隔声效果用综合隔声量 R_s 来表示，并用下式来求算：

$$R_s = 10\lg(1/\tau_s) \tag{3-45}$$

$$\tau_s = \frac{S_1\tau_1 + S_2\tau_2 + \cdots + S_i\tau_i}{S_1 + S_1 + \cdots + S_i} = \frac{\sum S_i\tau}{\sum S_i}$$

式中　S_i——各构件（墙、门、窗）的面积；

　　　τ_i——各构件的透射系数。

（4）隔声间实际隔声量的确定

由不同隔声构件组成的隔声间的隔声量不仅与每个构件的隔声量有关，还与隔声间内表面所具有的吸声量 A 和传声墙的面积 S_w 有关，具体描述上述关系的公式为：

$$R = R_w + 10\lg A/S_w \tag{3-46}$$

式中　A——$A = a_1S_1 + a_2S_2 + \cdots + a_iS_i = \sum a_iS_i$；

　　　S_i——吸声系数为 α_i 的吸声材料的面积，m^2；

　　　S_w——传声墙的总面积，m^2；

　　　R_w——传声墙的构件隔声量，当墙上有门、窗时，则为它们的综合隔声量。

2. 隔声间

在吵闹的车间内，为了保护工人不受干扰，可以开辟一个安静的环境，如建立隔音操作室、休息室等，也可以用隔声间把吵闹的机器全部密封起来，以降低声源的辐射。

设计隔声间不仅要设计一个理想的隔声墙，还要设计理想的隔声门和窗，同时，要严禁隔声墙上存在孔洞和缝隙。为了减弱隔声间内的反射声，在墙壁和天花板上要装饰吸声材料。在隔音操作室、休息室的入风口和出风口还要装消音器。

3. 隔声罩

某些机器设备的噪声,如压缩机、发电机、变压器等动力设备以及非常吵闹的球磨机等机械加工设备的噪声可用隔声罩来降低。隔声罩的结构通常由一定厚度的钢板和多孔吸声材料构成。因为机组的噪声都要透过隔声罩的所有面积向外辐射,这时 $S=S_w$,于是代入式(3-46)得:

$$R = R_c + 10\lg a \tag{3-47}$$

这就是隔声罩的隔声值计算公式。因为 a 永远小于1,在上述公式中 $\lg a$ 是负值,所以罩的实际隔声量要小于构成隔声罩的那种构件的隔声量 R_c。不仅如此,当隔声罩的隔声量较小时,且 a 也很小,R 可以等于零,甚至是负值。

【例 3-5】 若隔声罩的 $a=0.01$,$R_c=20$ dB,求 R。

解:$R=R_c+10\lg a=20+10\lg 0.01=0$(dB),如果 $R_c=10$ dB,则 $R=-10$ dB。

隔声罩的实际隔声量等于 -10 dB,表明它不但没有起到屏蔽机组噪声的作用,反而把机组噪声放大了。有了这种罩反而不如没有好,特别是隔声罩与机组有刚性连接时,这种放大作用更为明显。因此设计隔声罩时要注意以下四点:

(1)罩内表面的吸声系数要尽可能大,一般不低于 0.5。为此,内表面需衬贴多孔或纤维性吸声材料。

(2)罩壁材料要有足够大的隔声量。

(3)孔洞和缝隙严重影响罩的隔声性能。在隔声罩上要尽量避免开洞或少开孔。对于一些必须开的孔洞或缝隙,应采取适当的消声措施。例如,对于一些大功率的电动机、压缩机等设备,在运转中将散出较多热量,当安装隔声罩后,可在散热风机进风或出风口安装专门的消声器。

(4)在设计隔声罩时,要密切配合生产工艺,既要有较好的减噪效果,又要满足机械设备的技术性能,如操作、进排气、降温、检修和监视等要求。

三、消声技术

在我国矿井生产中都普遍使用着局部通风机、风动或电动凿岩机、空气压缩机,在地面发电厂、锅炉房、通风机房都装有离心式或轴流式等各种类型的通风机。这些设备的噪声级高达 90 dB(A)以上,有的高达 110 dB(A),远远超过国家的噪声工业卫生标准,是影响正常生产、干扰声响信号、危害人身心健康的有害因素。

治理这些设备产生噪声的主要方法是给其装配上消声器,使每台设备的噪声都降到 85 dB(A)以下。但由于各种设备的结构不一样,其噪声频谱也不一样,所以,设计和制造出适合各种设备的消声器是非常必要的。

所谓消声器是允许气流通过而阻止声传播的一种消声装置,它是消除机械气流噪声的主要设施,可使机械设备进出气口噪声降低 20~50 dB(A)。

评价一个消声器的好坏主要有三项指标,即消声量、消声频率范围及阻力损失。另外,消声器还应具有较好的结构刚性,防止受激振动而辐射再生噪声,并要求体积适宜、工艺简单、便于安装、经济耐用。

消声器的种类很多,但主要有三类,即阻性消声器、抗性消声器和阻抗复合式消声器,近年又出现一种微穿孔板消声器。

1. 阻性消声器

阻性消声器是借助安装在管内的吸声材料或吸声结构的吸声作用,使沿管道传播的噪声随距离增加而衰减,也就是将声能转化为热能,达到消声的目的。可见,这种消声器的消声量主要取决于所用吸声层的吸声系数和长度。

(1) 阻性消声器的种类

阻性消声器的种类很多,按照气流通道的几何形状可分为圆管式消声器、片式消声器、蜂窝式消声器、室式消声器、折板式消声器等,如图 3-11 所示。

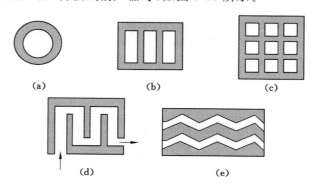

图 3-11　阻性消声器
(a) 圆筒式;(b) 片式;(c) 蜂窝状;(d) 室式;(e) 折板式

(2) 阻性消声器的消声原理

阻性消声器是利用声阻进行消声的,所以在推导消声值的计算公式时,仅仅考虑到声阻的作用,而忽略声抗的影响。

当声波通过衬贴有吸声材料的管道时,声波将激发多孔材料中无数小孔内空气分子的振动,其中一部分声能将用于克服摩擦阻力和黏滞力,而变为热能。一般说,阻性消声器吸声频带较宽,有良好的中高频消声性能,特别是对刺耳的高频噪声有突出的消声作用;它对低频声消声性能差,但只要适当地增加吸声材料的厚度和密度,低中频消声性能也可大大改善。

当声波的频率高至一定限度时,这时由于相应的波长与消声器通道直径(或宽度)相比较短,声波形成声束在通道中几乎像光波一样直线地通过,而与吸声材料表面接触很少,消声量便大为降低;消声系数降到 0.5 时的频率定义为上限截止频率,以符号 f_u 表示,并且由式(3-48)计算:

$$f_u = 1.85 \frac{C}{d} \qquad (3\text{-}48)$$

式中　f_u——消声器的上限截止频率,Hz;

　　　C——声速,在常温下为 344 m/s;

　　　d——通道截面几何尺寸,圆形为直径,方形为边长,矩形为宽度。

在消声器中,对于一定厚度和密度的吸声材料,当频率低至一定限度时,由于声波太长,吸声性能显著下降;当吸声系数降至 0.5 以下时,该相应的频率称为下限截止频率,对于给定的吸声材料,此频率可按式(3-49)计算:

$$f_1 = \frac{C}{12D} \qquad (3\text{-}49)$$

式中　f_1——消声器的下限截止频率,Hz;

　　　C——声速,m/s;

　　　D——吸声材料厚度,m。

（3）阻性消声器消声量的计算

阻性消声器消声量的计算方法很多,但缺乏精确的计算公式,一般按下式估算:

$$\Delta L_a = \varphi(\alpha)\frac{P}{S}L \qquad (3\text{-}50)$$

式中　ΔL_a——消声量,dB;

　　　P——气流通道断面周长,m;

　　　L——消声器的有效长度,m;

　　　S——气流通道的截面积,m^2。

上式是圆管式阻性消声器消声量的计算公式,片式消声器消声量的计算公式由式(3-50)略加简化而来。

$$\Delta L_a = \varphi(\alpha)\frac{P}{S}L \approx \varphi(\alpha)\frac{n \cdot 2h \cdot L}{n \cdot h \cdot b} = \varphi(\alpha)\frac{2L}{b} \qquad (3\text{-}51)$$

式中　h——通道的高度,m;

　　　n——通道的个数;

　　　b——通道的宽度,m;

　　　$\varphi(\alpha)$——消声系数,它是与阻性材料的吸声系数有关的数值,见表3-9;

　　　其他符号意义同前。

表 3-9　消声系数 $\varphi(\alpha)$ 和吸声系数 α 的函数关系

α	0.10	0.20	0.30	0.40	0.50	0.60~1.0
$\varphi(\alpha)$	0.10	0.25	0.40	0.55	0.70	1~1.5

气流速度对阻性消声器消声值有影响,有气流存在时,消声器的消声值为:

$$\Delta L'_a = \Delta L_a(1+M)^{-2} \qquad (3\text{-}52)$$

式中　ΔL_a——按式(3-50)或式(3-51)计算的消声值,dB;

　　　M——马赫数,$M=v/C$,其中,v 为气流速度(m/s),C 为声速(m/s)。

（4）阻性消声器的设计方法与步骤

风机消声多采用阻性消声器,现以风机用阻性消声器为例说明其设计方法及步骤:

① 根据风机 A 声级、工业企业噪声卫生标准、环境噪声标准和实际条件,合理地确定消声量 ΔL_p;同时还要有风机的倍频程声压级和 A 声级消声量,推算出各倍频程的消声量。

② 选定消声器的上、下限截止频率。根据计算的 8 个中心频率消声量的大小,合理地选定消声器的上、下限截止频率。选取原则是,在上、下限截止频率之间,各频带都要有足够的消声量。

③ 根据下限截止频率,选定吸声材料的厚度和密度;根据上限截止频率,选定气流通道的宽度。

④ 选定消声器允许的气流速度。对于工业用的风机配套消声器的气流速度，一般取 15～25 m/s；对于建筑用的风机配套消声器的气流速度，一般取 5～15 m/s。

⑤ 选定消声器形状和气流通道个数。消声器型式的选择主要根据气流通道截面尺寸确定，如果进排气管道直径小于 300 mm，一般经验认为可选用单通道直管式；如管径大于 300 mm，可在圆管中间加设一片吸声层；如管径大于 500 mm，就要考虑设计片式或蜂窝式，对于片式，片间距不要大于 250 mm，对于蜂窝式，每个蜂窝尺寸不要大于 300 mm×300 mm。

根据实际使用的流量、选取的气流速度、气流通道直径和吸声材料厚度，合理确定气流通道个数。

⑥ 合理选择吸声材料及其护面。所选吸声材料的吸声系数要满足风机各倍频程的消声量的需要，要经济耐用。在特殊条件如高温、高湿、腐蚀性气体和气流中含尘条件下，要考虑耐热、防潮、防腐蚀和吸声材料不被堵塞等方面的问题。为了保证吸声材料不被气流吹跑，还要合理地选用吸声材料的护面，玻璃布、穿孔板或铁丝网等均可用作护面。

⑦ 计算消声器尺寸。根据上述参数，逐步设计消声器的高度和长度，并且绘出施工图。

(5) 阻性消声器应用实例

阻性消声器已有系列产品供用户选用，但有时还要根据实际应用条件设计出适合该条件应用的消声器。下面介绍大冶有色金属公司赤马山矿设计的主要通风机消声器。

赤马山矿的通风方式为抽出式，排风口的噪声达 100 dB(A) 以上。他们所设计的阻性消声器的结构是在风硐内砌筑吸声墙，也就是采用片式消声结构。墙间距离为 0.25～0.36 m，墙厚 0.19 m，筑墙的材料为矿渣膨胀岩吸声砖，墙间风速为 5.65～12.35 m/s，阻塞比为 0.3～0.4。该矿两个风井的排风口都采用了这种消声结构。西风井噪声由 103.5 dB(A) 降低到 78 dB(A)，东风井由 113 dB(A) 降低到 80 dB(A)。该消声器的通风阻力损失只有 20～50 Pa。铜绿山矿的南风井也采用了这种消声结构，同样取得了良好的消声效果。

2. 抗性消声器

抗性消声器是借助管道截面的突然扩张或收缩，或旁接共振腔，使沿管道传播的噪声在断面突变处向声源反射回去，达到消声的目的。其构造简单，耐高温，耐气体侵蚀和冲击腐蚀。

抗性消声器按其消声原理可分为三种：一是扩张室消声器；二是共鸣性消声器；三是干涉消声器。

扩张室消声器最简单的结构形式是由一个扩张室和连接管道串联组成单节扩张室，如图 3-12(a) 所示。在实际应用中，扩张室消声器有多节的、内接管式或外接管式等多种形式。最简单的共振消声器是单腔共振消声器，如图 3-12(b) 所示，其构造是在一段气流通道的管壁上开若干个小孔与管外密闭的空腔相通，小孔和密闭空腔组成了一个共振消声器。干涉消声器是利用声波的干涉原理设计的，在长度为 L 的通道段上装一旁通管，这样使声波沿两条不同的途径传播，而后又汇合，通过适当设计使其相位相反，声能因互相干涉抵消，达到消声的目的，如图 3-12(c) 所示。

(1) 扩张室消声器

① 扩张室消声器消声量 ΔL_p 的计算

单节扩张室消声器的消声量一般按下式计算：

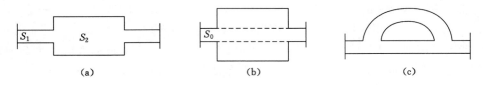

图 3-12　抗性消声器

(a) 单节扩张室消声器;(b) 单腔共振消声器;(c) 干涉消声器

$$\Delta L_p = 10\lg\left[1 + \frac{1}{4}\left(m - \frac{1}{m}\right)^2 \sin^2 kl\right] \qquad (3\text{-}53)$$

式中　m——扩张比,$m = S_2/S_1$;

　　　k——波数,$k = 2\pi/\lambda = 2\pi f/C = \omega/C$;

　　　l——消声器的长度,m。

由式(3-53)可知,当 $\sin kl = 1$ 时消声量最大,此时 $kl = \frac{\pi}{2}, \frac{3\pi}{2}, \cdots, l = \frac{\lambda}{4}$,由此得出计算单节扩张室最大消声量的公式为:

$$\Delta L_p = 10\lg\left[1 + \frac{1}{4}\left(m - \frac{1}{m}\right)^2\right] \qquad (3\text{-}54)$$

② 扩张室消声器的消声频率范围

扩张室消声器对一定宽度的频带有良好的消声效果,当声波频率超出这个频带宽度范围时,该消声器将失去消声作用,消声器的上限和下限截止频率为:

$$f_u = 1.22\frac{C}{D} \qquad (3\text{-}55)$$

$$f_l = \frac{\sqrt{2}C}{2\pi}\sqrt{\frac{S_1}{VL}} \qquad (3\text{-}56)$$

式中　f_u——扩张室消声器的上限截止频率,Hz;

　　　f_l——扩张室消声器的下限截止频率,Hz;

　　　C——声速,m/s;

　　　D——扩张室直径,m;

　　　V——扩张室的容积,m^3;

　　　S_1——气流通道断面积,m^2;

　　　L——连接管(通道)的长度,m。

③ 扩张室消声器的设计步骤

该消声器结构简单、消声量大,适用于消除中低频噪声,其主要缺点是消声器内部的阻力损失较大,单独使用一般多用在风机、排气放空或对阻力损失要求不严的场合,如用于内燃机、柴油机排气管道上。现举例说明其设计步骤。

【例 3-6】　设一个风机在 250 Hz 有一峰值,试设计一个扩张室消声器装在风机的进气口上,要求其消声量在 250 Hz 时为 12 dB,原风机进风管直径为 200 mm。

解:① 根据消声频率确定扩张室的长度 l:

前已指出,$l = \frac{\lambda}{4} = \frac{C}{4f}$ 时,消声量最大,消声频率 $f = 250$ Hz,所以消声器长度为:

$$l = \frac{340}{4 \times 250} = 0.34 \text{（m）}$$

② 根据最大消声量与扩张比关系表（表 3-10），查出满足消声量的扩张比，选取 $m = 8$。

表 3-10　　　　　　　　　　**最大消声量与扩张比的关系**

扩张比 m	最大消声量 ΔL_p/dB	扩张比 m	最大消声量 ΔL_p/dB
5	8.5	16	18.1
6	9.8	18	19.1
7	11.1	20	20.0
8	12.2	22	20.8
9	13.2	24	21.6
10	14.1	26	22.3
12	15.6	28	22.9
14	16.9	30	23.5

③ 根据扩张比 m 的定义式，有：

$$m = \frac{S_2}{S_1} = \frac{\frac{\pi}{4}D^2}{\frac{\pi}{4}d^2} = \left(\frac{D}{d}\right)^2 = \left(\frac{D}{0.2}\right)^2$$

所以扩张室的直径为：

$$D = 0.2\sqrt{m} = 0.2 \times \sqrt{8} = 0.57 \text{ m}$$

单节扩张室消声器存在一个缺点，就是有许多通过频率，即当 $l = \frac{1}{2}\lambda$（波长）或其整数倍时，消声量等于零。为了消除这个不消声的通过频率，一般采用内插管的办法，在扩张室进口和出口处，分别插入长度为 $\frac{l}{2}$ 和 $\frac{l}{4}$ 的两个小管，如图 3-13 所示，使向前传播的声波与遇到管子不同界面所反射的声波两者相差 $180°$ 的相位，从而使二者振幅相等，相位相反，相互干涉，达到消声的效果。

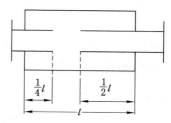

图 3-13　单节内插管
扩张室消声器

该消声器的另一个缺点是消声的频率太窄。通常将几节互不等长的扩张室串联起来，以获得较宽的消声频带范围。

（2）共振腔消声器

该消声器的消声原理是利用小孔和空腔构成一个振动系统，当外来的声波与这个系统的固有频率相等时发生共振，部分声能由于共振转化为热能而消耗。

在实际工程中，用下式估算消声器倍频带消声量 ΔL_p：

$$\Delta L_p = 10\lg(1 + 2K^2) \tag{3-57}$$

而

$$K = \frac{\sqrt{GV}}{2S_0} = \frac{2\pi f_0}{C} \cdot \frac{V}{2S_0}$$

式中　S_0——管道截面积，m^2；

　　　　V——共振腔容积，$V=\left(\dfrac{C}{2\pi f_0}\right) \cdot 2KS_0$，$m^3$；

　　　　f_0——共振系统的固有频率，当 f_0 等于外来声波的频率时，消声系统有最大消声量，Hz；

　　　　G——传导率，对于穿孔板（或穿孔管），$G=\dfrac{nS}{b+0.8d}$；

　　　　n——孔的个数；

　　　　S——孔的截面积，m^2；

　　　　d——孔的直径，m；

　　　　b——管壁厚度，m。

　　这种消声器具有结构简单、消声量大、通风阻力损失很小等优点，但其消声频带窄，对噪声频率选择性太强，体积也大。

　　（3）干涉消声器

　　这种消声器的缺点是消声频率带很窄，只在音调非常显著并且稳定不变的情况下才能有好的消声效果。设计制作不佳时效果很差。

　　3．阻抗复合式消声器

　　为了在宽频率范围有较好的消声量，常根据上面几种类型消声器的消声特性，采用两种或多种类型组合。组合方式有串联的，即将两种或多种所需要的消声器连接起来使用；也有并联的，即在同一消声器内将两种或两种以上不同类型的消声结构并联使用。

　　4．微穿孔板消声器

　　微穿孔板消声器是建立在微穿孔板吸声结构基础上的。在小于 1 mm 的薄金属板、胶木板、塑料板等上面，穿大量的小于 1 mm 的微孔，做成微穿孔板，并选取孔心距为孔径的5～8 倍。把这种薄板固定在钢板上，板间留 10～24 mm 的空腔就构成微穿孔板吸声结构，如图 3-14 所示。

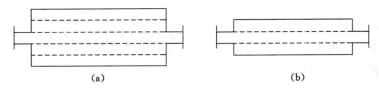

（a）　　　　　　　　　　　　　　　　　（b）

图 3-14　微穿孔板消声器

（a）双层微穿孔板消声器；（b）单层微穿孔板消声器

　　该消声器的消声原理是利用减小共振结构的孔径，提高声阻，以达到扩大消声频带的目的，同时利用空腔的大小来控制吸收峰的共振频率，腔愈大，共振频率愈低，这样消声器可以在较宽的频率范围内消声。

　　该消声器耐高温、高湿，不怕油雾和气流冲打，适用于风机、空压机等进排气管道上的消声。如某矿山研究院设计的微穿孔板消声器用来消除矿用局部通风机的噪声，取得了显著成效。我国一些矿山也曾用植物纤维、泡沫塑料等吸声材料制作局部通风机的阻性消声器，但由于井下空气潮湿，且含有油雾、粉尘等导致使用不久多孔材料的孔隙就被堵塞而失去消声作用。局部通风机装上微穿孔板消声器后,能将局部通风机的噪声降低到 85 dB(A)左右,且便于冲洗维护,使用期较长。微穿孔板消声器也可由双层微穿孔板加微穿孔板芯筒组成微穿孔板复合消声器,消声效果更好。

四、隔振与阻尼

隔振是在机械设备下面安装减振器或减振材料以减小或阻止振动传入地基的一种技术措施;减振阻尼是用阻尼材料涂刷在薄板的表面以减弱薄板的振动、降低噪声辐射的有效措施。

1. 隔振

机械设备产生的振动传给基础,它以弹性波的形式沿建筑结构传播,并以噪声的形式被人所感受。

基础隔振的目的是减少机器振动通过基础传给其他建筑物。隔振的最简单方法是在装置与基础之间插入一弹簧或垫以弹性物质,使二者不直接接触,以降低振动源传到周围设备及建筑物的固体声。

(1)隔振设计原理

实际的振动系统都采用有阻尼的振动系统,如图 3-15 所示。设被隔振的机械设备是只有质量而无弹性的刚体,减振器有弹性和阻尼作用,而质量可忽略不计。图中,$F_0 \cos^2 \pi f t$ 为交变的外扰动力,M_M 为集中作用于减振器上的集中质量,K 为减振器的刚度,外力振动频率为 f,系统的共振频率为 f_0,R_m 为减振器的阻尼系数。当设备与地基之间无减振器时(即与地基直接接触,$K = \infty$),机械设备传给地基的最大动反力为 F_0,二者之间设减振器时,传给地基的最大动反力为 P,则 P 与 F_0 的比值 T 表示隔振的效果,称为隔振系数(传递率),可用下式计算:

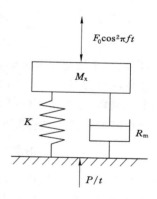

图 3-15　有阻尼的振动系统

$$T = \frac{P}{F_0} = \sqrt{\frac{1 + \left[2\left(\frac{f}{f_0}\right)\left(\frac{R_m}{R_c}\right)\right]^2}{\left[1 - \left(\frac{f}{f_0}\right)^2\right]^2 + \left[2\left(\frac{f}{f_0}\right)\left(\frac{R_m}{R_c}\right)\right]^2}} \tag{3-58}$$

式中　$\dfrac{R_m}{R_c}$——阻尼比;

　　　R_m——减振器的阻尼系数,N·s/m;

　　　R_c——减振器的临界阻尼,$R_c = 2\sqrt{KM_M}$,表示外力停止作用后使系统不能产生振动的最小阻尼系数;

其他符号意义同前。

式(3-58)表示了减振器的力传递状态。

① $\dfrac{f}{f_0} \ll 1$ 时,T 稍大于1,外力通过弹簧传给基础,减振器不起减振作用。

② $\dfrac{f}{f_0} = 1$ 时,T 最大,$T > 1$,在这个区域内发生共振现象,隔振器不但不起减振作用,反

而放大了振动的干扰。这个区域内，T 受 $\dfrac{R_m}{R_c}$ 的影响较大，增大阻尼系数，可大幅度降低减振器的传递率。

③ $\dfrac{f}{f_0} > \sqrt{2}$ 时，$T < 1$，隔振器起减振作用，而且 $\dfrac{f}{f_0}$ 值愈大，T 值愈小；同时 $\dfrac{R_m}{R_c}$ 值愈小，T 值也愈小，此区域称为减振区。

实际上，由于一般隔振材料阻尼系数不大，如钢弹簧为 $0.01 \sim 0.05$，空气弹簧为 $0.1 \sim 0.4$，橡胶为 $0.15 \sim 0.30$，乳胶海绵为 $0.10 \sim 0.15$，软木为 $0.08 \sim 0.12$，故在 $\dfrac{f}{f_0} = 2.5 \sim 5$ 的范围内计算 T 时，工程中常不考虑阻尼的影响，即令 $\dfrac{R_m}{R_c} = 0$，此时式(3-58)变为：

$$T = \left| \dfrac{1}{1 - \left(\dfrac{f}{f_0}\right)^2} \right| \qquad (3\text{-}59)$$

设计隔振系统主要是应用减振区内的减振效果，也就是说，要想得到尽可能低的传递率，不仅应使 $\dfrac{f}{f_0} \gg 1$，而且在减振区应尽可能地降低减振器的阻尼系数。实际应用中取 $\dfrac{f}{f_0} = 2.5 \sim 5$ 已经足够。另外，装有减振器的机器，在启动过程中，转速是逐渐提高到稳定转速的，所以它必然经过系统的共振频率区，这时如果减振器的阻尼系数很小，机器启动通过共振频率区时会产生强烈的振动而损坏机器设备。因此，在设计减振器时，就不能无限制地减小阻尼系数，而要适当牺牲减振器在稳定状态的减振效果，以保证启动过程中机器的振动频率通过减振系统的共振频率时，机器不致过分振动和摇摆。

为了使 $\dfrac{f}{f_0} \gg 1$，一般是用降低机器减振系统的共振频率 f_0 来达到的。对于重量较轻的设备如风机、泵、空压机等，常采用增加质量的方法来降低共振频率 f_0。而增加设备的质量一般是将设备安装在预制混凝土底座上而得以实现，此时减振器置于底座与地基之间。

为了提高减振器的减振效果，大多数是通过降低减振器的劲度来实现的。但是，降低减振器的劲度，往往使减振器的静态下沉量过大，使机器在运转时稳定性变差。为了保证机器的稳定性，通常也是在减振器上方加一个大质量的混凝土底座以降低机器的重心，或者在机器上加设稳定装置，如侧壁缓冲器等。

(2) 减振器

凡能支承运转机械动力负载，又有良好弹簧恢复性能的材料或装置均可以作为减振器。从降低传递率角度来说，希望其静态压缩量 ξ_0 大一些，然而承载能力大的材料其压缩量小，承载能力小的材料其压缩量大。所以必须根据需要选择合适的材料，使承载能力和压缩量都能满足需要。另外，还要注意材料能经久耐用、稳定性好、维护方便等因素。

常用的减振器有钢簧类、橡胶类、软木、毡板及空气弹簧和油压减振器等，每一类又有多种类型，可根据实际情况进行选用。

① 金属弹簧减振器

这种减振器可以承受很大的荷载，弹性好、变形量大、刚度小，系统固有频率能设计低到 5 Hz 以下，造价低，经得起油污腐蚀、耐酸、耐高温，但阻尼系数小($0.01 \sim 0.005$)。当需要较大阻尼时，可增加阻尼器或与阻尼较大的材料(如橡胶)联合使用。

② 橡胶减振器

橡胶是广泛采用的隔振材料,它承受能力低,刚度大,阻尼系数较大(0.15～0.3),成型简单,加工方便,可做成各种形状,能自由地选取三个方向的刚度,可承受压、剪或剪压相结合的作用力,受剪时可获得较低的固有频率。它适用于隔绝高频振动。缺点是对环境条件要求较高,如温度、气体、化学药品等影响较大,所以在使用时,要注意工作环境的变化,应避免日晒和油、水侵蚀,适用温度为−4～70 ℃,一般使用寿命3～5年。

实际中,一般根据荷载的大小选用隔振器的型号,然后验算是否满足隔振要求,否则重选型号。

橡胶隔振器多用于积极隔振。荷载较大时做成承压式,荷载较小时做成承剪式,和金属弹簧配合使用,隔离高频振动效果较好。对于负载在1 000 kPa以下的橡胶隔振器,其固有频率约为12～16 Hz,只有当机械的激振频率高于30 Hz时才能起隔振作用;对于负载为1 000～6 000 kPa的橡胶隔振器,其固有频率为24～28 Hz,只有当机械的激振频率高于60～70 Hz时才起隔振作用。可见,如用于转速低于960 r/min的机械,其效果甚小。

目前国内已定型生产的橡胶隔振器有E型和E_A型承压式隔振器以及G型承剪式隔振器。

③ 软木、毡板类减振材料

软木减振垫层和一般天然软木是不同的,它是经过高压处理并在高温蒸气下烘干而特制成的块状或板状垫层,使用时,一般是把它切成小块放在机器底座或混凝土块的下面。

毡板类主要是指玻璃纤维、矿棉、石棉加工而成的毡板。一般,矿渣棉毡厚2～10 cm,负荷5 kPa;玻璃纤维垫层10～15 cm,负荷10～200 kPa。

对于重型或大型机器设备可用硬橡胶隔振垫,其负荷为300～400 kPa,或使用沥青混凝土做隔振层。

④ 其他防振措施

在机械设备的基础周围挖设一定深度的沟可以隔振,沟愈深效果愈好,一般1～2 m深即可。沟宽对隔振影响不大,一般在10 cm以上,中间填以松散的锯末或膨胀珍珠岩等材料。

为了提高隔振效果,上述几种方法可以综合起来使用。

2. 阻尼

如感觉电铃过响,在铃盖上贴以厚的胶布或薄的橡皮,铃声就会变"哑"。当在薄金属表面涂以一定厚度的阻尼材料时,金属板面做弯曲振动,阻尼层也要随之振动,一弯一折使得阻尼层时而被压缩,时而被拉伸。阻尼材料在交变应力的作用下,内部分子产生相对位移,由于内摩擦,使其机械振动的部分能量转变为热能,从而使振动受到抑制,这种振动的机械能损耗作用就叫做"阻尼"。

衡量材料阻尼大小的物理量通常以损耗因数n表示,它表示物体的振动总能量转化为热能而消失的本领,n越大,则吸收振动的本领越高。

实际生产中采用的阻尼材料,既要求损耗因数较高,又要求有很好的黏附能力,所以需把几种材料按一定的配方比例组合起来。阻尼材料的配料可分为填料和黏合剂。填料是指一些内阻较大的材料,如蛭石粉、石棉绒;常用的黏合剂有各种漆、沥青、环氧树脂等。

国内在这方面已研制成功了多种质轻、n值较高、黏结性能良好的阻尼材料。

① 沥青材料,是目前使用最广泛、最经济方便的一种阻尼材料。沥青材料是以沥青为基料,根据不同用途和要求加入其他一些配料制成的具有黏弹性的阻尼浆,例如掺入石棉纤维、树脂、亚麻油、橡胶粉、溶剂等物,根据温度、机械强度、弹性模量、附着力、干燥时间等性能的要求来配方。沥青与金属板黏结牢固,有防锈能力,缺点是涂黏工艺上有些困难。

② 高分子材料,如塑料、橡胶等均属此类。由于高分子材料内部分子的弛豫过程损耗因数较大,质量比较轻,劲度、温度性能等可以通过改变成分而变化,因此性能好,适用于做精密贵重仪器设备的阻尼材料。

③ 其他涂料、漆料等。

在应用阻尼涂层时,应注意以下问题:

① 对于打击或脉动激发振动,阻尼涂层减噪效果显著。

② 对于原有阻尼较大的结构和共振峰不明显的振动,阻尼涂层减噪效果小。

③ 阻尼涂层愈厚,阻尼效果愈好,但过厚会加重板的重量。实际工程中阻尼层的厚度,不论哪种涂料,都应为薄金属板厚度的 2 倍以上。

④ 3 mm 厚以下的金属板涂阻尼层,阻尼效果好;对 5 mm 以上的金属板,即使涂层厚度相当可观,效果也不显著。

⑤ 根据具体环境、条件、频率范围,选择适当的材料。

第四章　光环境与视觉保护

　　光环境对人类的生产和生活有着极为重要的影响。人们通过视觉从外界获得约75％～80％的信息,而光环境与获取信息的效率和质量有密切关系。光环境包括照明和颜色两大方面内容。在生产、工作和学习场所,良好的照明能振奋人的精神,使人保持乐观向上的情绪和高度的生理活力,减少出错率和事故,从而提高工作效率和质量,有利于人身安全和视力保护;反之则对人的情绪产生不良影响,加速视觉疲劳,影响工作成绩并可能导致生产事故。因此,设计良好的照明,在劳动卫生和经济效益上都有着重要意义。

　　颜色是在照明条件下物体的一个固有属性。颜色视觉也是人类视觉功能的重要组成部分。充分利用颜色的各种特性创造一个良好的光环境,不仅是一门技术,也是一门艺术。在生产环境中,合理的色彩搭配有助于提高人们对信号、标志的识别速度。特别是在现代生产条件下,对于比较复杂的机器设备,在很多情况下必须依靠颜色来协助操作者进行正确的观察和操纵,以减少差错和提高工作效率。同时,不同的颜色还对人的心理感受产生不同的影响,这也已经为人们所认识。

第一节　光 与 视 觉

　　人们之所以能通过视觉来认识世界,是因为有光的存在。光是人类社会中不可缺少的基本能量之一,而且与人的主观感觉有密切联系。在人的各种感官和知觉中,眼睛和视觉至关重要。光源发出的光照射在物体上被物体表面反射,因物体形状、质地、表面属性的差异造成反射光在强弱、方向和光谱组成上的不同变化。这些光信号进入眼睛,在视网膜上形成图像,图像传至大脑,经过视神经中枢的分析、识别、联想,最后形成视知觉。

一、光学基本知识

　　光是一种特殊频段的电磁辐射波。电磁辐射的波长范围很广,其中只有波长在380～780 nm 的这部分辐射才能刺激人的视觉系统引起光的感觉,所以将这一波长范围内的电磁辐射波称为可见光波(可见辐射)。波长短于 380 nm 的是紫外线、X 射线、γ 射线和宇宙射线,长于 780 nm 的是红外线和各种无线电波等,它们均为不可见辐射。电磁辐射波范围及可见光波如图 4-1 所示。

　　在可见光范围内,不同波长的光在视觉上引起不同的颜色感觉,这是光在视觉反应上的一个重要特征。如波长为 700 nm 左右的光呈红色,580 nm 左右的呈黄色,470 nm 左右的呈蓝色等。单一波长的光表现为一种颜色,称为单色光。我们常见的日光和灯光都是由不同波长的光混合而成,故称复色光。让一束复色光(如太阳光)通过三棱镜,由于不同波长光波的折射系数不同,我们就会看到依次排列着红、橙、黄、绿、蓝、靛、紫等各种颜色的一条光

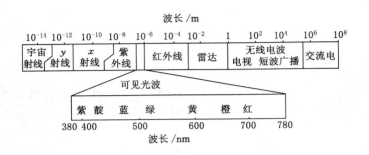

图 4-1　电磁辐射波范围及可见光波

谱。如果将复色光中各种波长辐射的相对功率量值按对应波长排列并连接起来，就形成该复色光的光谱功率分布曲线，它是光源的一个重要物理特性，决定着光的色表和显色性能。

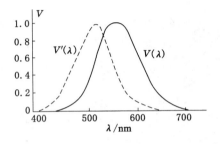

图 4-2　光谱光效率函数

此外，辐射功率相同但波长不同的各种单色光引起人眼的视觉感受也不一样，这是光在视觉反应上的另一重要特征。如图 4-2 所示，在明亮的环境中（适应亮度大于 1～3 cd/m²），人眼对波长为 555 nm 的黄绿光最敏感，而在昏暗的环境中（适应亮度小于 0.01～0.03 cd/m²），人眼则对波长为 507 nm 的蓝绿光最敏感。其他波长的单色光要想获得相同的视觉亮度，则其辐射通量（辐射功率）就要相应大些。

二、视觉器官

视觉器官是一个能将光的刺激变为主观视觉的复杂的光的感受系统。它由三部分组成：① 眼睛（眼球），感光部分；② 内导视神经纤维，传输信号部分；③ 视神经中枢，加工合成部分。

人的眼睛是一个直径为 23～25 mm 的近似球体，由角膜、巩膜、虹膜、视网膜、水晶体、睫状肌和水玻璃体等组成。角膜和巩膜共同组成一个外保护层，厚度 1 mm 左右。位于正前方的透明部分为角膜，约占球体总表面积的 1/6，其余部分均为巩膜（图 4-3）。虹膜位于角膜和水晶体之间，由环形括约肌和径向扩张肌组成，即通常所说的瞳孔。虹膜的收缩与放松可以改变瞳孔的大小，以控制进入眼内的光量。当环境亮度高时，瞳孔变小，亮度低时则放大。虹膜后面的水晶体起调焦成像作用，形状类似凸透镜，能通过四周与其相连的睫状肌的动作改变曲率，从而保证在远眺和近视时景物都能在视网膜上形成清晰的成像。视网膜位于眼球后面的内壁上，其上不均匀地分布着上亿个感光细胞，并通过视神经纤维与大脑视神经中枢相连接。感光细胞由锥体和杆体两种形状不同的细胞组成。锥体细胞主要集中分布在视轴附近称作"黄斑"的区域内，其密度高达 140 000～160 000 个/mm²，是视觉的敏锐部分。黄斑的正中央有一个小凹称为中心窝，是视觉的最敏锐部分，在这里，锥体细胞达到最大密度。在黄斑区以外，锥体细胞的密度急剧下降。杆体细胞的分布情况与之相反，在中央窝处没有杆体细胞，自中心窝向外，其密度迅速增加，在距离中心窝 20°附近达到最大密度,然后又逐渐减少,如图 4-4 所示。

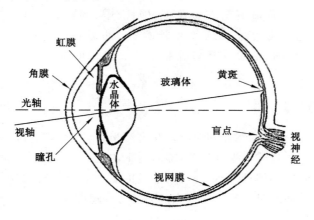

图 4-3　人的眼球剖面图

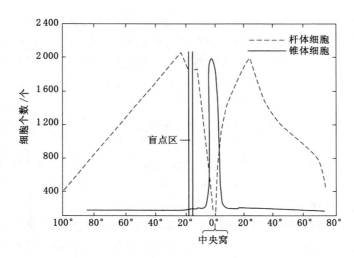

图 4-4　锥体细胞与杆体细胞的分布

(注:纵坐标为 0.006 9 mm² 所含的细胞个数。)

　　两种感光细胞具有各自不同的功能特征。锥体细胞对光刺激的敏感性较差,只有在光线较强时才发挥作用,但辨别细节和颜色的能力很强,锥体细胞的这种特征称为明视觉。工业照明设计都是按明视觉条件设计的。杆体细胞对光刺激的敏感性高,但几乎不能分辨色彩。当光线昏暗时,主要靠杆体细胞发挥作用,称为暗视觉。在暗视觉条件下,景物看起来总是灰茫茫的一片。光谱光效率函数的两条曲线,实际上就是分别由这两种细胞的特征决定的。

　　由物体表面反射出的光线通过角膜、瞳孔、水晶体成像并映在视网膜上,感光细胞接受光能后,经一系列的光化学反应而产生生物电波,通过内导视神经纤维传输给大脑的视神经中枢,从而形成视觉印象,这样,人就看见了物体。

　　头和眼睛不动的时候,视觉能观察到的全部空间范围称为视野。两眼的综合视野,在垂直方向上约为 130°,在水平方向约为 180°。而在水平方向为 8°、垂直方向约为 6°的范围内看到的物体,其成像刚好落在黄斑上,因此分辨率较高。而视野的其他部分只能粗略地看到,且越靠近视野边缘,视觉变得越模糊。也就是说,眼睛在同一时刻内能清晰分辨的观察范围是很小的,在设计某些控制室仪表盘的时候,应充分考虑到眼睛的这个生理特征。

三、视觉特性与视觉功能

视觉器官具有许多重要的特性和功能。在光环境设计中,应对这些特性和功能有充分的了解并加以利用,以尽量减少视觉疲劳,提高视觉功效。人借助视觉器官完成一定视觉任务的能力叫做视觉功能。眼睛区分识别对象细节的能力和辨认对比的能力,是表述视觉功能的常用指标。此外,还有对光环境的适应能力及感受速度等。

1. 适应与调节

所谓适应是指人的视觉感受性对环境亮度变化的顺应。适应又分暗适应和明适应两种。

暗适应发生在从亮处进入暗处或者视线从亮度较大的工作表面移向亮度较小的工作表面的时候,如果二者亮度差别很大,则起初眼睛什么也看不到,这是因为在光线较强时,主要是锥体细胞在工作,当光线突然变暗,锥体细胞对弱光线的刺激不再起反应。这时杆体细胞开始恢复功能转入工作,眼睛才能慢慢地看见物体。与此同时,瞳孔也逐渐扩大,以便使眼睛获得较多的光线。暗适应的全过程大约需要 30~60 min。

明适应则是一种与上述相反的过程。由于锥体细胞转入工作的速度较快,故明适应所需时间短,一般只需几秒到几十秒。

在明暗适应的过程中,不仅两种细胞要交替工作,而且瞳孔也要随光线强弱不断调节其大小,调节范围约为 2~8 mm(白天正常视觉下 3~4 mm)。如果明暗适应太频繁,容易加快眼睛疲劳,使视力迅速下降。

调节是视觉适应观察距离变化的能力。正常的视力要求被观察物体的成像能清晰地映在视网膜上,这主要是通过改变晶体的曲率来实现的,眼睛的这种能力叫做调节机能。当观察距离变化较大时,调节过程需 0.5~1.5 s,并随照明的改善,调节速度加快。

调节与适应不同,经常变换观察距离的远近能使眼睛免于疲劳或减少疲劳。

2. 视角与视觉敏锐度

观察对象对眼睛形成的张角叫做视角。视角的大小决定于观察物体在视网膜上成像的大小。视角综合了物体大小和远近两项指标。因此,人们常用视角来表示物体与眼睛的关系。

如果用 d 表示被观察物体的大小(d 可以是一条线的长度、一个圆的直径或两点间的距离等),用 L 表示眼睛到物体的距离,则物体对眼睛形成的视角 α(单位为分)可由下式求得:

$$\alpha = \frac{3\,438d}{L} \tag{4-1}$$

上式说明,视角与物体的大小成正比,而与距离成反比。

需要多大的视角物体才能被看得清楚,也是因人而异的。医学上规定眼睛能分辨最小

（临界）视角的倒数为视觉敏锐度，表示视觉辨认物体细节的能力，这个倒数值就是通常所说的视力。我国是以 5 m 远的标准距离观察视力表的视标来确定视力的。通常采用"E"形视标，国际上通用的是"C"形视标。两种视标的形状如图 4-5 所示。"C"形和"E"形视标，其横向和纵向都是由 5 个细节单位组成。视角是以 1 个细节单位的尺寸来计算的。举例来说，如果观察者能够在 5 m 远处正确地辨认出细节单位为 1.46 mm 的视标的开口方向，由公式算出他有辨别 1′ 视角的能力，则他的视力就是 1（旧的视力标准），若仅能辨别 2′ 视角，则视力为 0.5，其余类推。我国自 1990 年 5 月 1 日起采用对数视力表，其关系为

$$L = 5 - \lg \frac{1}{V} = 5 - \lg \alpha \qquad (4-2)$$

式中　L——对数视力；

　　　V——旧视力。

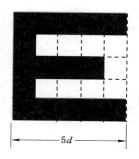 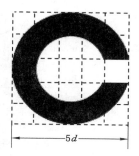

图 4-5　检验视力用的视标

3. 对比灵敏度

任何视觉对象都有它的背景。对象和背景在亮度和颜色上的差别，是视觉认知世界的基本条件。前者为亮度对比，后者为颜色对比。这里先介绍亮度对比。亮度对比 C 可以用背景与对象的亮度差的相对值来表示：

$$C = \frac{|L_b - L_o|}{L_b} = \frac{\Delta L}{L_b} \qquad (4-3)$$

式中　L_b——背景亮度；

　　　L_o——对象亮度；

　　　ΔL——亮度差。

人眼刚刚能辨别对象与背景的最小亮度差叫做临界亮度差 ΔL_c，临界亮度差与背景亮度之比叫做临界对比 C_c，即：

$$C_c = \frac{\Delta L_c}{L_b}$$

临界对比 C_c 的倒数可以用来评价人眼辨别最小对比的能力，称为对比灵敏度。视力好的人临界对比约为 0.01，也就是说，对比灵敏度达到 100。当然，即使对某个具体人来说，对比灵敏度也并非常数，而是随着照明条件和眼的适应情况变化的。

4. 视觉感受速度

衡量视觉功能的另一重要指标是感受速度。

光线从作用于视网膜开始到形成视觉印象需要一定的时间,这是生理上要完成许多复杂的转换过程所必需的。

这一感受过程所需要的最小时间 t 的倒数称为视觉感受速度。

视觉感受速度与环境亮度(或照度)、对比和被观察物的视角有关,而且这几个值本身也是互相影响着的。对同一视角的物体,照度增加,对比可以减小,对同一对比,照度提高,视角可以减小;对相同照度,视角和对比又可以互相补偿,即对比增大可以使视角减小,或视角增大可以降低对比。图 4-6 是表示这三个量之间的一组视觉功能曲线,这是在实验室条件下,对青年工人的视觉功能进行的试验研究的结果,说明了照度、视角和对比三者的相互关系。

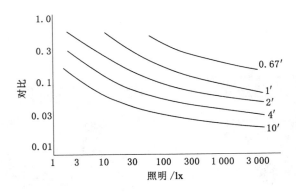

图 4-6 各种视角的视觉功能曲线

在设计工作场所照明时,我们可以充分利用这些关系,以提高经济效益和视觉效果。

四、颜色视觉

颜色是人的视觉器官对不同波长的光的感受。人们能够看到物体具有各种不同的颜色,是因为它们所辐射或反射的光的光谱特性不同。如一张红纸,我们之所以看成是红的,是因为它只反射 640~780 nm 波长的光,而将其余波长的光吸收掉,所以就引起红色感觉。我们之所以把日光看成是无色的,是因为日光中含有各种不同的辐射对眼睛刺激的综合结果。对日光进行分解后的光谱颜色及对应中心波长和范围如表 4-1 所列。

表 4-1　　　　　　　　　　　　　　　　太阳的光谱颜色、波长及范围

光谱颜色	中心波长/nm	波长范围/nm
红	700	672~780
橙	610	589~672
黄	580	566~589
绿	510	495~566
青	470	450~495
蓝	430	420~450
紫	420	380~420

由于各种颜色之间没有截然界限,所以对波长范围的划分有较大的出入。

1. *颜色的基本特征和表示方法*

人眼对光的感觉可分为非彩色和彩色两大类。颜色是非彩色和彩色的总称。非彩色是指黑色、白色以及各种深浅不同的灰色所组成的黑白系列;彩色是指黑白系列以外的各种颜色。

所有颜色都可用色调、明度和彩度三个基本特征来表示,称为颜色三要素。

色调是颜色彼此相互区分的主要特征,它取决于光的波长,即一定波长的光在视觉上的表现。太阳光谱上的色调再加上紫红系列(这是太阳光谱中所没有的色调),可以包括自然界的所有色调。人的眼睛大约能分辨出 160 种色调。

明度是指颜色的亮度特性。明度感觉由颜色反射的光量引起,明度越大的颜色,反射的光线越多。纯白色明度最大,可反射 100％的光线,而纯黑色则完全不反射光线。色调相同的颜色可由明度的差异而互相区别。

彩度也叫饱和度,是指颜色的纯洁程度。波长范围越窄,颜色越纯。光的颜色完全饱和是很少见的,只有纯光谱的颜色才接近饱和,彩度最大。

颜色具有的这些特征大大提高了人们识别物体的能力,有助于改善视觉条件。

由颜色三要素组合而成的自然界的颜色种类是不计其数的。这么多种颜色,要精确地表述其中一种,单用语言显然是不可能的。为了方便地表述各种颜色,目前国际上广泛采用孟塞尔(A. H. Munsell)所创立的颜色系统。它是以色调(H)、明度(V)和彩度(C)三个要素配以数字标号,并根据颜色的视觉特点所制定的颜色分类和标定系统。

孟塞尔颜色系统是一个立体模型,如图 4-7 所示。

在颜色立体中,中央轴代表黑白系列中性色的明度等级,顶端是理想白色,明度值定为 10,底端是理想黑色,明度值定为 0。这样孟塞尔明度值共分成由 0～10 共 11 个在感觉上等距离的等级。由于理想的黑色和白色不存在,故实际应用中只用明度值 1～9。

色调的变化由水平的圆周表示。孟塞尔色调分类包括五种主要色调:红(R)、黄(Y)、绿(G)、蓝(B)、紫(P)和五种中间色调:黄红(YR)、绿黄(GY)、蓝绿(BG)、紫蓝(PB)、红紫(RP)。为了对色调做更细的划分,每一种色调又分成 10 个等级,即从 1 到 10,并将数字写在字母前面,且每种主要色调和中间色调的等级都定为 5,从而构成红、黄红、黄、绿黄、绿、蓝绿、蓝、紫蓝、紫、红紫 10 色 100 级的色调环。

图 4-7　颜色立体示意图

圆周的最外围各种色调的颜色其彩度都是最高的,从圆周向圆心过渡表示颜色彩度逐渐降低,即离中央轴越近的颜色,其彩度越低。中央轴上的中性色的彩度均为 0,有些色调的彩度可达 20 以上,如黄绿色。

有了孟塞尔颜色系统,任何颜色都可以用颜色立体上的色调、明度和彩度这三个坐标进行标定,标定方法是先写色调 H,然后是明度 V,再在斜线后写彩度 C:

$$H\,V/C=色调\quad 明度/彩度$$

如一个 10Y8/12 标号的颜色,它的色调是黄(Y)与绿黄(GY)的中间色,明度值是 8,彩度是

12。由此可知,该颜色是比较明亮、具有高饱和度的颜色。

对非彩色的黑白系列中性色用 N 表示,在 N 后面给出明度值 V,再加上一条斜线。即:

$$NV/=中性色\quad 明度/$$

如明度值等于 5 的中性灰色可写作 N5/。

2. 颜色视觉特性

(1) 颜色对比

非彩色只有明度上的差别,而没有色调和彩度这两个特征。而颜色对比包括明度对比、色调对比和彩度对比。任何两种颜色,只要有其中一项特征相异,视觉就能将其区别开来,因此,工作环境中具有颜色对比时,其视觉条件比只有亮度对比要好得多。颜色对比遵守明视度顺序,利用这个规律可以突出各种颜色的作用效果。如在黑色背景上黄色最显眼,其次是白色、黄橙、黄绿等。在白色背景上黑色最显眼,其次是红、紫等颜色。常用颜色的明视度顺序如表 4-2 所列。

表 4-2　　　　　　　　　　　　　　　**颜色的明视度顺序**

背景色(底色)	被检颜色(图色)
黑	黄→白→黄橙→黄绿→橙
白	黑→红→紫→红紫→蓝
红	白→黄→蓝→蓝绿→黄绿
蓝	黄→白→黄橙→橙
黄	黑→红→蓝→蓝紫→绿
绿	白→黄→红→黑→黄橙
紫	白→黄→黄绿→橙→黄橙
灰	黄→黄绿→橙→紫→蓝紫

颜色的明视度顺序在标志牌、指示灯以及各种显示面板的设计中得到广泛应用。

(2) 颜色适应

人的眼睛长时间受某种颜色辐射刺激后,对色调微小变化的分辨能力将下降,而且当眼睛对某一颜色光适应以后再去观察另一颜色时,后者将发生变化,使其带上前者的补色成分。如眼睛注视一块大面积的红色一段时间后,再去看黄色,这时黄色就会带上青绿色。经过几分钟后,眼睛又会从红色的适应中恢复过来,青绿色逐渐消失。同样,对青绿色进行预先适应后会使黄色变红。除了色调的改变外,一般对某一颜色光预先适应后再去观察其他颜色时,则其他颜色的明度和彩度也将会降低,人眼在颜色刺激的作用下所造成的颜色视觉变化叫做颜色适应。颜色适应对视觉是不利的,容易造成判断和操作失误。因此,工作场所的视野中不应当只有一种色调。

(3) 色觉常恒性

我们所看到的各种物体的颜色,尽管照明的光经常发生变化,但对物体的色感觉却并不发生变化。这种现象称为色觉常恒。正是由于存在着色觉常恒现象,人们才具有对各种物体颜色的记忆,并把这种色知觉看作是物体的属性。当然,如用显色性很不良的光照明时,物体的颜色也将会发生变化。

3. 三原色学说和颜色的光学混合定律

眼睛受单一波长的光的刺激产生一种颜色感觉,而接受一束包含各种波长的复色光的刺激也只产生一种颜色感觉,这说明视觉器官对光刺激具有特殊的综合能力。实验证明,光谱上的全部颜色可以用红、绿、蓝三种纯光谱波长的光按不同比例相混合而正确地模拟,基于这种事实而提出的观点称为三原色学说。该学说认为锥体细胞含红、绿、蓝三种反应色素,它们分别对不同波长的光发生反应。视觉神经中枢综合三种刺激的相对强度而产生一种颜色感觉。三种刺激的相对强度不同时,产生不同的颜色感觉。

视觉器官的综合性能表现在下面的三个颜色光学混合律中。

(1)补色律

对任何一种颜色来说,均能与另外一种颜色相混合而得到非彩色(中性色)。这两种颜色叫做互补色。例如,红色和青绿色、橙色和青色、黄色和蓝色、绿黄色和紫色等都是互补色。任何一对互补色只有当它们的强度具有一定的比例时,才能混合成非彩色。

(2)中间色律

如果在眼睛里混合的颜色不是互补色,则将得到另一种颜色感觉,这颜色的色调介于两种混合颜色的色调之间。例如,红色和黄色相混合得到橙色,蓝色和绿色相混合得到青色等。

(3)代替色律

感觉上相同的颜色,其光谱成分不一定相同。每一种颜色都可由不同组合的其他颜色混合而得。相似色混合后仍相似。如果颜色 A=颜色 B(等号表示在感觉上相似),颜色C=颜色 D,那么颜色 A+颜色 C=颜色 B+颜色 D,代替色律表明只要颜色在感觉上相似,便可以互相代替,会得到同样的视觉效果,而不论它们的光谱成分如何。

三原色的光相混合遵循以下规律(比例相同):

红色+绿色+蓝色=白色

红色+绿色=黄色

红色+蓝色=洋红色

绿色+蓝色=青色

颜色光学混合是不同颜色的光线引起眼睛的同时兴奋,它和颜料或染料溶液的混合在性质上完全不同。颜料的三原色是洋红、青及黄。利用这三种颜料,虽然也可以调出其他不同的颜色,但与光学混合的概念完全不同。但颜料的三原色(洋红、青、黄)与光的三原色(红、绿、蓝)之间却具有如下的互补关系:

黄色+蓝色+白色

青色+红色=白色

洋红色+绿色=白色

我们要能看到颜料,首先必须有外来的光源,这个光源通常以白光居多。颜料在白光的照射下,颜料的粒子先吸收某一特定的原色光后,再将其对应的互补色反射至观察者,所以观察者所看到的颜料的原色已是自白光中除去某一原色光后所剩下的互补色,例如呈洋红色的颜料是因其自白色光中将绿色吸收后再反射给观察者的颜色,同理黄色颜料是将白光

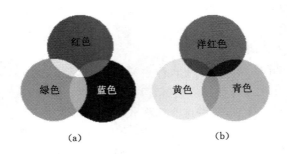

图 4-8　光学三原色和颜料三原色

(a) 光学三原色；(b) 颜料三原色

减掉蓝色，所以颜料的洋红、青及黄三原色的特征分别是白光少了绿、红及蓝三原色。既然利用光的三原色红色、绿色及蓝色可调配出所有其他光的颜色，利用其对应的互补色洋红色、黄色及青色当然也同样可调配出所有其他颜料的颜色。这种颜料调色方法称为减法调色，而光学调色方法称为加法调色。

第二节　常用照明度量单位及其应用

常用的光度量单位主要有光通量、光强、照度和亮度。

一、光通量

光源发出的辐射通量中能产生光感觉的那部分辐射能流称为光通量。或者说，光通量是按照人眼视觉特征来评价的辐射通量。根据这一定义，光通量与辐射通量之间有如下关系：

$$F = K_m \int \Phi_\lambda V(\lambda) \mathrm{d}\lambda \tag{4-4}$$

式中　F——光通量，lm；

Φ_λ——波长为 λ 的单色辐射通量，W；

$V(\lambda)$——国际标准明视觉光谱光效率函数；

K_m——最大光谱光效率，lm/W。

根据国际有关组织的测定结果，最大光谱光效率在 $\lambda = 555$ nm 处，其值 $K_m = 683$ lm/W。

在照明工程中，光通量是标志光源发光能力的基本物理量。例如，普通的白炽灯泡，每瓦电能约发出 8～20 lm 的光通量。各种灯具的发光效率通常都是用 lm/W 表示的。

二、光强

光强也称发光强度，它表示光源在一定方向上光通量的空间密度；单位为坎德拉，符号为 cd。光强是国际单位制（SI）的基本单位。其定义为：一个光源发出频率为 540×10^{12} Hz（$\lambda = 555$ nm）的单色辐射，若在一定方向上的辐射强度为 1/683 W/sr，则光源在该方向上的发光强度为 1 cd。

对于点光源，在任一给定方向的发光强度 I 是该光源在这一方向上立体角元 $\mathrm{d}\omega$ 内发射的光通量 dF 与该立体角元之比。即：

$$I = \frac{\mathrm{d}F}{\mathrm{d}\omega} \qquad (4\text{-}5)$$

如果光源在有限立体角 ω 内发出的光通量 F 是均匀分布的,则在该方向上的光强为：

$$I = \frac{F}{\omega} \qquad (4\text{-}6)$$

立体角 ω 的单位是球面度(sr)。定义一个球面度的立体角等于在半径为 R 的球表面上面积为 R^2 的球面所对的球心角,即 $\omega = S/R^2$。因为球的总表面积为 $4\pi R^2$,所以立体角的最大值为 4π sr。

如果一个点光源向周围空间均匀发光,则其光强为：

$$I = \frac{F}{4\pi} \qquad (4\text{-}7)$$

这里 F 为光源发出的总光通量。光源在所有方向上发光强度相等。

光强和光通量都是表示光源特性的重要物理量。光通量表示光源的发光能力,而光强则表示其分布情况。如一只 40 W 的白炽灯,不用灯罩时,其正下方的发光强度约为 30 cd。若装上一个白色反光灯罩,则灯下方的发光强度能提高到 70～80 cd。事实上灯泡发出的光通量并没有改变,只是在空间的分布改变了。

三、照度

照度是受照表面上光通量的面密度。在国际单位制中,照度的基本单位是勒克斯,符号 lx,它等于 1 lm 的光通量均匀地分布在 1 m^2 的被照面上,所以 1 lx＝1 lm/m^2。设被照表面上某面积元 dS 上接受的光通量为 dF,则该点的照度 E 为：

$$E = \frac{\mathrm{d}F}{\mathrm{d}S} \qquad (4\text{-}8)$$

若光通量 F 均匀分布在被照表面 S 上,则此被照面的照度 E 为：

$$E = \frac{F}{S} \qquad (4\text{-}9)$$

下面是几个常见的照度值：一只 100 W 的白炽灯正下方 1 m 远的平面上,照度约为 1 000 lx。夏天中午,阳光投射到地面上的照度可达 10^5 lx,月光下的照度只有几个勒克斯。

点光源在被照面上形成的照度与该方向上光源的发光强度成正比,与光源到被照表面的距离平方成反比。即：

$$E = \frac{I}{R^2} \qquad (4\text{-}10)$$

式中　E——被照面上的照度,lx;

$\quad\quad I$——光源在被照面方向的光强,cd;

$\quad\quad R$——光源至被照面的距离,m。

该式可由光强和照度的定义直接导出,称为距离平方反比定律。

当被照面的法线与光源入射线的夹角不为零,而成 α 角时,容易得到：

$$E = \frac{I\cos\alpha}{R^2} \qquad (4\text{-}11)$$

该式更具有一般性,在照明工程计算中经常用到。距离平方反比定律适用于点光源。

一般当光源尺寸 d 小于它至被照面距离的 $1/5$ 时,均可视为点光源。

照度具有直接相加性。若 n 个光源对于某点的照度分别为 $E_i(i=1,2,3,\cdots,n)$lx,则该点处的总照度为:

$$E = \sum E_i \qquad (4-12)$$

照度这一光学量在照明工程设计中是很重要的,照明工程的主要任务就是要在工作场所内创造足够的照度。

四、亮度

在同一照度下,不同的物体能引起不同的视觉感受,白色物体看起来要比黑色物体亮得多,这说明物体表面的照度并不能直接反映人眼对物体的视觉感受。视觉上的明暗感取决于物体在视网膜成像上光通量的密度,即成像的照度。像的照度越高,我们所看到的物体就越亮。因此我们引出"亮度"这一概念,它是由视觉直接感受的光学量。

视网膜上成像的照度,主要取决于物体在视线方向上发射或反射出的光通量的密度。它等于物体表面上某微小面积元在视线方向上的发光强度与该面积元在视线方向垂直面上的投影面积之比,单位为 cd/m^2。用公式表示,即:

$$L_\alpha = \frac{\mathrm{d}I_\alpha}{\mathrm{d}S\cos\alpha} \qquad (4-13)$$

式中　α——视线与物体表面法线所成的夹角。

因此,亮度可定义为:物体在视线方向单位面积上发出的光强。

发光体(光源)的表面亮度和被照物体的表面反射亮度在视觉感受上是没有本质差别的。但后者的影响因素较多,它的大小取决于该物体表面上的照度、反射系数(ρ)以及表面反射特性等。对于均匀漫反射的物体表面,其亮度正比于它的表面照度 E 和反射系数 ρ,且在各个方向上亮度相等,即:

$$L = \frac{\rho E}{\pi} \qquad (4-14)$$

在光环境设计中常用上式计算平均亮度。

下面给出几种常见发光表面的亮度:太阳表面为 2.25×10^9 cd/m^2,月亮为 2 500 cd/m^2,普通白炽灯灯丝为 $(2\sim12)\times10^6$ cd/m^2,荧光灯表面为 8 000~9 000 cd/m^2,60 W 内部磨砂灯泡为 1.2×10^5 cd/m^2。

为了便于比较和记忆,将四个基本光度量的定义和单位列表如表 4-3 所列。

表 4-3　　　　　　　　　　　光度量的定义与单位

名　称	符号	定　义　公　式	单位(符号)
光通量	F	$F = K_m\int\Phi_\lambda V(\lambda)\mathrm{d}\lambda$ 或 $\mathrm{d}F = I\mathrm{d}\omega$	流明(lm)
光　强	I	$I = \mathrm{d}F/\mathrm{d}\omega$	坎德拉(cd)=lm/sr
照　度	E	$E = \mathrm{d}F/\mathrm{d}S$	勒克斯(lx)=lm/m²
亮　度	L	$L_\alpha = \mathrm{d}I_\alpha/\mathrm{d}S\cos\alpha$	cd/m^2

五、光的反射、透射和吸收

光在传播过程中遇到新的介质时,会发生反射、透射和吸收等现象。正是借助于材料表面反射的光或透射的光,人们才能看见周围环境中的物体。可以说,光环境就是由各种能反射或透射光的材料构成的。

1. 光的反射

光从一种介质传至另一介质表面时,会部分或全部返回原来的介质,这种现象叫做光的反射。

介质表面反射光的能力用反射系数 ρ 来衡量,它等于该表面反射出的光通量 F_ρ 与入射光通量 F 之比:

$$\rho = \frac{F_\rho}{F} \tag{4-15}$$

式中 ρ——介质表面反射系数,无量纲;

F——入射到介质表面的光通量,lm;

F_ρ——从介质表面反射出的光通量,lm。

各种材料的表面反射系数可由实验确定。如煤的反射系数为 0.03～0.05,岩石为 0.1～0.4,白色墙壁可达 0.7 以上。不同材料表面反射光的分布形式也各不相同,据此可将反射分为规则反射、定向反射、漫反射和均匀漫反射四种类型。

2. 光的透射

光从一种介质进入另一种介质,并从这种介质中穿透出来的现象称为透射。用透射系数 τ 来表示介质透射光的能力:

$$\tau = \frac{F_\tau}{F} \tag{4-16}$$

式中 τ——介质的透射系数,无量纲;

F_τ——穿透介质后的光通量,lm;

F——投射到介质上的光通量,lm。

介质的透射系数除因材料而异外,还与其厚度有关,同一种材料,厚度越大,透射系数越小。

材料透射光的分布形式也可分为规则透射、定向扩散透射、漫透射和均匀漫透射四种。如玻璃属于规则透射材料,磨砂玻璃属于定向扩散透射材料,乳白玻璃则属于漫透射或均匀漫透射材料。

照明工程中常用漫透射性能良好的材料做成各种灯具外罩,以减少灯丝的眩目作用并形成均匀的表面亮度。

对均匀漫透射材料做成的灯具外罩,其表面亮度为:

$$L = \frac{\tau E}{\pi} \tag{4-17}$$

式中 τ——灯罩的透射系数;

E——灯罩内表面照度,lx。

3. 光的吸收

光在传播中遇到新的介质时,除发生反射和透射外,介质还将吸收一部分光通量。被吸收的光通量 F_a 与入射的光通量 F 之比定义为介质的吸收系数:

$$\alpha = \frac{F_a}{F} \tag{4-18}$$

式中　α——介质的吸收系数,无量纲;

　　　　F_a——被介质吸收的光通量,lm;

　　　　F——入射光通量,lm。

按能量守恒定律,介质反射、透射和吸收的光通量之和应等于入射光通量。即:

$$F_\rho + F_\tau + F_\alpha = F \tag{4-19}$$

式中符号意义同前,等式两边同除以 F 并比较前面各式,可得:

$$\rho + \tau + \alpha = 1 \tag{4-20}$$

式中符号意义同前。

从照明角度看,反射系数或透射系数较高的材料才具有使用价值。常见工程材料的反射系数 ρ 和透射系数 τ 值,可参照《建筑采光设计标准》(GB/T 50033—2001)。

第三节　环境光学与工作场所照明

环境光学是研究人类的光环境的科学,是环境物理学的一个分支。环境光学的研究内容包括天然光环境和人工光环境、光环境对人的生理和心理的影响、光污染的危害和防治等。

优良的光环境能提高人的工作效率,保护人的健康,使人感到安全、舒适,产生良好的心理效果。所以,研究光环境的质量评价指标具有十分重要的意义。由于人类活动对光环境造成的破坏,从而使人的视觉和健康受到影响的现象称为光污染。例如,城市大气污染严重,空气混浊,云雾凝聚,造成天然光照度降低,能见度下降,致使航空、测量、交通等室外作业难以顺利进行。又如城市灯光不加控制,夜间天空亮度增加,影响天文观测;路灯控制不当,照进住宅,影响居民休息;等等。工业生产中,大功率光源造成的强烈眩光,某些气体放电灯发射过量的紫外线,以及像焊接一类生产作业发出的强光,对人体和视觉都有危害。防治光环境污染目前已成为环境科学的一个重要课题。

工业生产场所的光环境,不外乎天然光照明、人工光照明以及在天然光不足时用人工光补充的混合照明三种。

一、天然光照明

天然光照明的光源是太阳,太阳光穿过大气层时被大气中的气体分子、水蒸气和尘埃扩散,使天空具有一定的亮度。地球上接受的天然光就是由直射日光和天空扩散光形成的。通常以地平面照度、天空亮度和天然光的色度值来定量描述天然光环境。地平面照度取决于太阳的角度、天空亮度和大气透明度。

在世界不同的地区,由于气象因素(日照率、云、雾等)和大气污染程度的差异,光环境特性也不相同。因此,需要对一个国家和地区的天然光环境进行常年连续的观测、统计和分析,取得区域性的天然光数据。这是研究天然光照明的一项首要工作。

为了利用天然光创造美好舒适的光环境,环境光学还要研究天然光的控制方法、光学材料和光学系统。这方面的成果已为建筑采光普遍应用。近年来还研究了通过定日镜、反射镜和透镜系统,或是用光导纤维将日光远距离输送的设备,目的是使建筑物的深处以至地下、水下都能利用天然光照明。

太阳是自然界中最大的光源,在条件允许时,应最大限度地加以利用,因为这不仅最经济,而且天然光光色最好。人眼在天然光下比在人工光下具有更高的灵敏度。同时,我国地处温带,日照时间较长,也为我们充分利用天然光提供了有利条件。

如何充分利用天然光,在建筑工程中称为采光设计。在各种建筑物内,采光是通过窗户来实现的。因此,在采光设计中,确定窗户的大小、位置和形状是至关重要的。但窗户除了采光功能外,还与自然通风、室内外视觉联系、隔热、隔声等问题有关。因此,在具体设计时,应同时考虑这些因素。

(1) 对一般工业厂房的窗户设置,在采光方面应遵循如下原则和要求:

① 设一个大窗,比总采光面积相等的多个小窗更为合理;

② 为使室内照度均匀,窗户间的距离不应大于窗宽的 2 倍;

③ 窗户的上缘应尽量接近天棚(0.3~0.4 m),下缘不得高于地面 1.2 m;

④ 窗户大框内尽量少分格,窗格尽量细;

⑤ 工作地点的光线投射角不应小于 25°~27°,开角不小于 5°;

⑥ 单侧采光时,工作地点到窗的距离不应超过窗高的 3 倍,且不得大于 12 m,双侧采光时也不得大于 18 m。

(2) 对于面积较大的车间和厂房,单独用侧窗采光难以满足生产需要,故目前在单层工业厂房中,已普遍采用天窗采光。常用的天窗种类有矩形天窗、锯齿形天窗和平天窗等几种。

天窗采光也须符合以下要求:① 透光性好;② 尽量避免太阳对室内的直射或将其减少到最小程度;③ 窗平面对水平面的倾角在 45°以上(尤其在我国北方);④ 容易清除污垢及烟尘。

对室内采光的数量要求,我国是以采光系数 C 作为评价指标的。室内某一点的采光系数,按下列公式计算:

$$C = \frac{E_i}{E_0} \times 100\% \tag{4-21}$$

式中 E_i——室内某点的照度,lx;

E_0——与测量 E_i 同一时刻的室外照度,lx。

根据我国《建筑采光设计标准》的规定,视觉作业场所工作面上的采光系数标准值应符合表 4-4 所列数值。

表 4-4　　　　　　　　　　　　视觉作业场所工作面上采光系数标准值

采光等级	视觉工作分类		侧面采光		顶部采光	
	作业精确度	认识对象的最小尺寸 d/mm	采光系数最低值/%	室内天然光临界照度/lx	采光系数最低值/%	室内天然光临界照度/lx
Ⅰ	特别精细	$d \leqslant 0.15$	5	250	7	350
Ⅱ	很精细	$0.15 < d \leqslant 0.3$	3	150	4.5	225
Ⅲ	精细	$0.3 < d \leqslant 1.0$	2	100	3	150
Ⅳ	一般	$1.0 < d \leqslant 5.0$	1	50	1.5	75
Ⅴ	粗糙	$d > 5.0$	0.5	25	0.7	35

表中所列采光系数标准值是根据室外临界照度为 5 000 lx 制定的。如采用其他室外临界照度值时(如重庆地区为 4 000 lx),采光系数的标准值应作相应的调整,以保证室内的最低照度值。

采光系数的值是由窗地面积比来保证的。所谓窗地面积比,是指窗户的有效透光面积与室内地面面积之比。几种不同窗户的窗地面积比要求见表 4-5。

表 4-5　　　　　　　　　　　　　　　　窗地面积比

采光等级	侧面采光		顶部采光					
	侧窗		矩形天窗		锯齿形天窗		平天窗	
	民用建筑	工业建筑	民用建筑	工业建筑	民用建筑	工业建筑	民用建筑	工业建筑
Ⅰ	1/2.5	1/2.5	1/3	1/3	1/4	1/4	1/6	1/6
Ⅱ	1/3.5	1/3	1/4	1/3.5	1/6	1/5	1/8.5	1/8
Ⅲ	1/5	1/4	1/6	1/4.5	1/8	1/7	1/11	1/10
Ⅳ	1/7	1/6	1/10	1/8	1/12	1/10	1/18	1/13
Ⅴ	1/12	1/10	1/14	1/11	1/19	1/15	1/27	1/23

在具体设计计算时,还必须考虑玻璃的透光性能、安装层数等许多因素,这里不再赘述。

作为照明光源,天然光虽然经济但在使用上也有其局限性。首先,无论在时间还是空间上,天然光常不能保证足够的均匀性和稳定性;其次,很难避免由太阳直射室内造成的眩光,而且在一些场所,如地下建筑和采矿工业等,目前还难以利用天然光。因此,在工作场所照明中,人工光照明始终占有主导地位。

二、人工光照明

人类利用人工光照明经历了一个漫长的历程。从大约 5 万年前利用篝火开始,逐步发展到油灯、蜡烛、气灯,直到现在使用的电光源。自 1879 年爱迪生发明了白炽灯以来,电光源照明迅速普及,发展到今天不同规格的电光源已有数千种之多,年产量达百亿支以上,人工照明消费的电力占电力总产量的 10%～15%。从 20 世纪中叶以来,其他种类的照明光源已逐渐被电光源所取代,所以近代人工光照明又称为电气照明。

电光源种类繁多,发光特性也各不相同,为了正确地选用电光源,下面介绍工业生产场所常用电光源的种类、适用场合等。

1. 电光源种类

现代照明常用的电光源按发光原理可分为以下三类：

第一类是热辐射光源，主要有白炽灯和卤钨灯等。白炽灯也称钨丝灯泡，通电时钨丝温度约为 2 000～3 000 ℃，达到白炽程度而发光。白炽灯的光效率低，仅 12 lm/W 左右，有效寿命约 1 000 h，但因其具有适用性强、光色好、通电即亮、价格便宜、便于控光等优点，目前仍在很多场合应用。卤钨灯是在装有钨丝的管状石英玻璃壳内充入卤族元素而构成，卤族元素（主要是碘和溴）的作用是减缓钨的蒸发速度，为提高灯丝温度创造了条件，而且还能减轻钨蒸发对玻壳的污染，提高光的透射率，故其发光效率和光色均优于白炽灯，通常光效约 22 lm/W，寿命可达到 2 000 h，但从节能角度这类光源将逐步被淘汰。

第二类是气体放电光源，包括荧光灯、高压汞灯、钠灯和氙灯等。荧光灯是一种低压汞蒸气放电灯，有直管形、"U"形和环形等。荧光灯的发光原理完全不同于白炽灯，它的玻壳内壁涂有荧光物质，管内充有低压汞蒸气和少量氩气。管的两端装有电极，通电后灯丝加热发射出电子，电子使汞蒸气电离，产生的紫外线激发荧光粉发出可见光。其光谱组成取决于荧光粉的成分。我国生产的荧光灯有日光色、暖白色和冷白色三种。荧光灯的特点是发光效率高、表面亮度低、光色好、寿命长和表面温度低等，比白炽灯节电 70%，适用于办公室、宿舍及顶棚高度低于 5 m 的车间等室内照明。

高压汞灯、钠灯和氙灯的发光原理都与荧光灯相似，主要区别在于灯管内压力和充填物不同，且各有其优缺点和适用场合。

第三类为电致发光光源，即在电场作用下，使固体物质发光的光源。这类光源能将电能直接转变为光能，因而发光效率很高。电致发光光源包括场致发光光源和发光二极管两种，是今后逐步推广应用的一类光源。

各种电光源的发光效率有较大差异，通常相差几倍到十几倍，尤其是电致发光光源比热辐射光源要高得多。一般情况下，应尽可能选用光效高的电光源。

2. 人工光照明方式

根据不同的工作性质，人工光照明分为三种方式，即一般照明、局部照明和混合照明。

一般照明指不考虑特殊的局部需要，为照亮整个工作场所而设置的照明，适用于对光的投射方向无特殊要求和工作点密集以及工作点不固定的场所。这种照明在视野内亮度均匀，视觉条件好，系统设置简单且投资较少，但耗电较多。

局部照明是指为增加特定地点的照度而设置的照明。由于光源一般靠近工作面，故耗电少而照度较高，但要注意直接眩光和明暗差太大的影响。从劳动卫生角度来看，不宜单独采用这种照明。

混合照明是指以上两种照明方式的组合。要求一般照明的照度至少占总照度的 5%～10%，且不低于 20 lx。大多数情况下，混合照明效果较好，但工作面与环境差别不宜太大，其照度比以 1/3～1/5 为宜。当一种光源不能满足显色性要求时，可采用两种以上光源混合照明的方式，这样既提高了光效，又改善了显色性。这是一种经济合理的照明方式，照度较均匀且又能满足局部需要。常用于局部要求照度高，或要求有一定的投光方向，或固定工作点分布较稀的工作场所。

3. 防爆照明灯具及其选择

在具有爆炸性危险的生产车间,由于环境的特殊性,对照明器的性能提出了更高的要求。这类场合使用的照明器具,首先要求具有防爆性能,还要求机械强度高,便于安装,能防止水分和灰尘的侵入等。按使用环境不同,我国将防爆电气设备分成两类,Ⅰ类为煤矿井下用电气设备,Ⅱ类为工厂用电气设备,防爆照明灯具亦如此。其防爆结构主要有隔爆型和增安型两类。工厂用防爆照明灯具的防爆结构及适用条件见表4-6。

表 4-6　　　　　　　　　　工厂用防爆照明灯具的防爆结构及选型

电气设备区别	爆炸危险环境区别			
	1 区		2 区	
	隔爆型	增安型	隔爆型	增安型
固定式灯	适用	不适用	适用	适用
移动式灯	避免采用		适用	
便携式电池灯	适用		适用	
指示灯类	适用	不适用	适用	适用
整流器	适用	避免采用	适用	适用

表中爆炸危险环境的区别定义为:1区(1级危险区域)是指设备正常运行时可能出现(预计周期性出现或偶然出现)爆炸性气体、蒸气或薄雾的区域;2区(2级危险区域)是指设备正常运行时不出现,即使出现也只可能是短时间偶然出现爆炸性气体、蒸气或薄雾的区域。

人工光照明较天然光易于控制,能适合各种特殊需要,而且稳定可靠,不受地点、季节、时间和天气条件的限制。但电光源的能源利用效率很低,目前由电能转换成光能的平均效率约为10%,由初级能源转换成光能的效率则只有3%。因此,为了节约能源,不仅要继续提高现有电光源的光效和质量,还要研究控制灯光强度和分布的理论及光学器件,探索合理有效的照明方法。

三、照明的基本要求

工业照明的目的主要有三个方面:① 提高劳动生产率;② 确保安全生产;③ 创造舒适的视觉环境。由于工业生产种类繁多,不同的工种其工作对象、操作方法、工作环境等差别很大,因而对照明的具体要求也各不相同,但从安全和卫生学的观点来看,良好的照明应满足如下要求。

1. 合适的亮度以及避免眩光

人眼能感觉到的最小亮度是 10^{-6} cd/m²,视觉达到最大灵敏度时的亮度约为 10^4 cd/m²。在一般情况下,卫生学上允许的最大亮度是 5 000~7 500 cd/m²。

眼睛具有高度的适应能力,短时间内可以忍受很高的亮度。但当亮度大于 10^4 cd/m² 时,由于光对视觉细胞的刺激作用太强,灵敏度反而下降,因此亮度并非越大越好。当亮度超过 $(1.5~1.65)×10^5$ cd/m²(亮度界限)时,无论是光源还是物体表面的反射光,均能破坏眼睛的正常视觉机能,这种现象称为眩目。能引起眩目的光源称为眩光。

眩光一般来自工作区附近的强烈光源、太阳的直射光以及光滑表面的反射光。工作场所中眩光的存在对视觉是非常有害的,轻则使人产生不舒适感(不舒适眩光),重则能损害视觉功能甚至能引起各种眼病(失能眩光)。因此,工作场所内必须防止出现眩光。可采取以下三个方面的措施:

(1) 限制光源亮度。眩目作用除了与光源本身亮度有关外,还与环境背景亮度有关。当环境亮度很低时,亮度不到 10^4 cd/m² 的光源也能产生眩目作用。

(2) 采用适当的悬挂高度和必要的保护角。通常光源位于水平视线以上 45°范围以外,眩目作用就比较微弱,超过 60°就不会产生眩目作用。当光源位置较低处于视野内时,则必须加灯罩遮光,以形成保护角。所谓保护角是指灯丝与灯罩下缘连线和水平线成的夹角。这个角度以 30°～40°为宜,至少不应小于 20°,目的是避免光源对眼睛的直接照射。

(3) 合理分布光源。对于眩目光源应尽可能不要布置在工作区的正常视野内。对于反射眩光,首先应避免使用高反射性的工作面。

2. 均匀的照度与亮度分布

在工业照明设计中,除了工作面上的照度必须符合要求外,还要求工作场所的照度要比较均匀。尤其是单独采用一般照明的工作场所,要求工作区内最大、最小照度值与平均值相差应不大于 1/6。

3. 照度的稳定性

工作场所照度的稳定与否,主要取决于电压的变化。要求照明的供电电压应该保持相对稳定。另外,要求工作场所内的照明灯具最好固定安装。采用悬吊灯照明时,应避免吊灯摆动,否则极易造成视错觉而导致事故。

在使用荧光灯等气体放电光源照明时,这类光源的发光亮度是随交变电流而变的。当工作区内有运转着的机器设备时,有时可能产生频闪效应而造成视觉判断错误,从这个意义上说,这类光源也属于不稳定光源。

4. 设置应急照明

应急照明是在正常照明系统由于各种原因熄灭时,能迅速点燃并独立工作的辅助照明系统。按照《建筑照明设计标准》(GB 50034—2004)(以下称《照明标准》)规定,应急照明包括备用照明、安全照明和疏散照明,且应符合下列规定:

(1) 当正常照明因故障熄灭后,对需要确保正常工作或活动继续进行的场所,应装设备用照明;作为应急照明的一部分,用于确保正常活动继续进行的照明。

(2) 当正常照明因故障熄灭后,对需要确保处于危险之中的人员安全的场所,应装设安全照明;作为应急照明的一部分,用于确保处于潜在危险之中的人员安全的照明。

(3) 当正常照明因故障熄灭后,对需要确保人员安全疏散的出口和通道,应装设疏散照明;作为应急照明的一部分,用于确保疏散通道被有效地辨识和使用的照明。

《照明标准》还规定,备用照明的照度标准值不应低于一般照明的 10%;而安全照明的照度标准值不应低于一般照明的 5%;疏散照明主要通道上的照度不应低于 0.5 lx。

四、照明标准

近几十年来,世界各国就视觉功能和照明对人的生理及心理影响等问题开展了大量研究工作。国际照明委员会总结各国的研究成果,先后发表《对照明在视觉功能方面进行评价的统一方法纲要》和《描述照明参量对视功能影响的分析模型》等文件,提出了根据视觉功能选择照明标准的统一方法。

所谓照明标准就是关于照明数量和质量的有关规定。表 4-7～表 4-9 是我国《照明标准》对不同工作场所照度标准值的要求。

(1)工作场所作业面上的照度值,应符合表 4-7 所规定的数值。

表 4-7 工作场所作业面上的照度标准值

视觉作业特性	识别对象的最小尺寸 d/mm	视觉作业分类		亮度对比	照度范围/lx					
		等	级		混合照明			一般照明		
特别精细作业	d≤0.15	I	甲	小	1 500	2 000	3 000	—	—	—
			乙	大	1 000	1 500	2 000	—	—	—
很精细作业	0.15<d≤0.3	II	甲	小	750	1 000	15 000	200	300	500
			乙	大	500	750	1 000	150	200	300
精细作业	0.3<d≤0.6	III	甲	小	500	750	1 000	150	200	300
			乙	大	300	500	750	150	200	300
一般精细作业	0.6<d≤1.0	IV	甲	小	300	500	750	100	150	200
			乙	大	200	300	500	75	100	150
一般作业	1.0<d≤2.0	V	—		150	200	300	50	75	100
较粗糙作业	2.0<d≤5.0	VI	—		—	—	—	—	—	—
粗糙作业	d>5.0	VII	—		—	—	—	—	—	—
一般观察生产过程	—	VIII	—		—	—	—	—	—	—
大件贮存	—	IX	—		—	—	—	—	—	—
有自发光材料的车间	—	X	—		—	—	—	30	50	75

(2)工业企业辅助建筑的照度值,应符合表 4-8 所规定的数值。

表 4-8 工业企业辅助建筑照度标准值

类别		规定照度的作业面	照度范围/lx					
			混合照明			一般照明		
办公室、资料室、会议室、报告厅		距地 0.75 m	—	—	—			
工艺室、设计室、绘图室		距地 0.75 m	300	500	750	100	150	200
打字室		距地 0.75 m	500	750	1 000	150	200	300
阅览室、陈列室		距地 0.75 m	—	—	—	100	150	200
医务室		距地 0.75 m	—	—	—	75	100	150
食堂、车间休息室、单身宿舍		距地 0.75 m	—	—	—	50	75	100
浴室、更衣室、厕所、楼梯间		地面	—	—	—	10	15	20
盥洗室		地面	—	—	—	20	30	50
托儿所、幼儿园	卧室	距地 0.4～0.5 m	—	—	—	20	30	50
	活动室	距地 0.4～0.5 m	—	—	—	75	100	150

（3）厂区露天工作场所和交通运输线的照度值不应低于表 4-9 所规定的数值。

表 4-9　　　　　　　　厂区露天工作场所和交通运输线的照度标准值

类　　别		规定照度的平面	照度范围/lx		
露天作业	视觉要求较高的工作	作业面	30	50	75
	眼睛检查质量的金属焊接	作业面	15	20	30
	仪器检查质量的金属焊接	作业面	10	15	20
	间断的检查仪表	作业面	10	15	20
	装卸工作	地面	5	10	15
	露天堆场	地面	0.5	1	2
道路和广场	主干道	地面	2	3	5
	次干道	地面	1	2	3
	厂前区	地面	3	5	10
站台	视觉要求较高的站台	地面	3	5	10
	一般站台	地面	1	2	3
装卸码头		地面	5	10	15

第四节　厂房照明与色彩调节

以改善视觉条件和提高工作效率为主要目的的色彩设计技术称为色彩调节。工作场所内正确地运用色彩调节能获得如下效果：

（1）增加亮度，提高照明装置的利用系数，改善视觉条件；

（2）提高眼睛的分辨力，从而有助于提高工作质量和工作效率，减少差错和事故的发生；

（3）能满足人的审美要求，提高工作热情；

（4）使人精神愉快，减轻疲劳。

色彩调节主要是利用颜色对人的生理、心理作用以及颜色的物理性质，在工作场所内创造出有利于上述效果的颜色分布。

一、颜色的生理作用

颜色的生理作用主要是能够提高视觉工作能力和减少视觉疲劳。在颜色视觉中，我们能够根据色调、明度和彩度的一种或几种差别来认识物体（在非彩色视觉中只能依靠亮度对比来辨认），因而提高了辨认灵敏度。当物体具有颜色对比时，即使物体的亮度和亮度对比并不很大，也能有较好的视觉条件，并且眼睛不容易疲劳。

颜色的生理作用还表现在眼睛对不同的颜色具有不同的敏感性。色彩鲜明的颜色，很容易引起人们的注意，这就是色彩的诱目性。诱目性主要决定于彩度和色调，彩度高的颜色，其诱目性也高。就色调而言，黄色的诱目性最高，红、橙色次之。因此黄色常用做警戒色,如车间内危险部位常涂以黄黑相间的颜色以示警告。

人体其他机能和生理过程发生不同的作用,甚至影响到内分泌系统、水盐平衡、血液循环和血压等。如红色色调容易使人各种器官的机能兴奋,促使心率加快,血压上升;而蓝色色调则能使人各种器官的机能趋于稳定,起降低血压和减缓脉搏作用;绿黄色和紫色在生理反应上呈中性,但紫色对视觉不利,故工作场所多采用绿黄系列颜色。

二、颜色的心理作用

颜色离开它所属的对象是不存在的。因此,人们在生活中积累起来的与物的关系以及对物的态度决定了颜色对心理的影响。在很多情况下,当人们看到某种颜色时就会同时想到某些事物或状态,这就是颜色的联想。联想分为具体的联想和抽象的联想,前者如看到蓝色想到蓝天、大海,看到黑色想到煤、钢铁等,后者如看到红色想到热情、喜庆,看到绿色想到和平、安静,且这种联想具有多数人的共通性。它反过来又决定人们对颜色的评价,这种评价反映在行为和自我感觉上,可能有积极意义,也可能有消极意义。研究颜色心理的目的就是试图利用其积极的一面,为生产和生活服务。虽然对颜色的评价和联想由于人的性别、年龄、社会经历和民族习惯等因素的影响而有较大的个别差异,但多数人对各种颜色的心理印象却大致相同。归纳起来,颜色的心理作用有如下一些表现。

(1)冷暖感

颜色能引起或改变温度感觉,通常按红、橙、黄、绿、蓝的次序,感觉越来越冷。所以人们将红、橙、黄、棕等颜色称为暖色,有温暖感;而将蓝、绿、青等颜色称为冷色,有寒冷感;黄绿色与紫红色能使人感到冷暖不定,忽冷忽热。

(2)兴奋和抑制感

一般红色、橙色在心理上产生兴奋作用,但也会引起不安和神经紧张;青色、紫色则有镇静作用,有清洁肃静之感。

(3)前进后退感

在同一个平面上,暖色的黄、红、橙及它们的中间色会使人感到距离近些,而冷色的蓝、青、绿以及它们的中间色会使人感到距离远些,如果室内涂上冷色调就显得更加宽敞。因此,暖色也叫前进色,而冷色叫后退色。此外,明度高的颜色感到近些,明度低的颜色感到远些。

(4)轻重感

这方面以明度的影响为主,色调次之。在同一色调中,明度高的颜色感觉轻些,而明度低的颜色感觉重些。对色调来说,暖色的物体看起来密度大、重些,而冷色看起来轻些。另外,暖色里的明色有柔软感,而冷色里的明色有光滑感。

(5)轻松和压抑感

由反射决定的颜色明度还影响人的情绪。明度高的颜色能使人产生轻松、舒畅的感觉,明度低的颜色会使人产生压抑和不安的感觉。

(6)大小感

明度高的颜色其物体显得大些,明度低的显得小些。通常黄色的物体看起来最大,其次是绿色、红色,蓝紫色的看起来最小。

三、环境色的应用

颜色在实际应用中,根据其所起的作用不同,可分为环境色和安全色(包括标志色)两大类。前者与照明设计关系密切,以突出照明效果、改善视觉条件为目标,而后者则以防止差错、事故和灾害为主要目的。当颜色被作为环境色来应用时,不仅要考虑其对人的生理心理作用,而且还应较多地注重其物理性质。在具体选择色调时,还必须考虑生产车间的特点。下面是一些在实践中比较成熟的设计原则。

1. 生产车间的色彩调节

(1)根据车间特点选用一种主色调,另配一到两种辅助色,以形成对比,但对比不宜过分强烈,色调种数也不宜过多,否则易造成色彩渲染,影响注意力。

(2)一般生产车间应使用明度较高的颜色(包括白色),以提高照明效率,增加光的扩散,使光线柔和,减少阴影。但彩度不宜过大,否则易使照明带有明显的色调,同时也使人感到不够安静。通常彩度以不大于 3 为宜。

(3)从天棚到地板,明度应依次降低,以在心理上造成一种稳定感。通常采用以下数值:

天棚:$V=9$

墙壁上围:$V=8\sim8.5$

护墙板:$V=6\sim7.5$

踏脚板:$V=3$

地板:$V=4\sim6$

踏脚板兼有防污作用,通常采用比地板暗的颜色。

(4)充分利用颜色的心理作用,改善视觉印象。如利用颜色的远近感,能使低矮的天棚显得高些,也可使狭小的房间显得宽些;或者在炎热的车间采用冷色调以造成凉爽感,在寒冷的车间采用暖色调以造成温暖感等。

2. 机器、设备和工作台的颜色选择

生产车间内机器、设备的颜色选择应与车间装饰同时考虑,以取得色调的和谐。设备主体应少采用深灰色,而以蓝绿色调为宜,或采用套色、浅灰、乳白等。明度应高于地板,但彩度不宜太大。

机器设备的颜色选择还应从协调人机关系出发,力求各种操作显示一目了然,以减少判断和操作失误。操作机构的色调既要与主体部分和谐,又要高度醒目,明度和彩度都可适当高些。同时还应根据生产场所的具体条件,考虑到环境、工作特点和劳动性质等因素,不能无目的地去装饰。

工作台是指工作过程中眼睛接触最多的那个台面。工作台颜色的选择取决于在它上面加工或观察的物体的颜色,要求二者之间形成一定的色调对比,以便更好地认知。但彩度对比不宜过大,最好选用较弱的对比色。在长时间加工或观察同一种颜色的物品时,应规定在工人视野中有另一种颜色,以便使眼睛能得到休息。

四、安全色的应用

用于表达安全信息的颜色称作安全色。使用安全色的目的是使人们能够迅速发现或分辨各种标志和信号,提醒人们注意,以防发生事故。

我国国家标准《安全色》(GB 2893—2008)规定在工业生产中使用红、蓝、黄、绿四种颜色作为安全色,其含义和用途见表4-10。

表 4-10 安全色的含义和用途

颜 色	含 义	用 途
红色	禁 止	禁止标志
	停 止	停止信号:机器、车辆上的紧急停止手柄或按钮,以及禁止人们触动的部位
		红色也表示防火
蓝色	指 令	指令标志:如必须佩戴个人防护用具,道路上指引车辆和行人行驶方向的指令
	必须遵守的规定	
黄色	警 告	警告标志
	注 意	警戒标志:如厂内危险机器和坑池边周围的警戒线,行车道中线,安全帽等
绿色	提 示	提示标志
	安全状态	车间内的安全通道
	通 行	行人和车辆通行标志
		绿色还表示消防设备和其他安全防护设备的位置

在使用安全色时,常需要同时使用对比色。对比色有黑、白两种颜色。标准规定:红、蓝、绿色采用白色作为对比色,黄色采用黑色作为对比色。在用文字、符号等对安全标志加以说明时,黑、白色则互为对比色。

安全标志是由安全色、几何图形和符号(有时还附有文字说明)构成的,用以表达指定的安全信息。我国规定的安全标志分为禁止标志、警告标志、指令标志和提示标志四类[详见《安全标志及其使用导则》(GB 2894—2008)],与国际通用标志基本相同。

第五节　矿山井下照明与视觉保护

一、矿山井下照明现状的卫生学评价

矿山井下照明与地面工厂照明相比有许多不同之处。首先,在目前的技术水平下,井下照明还难以利用天然光,而几乎完全依靠人工光照明,故照明质量的好坏对于工作安全、劳动生产率具有更密切的关系。其次,井下巷道和采掘工作面的不断推移,加之照明装置易被粉尘污染等不利条件,使得井下照明的稳定性较差。尤其对煤矿井下照明来说,安全问题更为突出。爆炸性气体和粉尘的存在使得照明设备必须采用防爆结构,也增加了改善井下照明的困难。在目前条件下,矿山井下照明突出的问题主要表现在照度不足、分布不匀、不稳以及对比度太差等几个方面。

1. 照度普遍不足

由于受井下各种条件限制,矿山井下照明的照度普遍不足,尤其在以矿灯为主的煤矿采掘工作面,照度与同等工作类型的地面工业相比只有百分之几到百分之十几。工人长期在这种昏暗的条件下工作,不仅工作效率降低,工伤事故发生率增高,而且还可能导致职业性疾病。如职业性眼球震颤就是煤矿工人长期在昏暗光线下工作而引起的以眼球不随意的、病理性的颤动为主的一种特殊的职业性疾病。近年来由于井下照明条件逐步改善,该病的发病率已大为降低,但仍不容忽视。

2. 照度不均匀、稳定性差

对井下固定照明设备来说,由于受巷道空间条件的限制,很难通过合理布置灯具来解决照度不均匀问题,因此井下照度远远达不到工业照明要求。加上灯具易于被粉尘污损以及维护管理不良等原因,又难以保证现有照度的稳定。对矿灯等移动照明灯具来说,这种情况显得更加严重。不稳定的照明使得工作区内明暗差别过大,会给人心理上造成一种压抑感,而且容易引起视觉疲劳。特别是单独使用矿灯照明的场所,使用者之间互相影响,极易产生眩目作用,而且矿灯的光通量分布集中在一个较小的范围内,使得人们难以利用周边视觉去观察周围环境以及事故发生前的各种预兆,从而间接导致各种人身事故。在矿山井下,由于照明不良而引起的机械设备事故、顶板事故和坠井事故时有发生,必须予以高度重视。

3. 对比不足

矿山井下视觉环境的另一个突出问题是亮度对比太低。尤其在煤矿中,井下巷道、工作面等背景颜色均为黑色和深灰色,而许多煤矿井下人员的工作服、安全帽也采用明度很低的黑、深蓝或藏青等颜色,各种机械设备也很少采用明快的色调,加之井下照度较低,使得整个井下一片昏暗,毫无生气,严重影响井下人员的心理感受和劳动热情。由于对比不足,不仅影响视觉效果和劳动生产率的提高,而且还给预防事故特别是井下抢险救灾工作带来许多困难。

矿山现场的一些事故报告表明,照明不良是事故环境因素中最重要的因素之一,照明与安全生产有着极为密切的关系。有人通过对井下环境亮度诸因素与事故频率进行统计分析后得出的结论是:井下作业环境越亮,事故频率越低。地面工业的一些事故统计资料也表明:由于1、11、12月份的白天较短,工作场所人工照明时数增加,与天然光相比,人工照明的照度值较低,故这三个月内的事故发生频率明显高于其他月份。当然,事故发生的原因是多方面的,但照明条件无疑也是重要的原因之一。

二、矿用防爆照明灯具及其选择

在矿山井下尤其是具有爆炸危险性的煤矿使用的照明灯具,要求机械强度高,便于安装,能防止水分和灰尘的侵入,特别是要求具有防爆性能。下面介绍几种煤矿井下常用的照明灯具。

我国煤矿井下照明供电的电压为交流 127 V、50 Hz。根据《煤矿安全规程》规定,在不同的矿井条件和不同的工作地点,应分别选用三种不同防爆类型的照明灯,即矿用一般型、矿用增安型和矿用防爆型。此外,便携式矿灯也在煤矿中被大量使用。

矿用一般型照明灯适于在无瓦斯和煤尘爆炸危险以及通风良好的环境中使用,如条件较好的巷道、井底车场附近和机电硐室等处,具有机械强度高、防潮、密封绝缘性能良好等特点。矿用增安型照明灯除符合矿用一般型的条件外,还要保证当灯泡一旦破裂时,能自动切断电源而不致因灯丝的高温引起瓦斯和煤尘爆炸,主要适用于有爆炸危险的矿井井底车场和主要进风道中。矿用防爆型照明灯具有一个能承受 800 kPa 压力的钢化玻璃保护罩和一个坚固的金属外壳,能保证当灯内发生爆炸时,灯罩不会爆裂,同时外壳各接缝处均有足够的消焰宽度并符合隔爆要求,保证不会引起外部瓦斯爆炸。矿用防爆型照明灯适用于有瓦斯和煤尘爆炸危险的煤矿井下各巷道、硐室和采掘工作面照明,有白炽灯和荧光灯两种光源,矿用防爆型荧光灯除外壳具有防爆结构外,其电路和原理与普通荧光灯完全一样。

在煤矿中,除了使用各种固定式照明灯外,还大量使用移动式照明灯,其中用量最大的是矿灯。它是每一个下井人员必须携带的照明器具。矿灯有各种类型,按携带方式有手提灯和头灯两种,按蓄电池类型有酸性和碱性两种。我国目前以酸性蓄电池的头灯为主。

矿灯自使用以来,各项性能指标不断得到改进提高。目前性能较好的矿灯发光效率达 12 lm/W,灯头效率达 75%,能连续正常使用 11 h 以上,充放电循环达 500 次之多,质量约 1.5 kg。对矿灯的具体要求是:有安全可靠的闭锁装置,灯头具有自动断电性能,蓄电池具有良好的气密性和液密性,各连接处牢固可靠,开关转动灵活,接触良好。此外,防爆性能、充放电循环、连续使用时间等指标均要符合有关规定。

为了减小矿用帽灯的体积和质量,近年来开始采用锂离子电池供电的矿灯,电池组内装有过充电、过放电和短路保护电路,不仅有效地保护了电池,而且在开灯、关灯甚至外部短路时,都不会产生火花,实现了本质安全。

三、矿井照明条件的改善与视觉保护

改善矿井照明条件对采矿生产有着十分重要的卫生学意义,其影响是多方面的。首先表现为视觉功能的提高,其次是随之而产生的心理上的轻松愉快和工作热情的提高。它的直接效果是劳动生产率的上升、产品质量的提高和事故的减少。如国外某煤矿将手提式矿灯改为固定照明灯后,矿工劳动生产率平均提高 25%,煤中所含矸石从 9.5% 减少到4.5%,为改进照明付出的费用远远低于因煤产量的提高和杂质的减少所带来的经济利益。我国的一些工业企业对改善照明的研究也有类似结论。在我国目前的经济技术水平下,我们完全有条件也有必要在提高井下电气照明设备安全防爆性能和权衡经济效益的基础上,逐步改善井下照明条件,促进矿井卫生防护状况的进一步好转。为此,应着重在以下几方面进一步开展工作。

1. 增加灯具种类,提高照度水平

目前我国矿用电气照明装置虽有一定的发展,但在品种、数量和结构类型上还不能适应井下生产和安全卫生的迫切需要,应对现有灯具进行改进或研究开发适合矿井要求的新型灯具,增加品种数量,提高发光效率,改进灯具布置,以适当提高井下的照度水平和均匀性。

2. 使用固定照明,避免眩光干扰

矿井内除了井底车场、各种硐室、站、库以及主要大巷应安装固定照明外,在条件许可时,还应努力扩大固定照明的使用范围。如所有行驶机车的巷道、带式输送机巷道、升降人员和物料的绞车道、专用人行道、采区车场、巷道交叉点和采掘工作面等。

使用固定照明是改善井下照明条件的必要途径。实践表明,使用固定照明时,即使照度不是很高,视觉效果也比照度较高的移动照明要好,且固定照明容易控光,可以减少阴影和避免眩目作用,也易于提高照度水平。在煤矿应重点在采掘工作面逐步实行固定照明,特别是综采工作面应有良好的照明系统,照明系统的设计应与整套综采设备特别是支架设计统一考虑。固定照明的照度不应小于 5 lx,配合矿灯照明可形成较好的照明环境。应逐步研

究解决照明设备的安装、移动、易损等问题。

3. 改善视觉对比

无论是煤矿还是其他矿山,井下的环境背景亮度一般都很低,与观察对象之间的对比很弱,严重影响作业人员的视觉识别能力,而且极易引起视觉疲劳。国外常采用粉刷巷道壁的方法改善对比度。国际劳工局对矿山井下应该刷白的地点也做了明确规定。这些地点包括:① 作为人员上下用的井筒或风井以及常用的联络巷道;② 所有轨道运输巷道、错车道、巷道交叉点、运输车辆经常摘挂钩处、车辆进出处和机械装车点;③ 井下所有设置机械、电机、变压器和配电装置的硐室或地点。严格执行这一规定,对于提高现有照明装置的利用率,改善视觉功能,调节井下人员的心理状态将起到不可忽视的作用,可获得事半功倍的效果。

4. 运用色彩调节技术,创造良好视觉环境

长期以来,矿山井下给人们的印象是一个没有色彩的世界,灰蒙蒙的巷道、黑乎乎的机械设备,永远给人一种单调感和压抑感,在不知不觉中影响着工人的情绪和劳动生产率,同时也影响安全生产。这种状况已到了非改不可的地步了。作为一个职业安全卫生工作者,必须学会正确运用色彩调节技术来改善井下视觉环境,这是焕发工作热情、提高工作效率、改进安全状况的重要手段之一。井下工人的工作服,应废除千篇一律的藏蓝色和黑色,采用便于识别的黄色、橙色等明度较高的颜色,或者在深色服装上装饰浅色条纹。安全帽也应按规定采用黄色,或根据不同的工作性质采用不同的颜色,如井下工人、工程技术人员、安全监察人员分别佩戴三种颜色的安全帽,既有利于色彩调节,也有利于安全和生产管理。井下各种机械设备、运输车辆应选择淡绿、淡蓝、黄黑相间等明快颜色。安全色、标志色的应用也应严格遵照有关标准和原则执行,以创造有色彩、有生气的井下环境。

5. 定期体格检查,保护视觉健康

为了保护井下工人的视觉健康,在工人就业前体检和定期健康检查中应注意眼睛的检查,凡是眼睛特别是视网膜有疾病的应当禁止参加井下作业,对井下工人定期健康检查中发现的视力减退和轻度眼球震颤等患者时,应将其调离并及时治疗。

第五章　呼吸性粉尘与尘肺

第一节　呼吸性粉尘的危害及其预防

呼吸性粉尘是指能较长时间飘浮在空气中并可随呼吸进入人体的固体微粒,它是污染生产环境、影响工人健康的有害因素之一。在生产环境中,工人长期吸入超过卫生标准的生产性粉尘所引起的以肺组织纤维化为主要特征的疾病称为尘肺。

早在北宋年间,我国著名学者孔平仲在其著作《谈苑》中就有关于尘肺的记载,指出采石人所患的肺部疾病是由于"石末伤肺,肺焦多死"的尘肺现象所致。近代以来,人们通过临床观察、射线检查、病理解剖以及实验研究,进一步认清了尘肺及其发病机理,并认识到尘肺不仅由游离二氧化硅引起,也包括其他粉尘。

一、粉尘的来源与分类

1. 生产性粉尘的来源

许多工业生产过程都会产生粉尘,常见的如采矿工业的矿石开采、破碎、筛分、运输,冶炼工业中的原料准备,机械工业中的铸造、配砂、清砂,开凿隧道、辟山筑路以及耐火材料、玻璃、水泥、陶瓷、化工等工业生产过程,如果工艺不当或防护措施不力,均可能产生大量生产性粉尘。

2. 粉尘的分类

粉尘按其性质可分为以下几种:

(1) 无机粉尘

无机粉尘又可分为矿物性粉尘,如石英、石棉、滑石、煤等粉尘;金属性粉尘,如铁、锡、铜、铅、锰、锌等金属及其化合物粉尘以及人工无机粉尘,如金刚砂、水泥、玻璃等粉尘。

(2) 有机粉尘

有机粉尘也可分为植物性粉尘,如棉、亚麻、甘蔗、谷物、木材、茶等粉尘;动物性粉尘,如兽毛、骨质、毛发、角质等粉尘;人工有机粉尘,如炸药、有机染料等粉尘。

(3) 混合性粉尘

混合性粉尘指上述两种或两种以上的各类粉尘的混合。此种粉尘在生产中最为多见,如煤矿开采时有岩尘与煤尘,金属制品加工研磨时有金属粉尘和磨料粉尘同时产生,棉纺厂准备工序中有棉尘和土壤粉尘等。

在职业防护工作中,经常根据粉尘的性质判定其对人体危害的程度。尤其对混合性粉尘,查明其成分及其所占的比例,对确定其致病作用机理具有重要的意义。

生产性粉尘的理化特征、在空气中的运动状况以及其进入机体后的生物学作用等,均与

其粒子大小有着密切的关系,因此,也常将粉尘按其粒子的大小加以分类:

(1) 固体粉尘

粒子直径大于 10 μm,在静止空气中,以加速度下降,不扩散。

(2) 云

粒子直径介于 10～0.1 μm 之间,在静止空气中,因粒子的大小和比重不同,遵循着斯托克斯法则以等速度降落,不易扩散。

(3) 烟

粒子直径为 0.1～0.001 μm,因其大小接近于空气分子,受空气分子的冲撞而呈布朗运动存在于空气中,具有相当强的扩散能力,在静止空气中,几乎不沉降或非常缓慢而曲折地降落。多由物质不完全燃烧或金属熔化后产生的蒸气在空气中凝固或氧化所形成。

二、生产性粉尘的理化特性及其卫生学意义

生产性粉尘的理化性质与其生物学作用及防尘措施等有着密切关系。在粉尘理化性质中,粉尘的化学成分及其在空气中的浓度、分散度、比重、形状、硬度、溶解度、荷电性等都具有卫生学意义。

1. 化学组成和浓度

粉尘的化学组成及其在空气中的浓度直接决定粉尘对人体的危害程度。粉尘中游离二氧化硅的含量越高,则引起病变的程度越重,病变发展的速度越快。如含游离二氧化硅 70% 以上的粉尘,往往形成以结节为主的弥漫性纤维病变,病情进展较快;而含游离二氧化硅低于 10% 时,肺内病变则以间质纤维化为主,病情发展则较慢。在生产环境的空气中,粉尘浓度越高,吸入量越多,则尘肺发病率也就越高。用重量相同而分散度不同的粉尘进行动物实验时,尘粒直径越小(1～2 μm),发病越快,病变也越严重;而在尘粒数目相同,但质量不同的情况下,则仅在直径较大的一组中发生矽肺,可见在矽肺发病过程中,粒子大小虽具有一定意义,但进入肺部粉尘的质量起着更重要的作用。因此,按照粉尘中游离二氧化硅含量的不同,以单位体积空气中粉尘的质量规定最高容许浓度是比较合理的,我国生产性粉尘的防护标准就是按照这个原则制定的。

2. 粉尘的分散度

分散度是指物质被粉碎的程度,用来表示粉尘粒子大小的组成。空气中粉尘由较小的微粒组成时,称为分散度高;反之,则分散度低。粉尘粒子大小一般用直径来表示,单位为微米(μm)。

粉尘被吸入机体的概率和它的稳定程度(即粉尘粒子在空气中呈飘浮状态的持续时间)有直接关系,分散度越高的粉尘,沉降速度越慢,稳定程度越高,被机体吸入的机会也就越多。粉尘在空气中的稳定程度受许多因素影响,首先和粉尘的分散度有密切关系,其次与粉尘的比重和粒子的形态有关。

当粉尘粒子比重恒定时,分散度愈高则粉尘粒子沉降愈慢,在空气中飘浮时间愈长。粉尘粒子大小相同时,比重大的沉降速度快,比重小的沉降速度则慢。因此,在通风防尘措施上要考虑根据粉尘的比重不同而采用不同的风速。

当粉尘的比重、形状相同时,其沉降速度决定于分散度的高低。如 10 μm 及以上的粒子在静止空气中只需数分钟就降落下来,而 1 μm 的石英尘粒从 1.5～2 m 高处降落到地面,则需 5～7 h,因而被人吸入的机会也就愈多。实际测定资料表明,在生产环境空气中的尘粒以 10 μm 以下者为最多,其中 2 μm 以下者占 40%～90%。

分散度与粉尘在呼吸道中的阻留有关。一般说来,大的尘粒(10 μm 左右)在呼吸道上部即被阻留,小的尘粒(5 μm 以下)可达呼吸道的深部。从矽肺病人尸检中发现,在肺组织中多数是直径 5 μm 以下的尘粒,其中能够进入肺泡的尘粒主要是小于 2 μm 的(石棉尘除外)。粒径再小(0.5 μm 以下)的粉尘,在呼吸道的阻留率反而下降,这是因为其可做分子运动,易随呼气气流排出。而 0.1 μm 以下的微粒,又因弥散作用而使阻留率再度升高。分散度与粉尘在呼吸道阻留率的关系可见图 5-1。另外,尘粒的形态和比重对阻留机会也有一定影响。

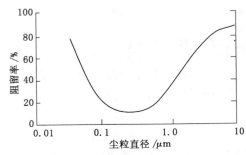

图 5-1　尘粒在呼吸道的阻留曲线

尘粒的理化性质也与分散度有关,粉尘的分散度越大,则单位体积粉尘的总表面积越大,它的理化活性也越高,因而容易参与理化反应。例如,高分散度的可溶性粉尘,由于比表面积增大,溶解速度也显著增加。粉尘粒子的吸附能力也与尘粒大小有关,粉尘能吸附气体分子,在表面形成一层薄膜,阻碍尘粒之间的凝聚,增加了粉尘在空气中的稳定程度和滞留时间。

3. 粉尘的溶解度

粉尘对人体的危害与其溶解度大小有关,对某些毒物粉尘(如铅、砷等),随其溶解度增加,对人体作用增强,而对另外一些矿物粉尘(如石英等),虽然在体内溶解较少,但对人体危害则比较严重。与此相反,有些粉尘(如面粉、糖等)在体内容易溶解、吸收、排除,对人体危害反而小。

4. 形状和硬度

粉尘粒子的形状在一定程度上也能影响粉尘的稳定程度,质量相同的尘粒,其形状愈接近球形,则降落时所受的阻力愈小,沉降速度越快。坚硬的尘粒能引起上呼吸道黏膜损伤,而进入肺泡内的微细尘粒,由于其质量很小,加之环境湿润,故不可能引起明显的机械损伤。在尘肺发病早期,由于尘粒的形状和硬度产生的机械刺激,在引起巨噬细胞的增生、聚集和吞噬上可能起一定作用。

5. 荷电性

尘粒由于在粉碎过程中和在流动中因互相摩擦或吸附了空气中的离子而带电,尘粒的荷电量取决于尘粒的大小和比重,并与湿度和温度有关。温度升高时,荷电量增高;湿度增加时,荷电量降低。同一种尘粒可带正电、负电或不带电,而与其化学性质无关。用超显微镜观察，飘浮在空气中的尘粒有 90%～95% 荷正电或负电，5%～10% 的尘粒不带电。据报道，矿井采掘工作面形成的新鲜粉尘较回风巷中的粉尘容易荷电。

尘粒的荷电性对粉尘在空气中的稳定程度有一定影响。同性电荷相斥，增加了尘粒浮游在空气中的稳定性；异性电荷则相吸，可使尘粒在撞击时凝集而沉降。一般认为，荷电尘粒易被阻留于体内，尘粒的荷电程度也影响细胞的吞噬速度。

综上所述，评价生产环境空气中粉尘对人体危害程度时，不仅应注意粉尘的浓度，而且还应分析其化学组成，尤其是二氧化硅含量及其他理化性质。

三、呼吸性粉尘对人体健康的影响

1. 人体对粉尘的清除功能

人体能通过多种途径将进入体内的大部分尘粒清除。人体防御和清除尘粒的功能有三个，即滤尘、运送和吞噬功能。

尘粒进入呼吸道时，首先由于呼吸道的生理解剖结构和方向的改变，含尘气流经过鼻腔、咽部和气管时，由于沿途的撞击和惯性使大于 10 μm 的尘粒沉积下来，同时鼻腔黏膜和气管黏膜分泌物将它黏住，并排出体外。鼻腔的滤尘效能除与鼻腔的黏膜状态及鼻腔解剖结构的个体特征有关外，还与空气中粉尘浓度、分散度、粉尘的性质有关。据研究，鼻腔滤尘效能约为吸入粉尘总量的 30%～50%。滞留在气管、支气管的粉尘颗粒，绝大部分由于黏膜上皮的纤毛运动，伴随黏液往外移动而运送出去，并通过咳嗽反射排出体外。

在下呼吸道，由于支气管的逐级分支，气流速度减慢或方向改变，使尘粒沉积和黏着在各级气管壁上，这部分尘粒直径约为 2～10 μm。直径在 2 μm 以下的尘粒可沉积在呼吸性细支气管壁和肺泡壁上。尘粒进入肺泡后，除一部分随呼气排出外，另一部分黏着在肺泡表面的液体上被肺巨噬细胞吞噬，并通过巨噬细胞的阿米巴样运动移送到具有纤毛上皮的细支气管的黏膜表面，并和黏液混在一起，通过纤毛运动运送出去，还有一部分粉尘被巨噬细胞吞噬后，通过肺泡间隙进入淋巴管，流入肺门淋巴结。直径小于 3 μm 的尘粒，80% 是通过巨噬细胞作用而清除的。人体通过上述清除功能，可使进入肺脏的 97%～98% 左右的尘粒排出体外，而进入和残留在肺内的尘粒，只有吸入粉尘量的 2%～3%。人体虽有良好的防御和清除功能，但若长期吸入高浓度粉尘，则仍可对人体产生不良影响，其中危害最重的是引起尘肺。

2. 呼吸性粉尘对人体的致病作用和影响

呼吸性粉尘根据其理化性质和进入人体量的大小及其作用部位的不同，可在人体内引起不同的病理改变。

（1）全身作用

长期吸入较高浓度粉尘可引起尘肺。另外，吸入铅、砷、锰等毒性粉尘，能在支气管壁上溶解而被吸收，引起全身中毒。

（2）局部作用

被吸入的粉尘首先作用于呼吸道黏膜，早期引起鼻腔黏膜机能亢进，毛细血管扩张，大量分泌黏液，以阻留更多的粉尘，这是人体的一种保护性反应，久之可形成肥大性鼻炎，最后由于黏膜细胞营养供应不足而致萎缩，又可转为萎缩性鼻炎，并可引起咽炎、喉炎、气管炎及支气管炎等。此外，经常接触生产性粉尘，还可以引起皮肤、耳、眼的疾病。例如堵塞皮脂腺,而使皮肤干燥,易受机械性损伤和继发感染,可形成粉刺、毛囊炎、脓皮病等;混入耳道皮脂及耳垢中的粉尘,可促使形成耳垢栓塞;进入鼻咽部的粉尘能引起中耳炎及耳咽管炎;金属和磨料粉尘的长期反复作用可引起角膜损伤,导致角膜混浊。

（3）变态反应

如大麻、棉花、对苯二胺等粉尘能引起支气管哮喘、哮喘性支气管炎、湿疹及偏头痛等。

（4）光感作用

如沥青粉尘在日光的照射下产生光化学作用,可引起光感性皮炎、结膜炎以及全身症状等。

（5）致癌作用

接触放射性矿物粉尘的工人易发生肺癌,金属粉尘如镍、铬酸盐等也可引起肺癌,石棉粉尘可引起间皮瘤。

（6）感染作用

如碎布屑、谷物等粉尘可携带病菌,如丝菌、放射菌属等,随粉尘进入肺内,可引起肺霉菌病等。

（7）其他特异作用

如铍及其化合物进入呼吸道,除可引起急慢性炎症外,还可引起肺的纤维增殖而致肉芽肿及肺硬化。此外,某些金属粉尘如锰矿尘可引起肺炎。

3. 生产性粉尘引起的肺部疾患

由于生产性粉尘的性质不同,其对肺组织引起的病理改变有很大差异。目前,一般将生产性粉尘所引起的肺部疾患分为三大类:

（1）尘肺

尘肺是指由于长期吸入较高浓度的粉尘而引起的以肺组织纤维化为主的全身性疾病。尘肺按其病因可分为以下四种:

① 矽肺。

指由于吸入含有游离二氧化硅的粉尘引起的尘肺。

② 硅酸盐肺。

指由于吸入含有结合二氧化硅(硅酸盐)如石棉、滑石、云母等粉尘而引起的尘肺。

③ 混合性尘肺。

指由于吸入含有游离二氧化硅和其他某些物质的混合性粉尘而引起的尘肺,如煤矽肺、铁矽肺等。

④ 其他尘肺。

指某些其他粉尘引起的尘肺,如碳素尘肺(由煤、石墨、炭黑、活性炭等粉尘所引起);还有某些金属或其化合物引起的尘肺,如铝肺等。

在实际工作中,通常按其病理变化、X线所见、临床表现将尘肺分为Ⅰ、Ⅱ、Ⅲ三期。

（2）肺粉尘沉着症

有些生产性粉尘(如锡、钡、铁等粉尘)吸入后,可沉积于肺组织中,呈现一般的异物反应,可继发轻微的纤维性变,对人体健康危害较小或无明显影响,经过治疗或脱离粉尘作业后,病变可逐渐减轻,阴影可以消退,这类疾病称为肺粉尘沉着症。

（3）有机性粉尘引起的肺部病变

由于反复接触有关粉尘,反复多次发作后,肺部可产生不同程度的纤维增生,在 X 线胸片上可看到不同形状的阴影。如吸入棉尘(或亚麻、大麻的粉尘)后,可引起棉尘沉着症,此外还有皮毛工尘肺、木工尘肺及茶工尘肺等。由于在接触此类粉尘中往往混有含量不等的二氧化硅,故对其致病因素和病理改变应进一步研究。

以上几种由生产性粉尘所引起的肺部疾患,在病理改变方面及对人体的危害程度各有不同,其中只有尘肺属于法定职业病范围。

四、预防措施

防止矽尘危害是职业防护与职业病防治工作的重要任务。为了防止矽尘危害,保护生产工人的健康,国家颁布了一系列防止矽尘危害的政策、法令和办法。国务院颁布的《中华人民共和国尘肺病防治条例》中就规定,凡有粉尘作业的企业、事业单位应采取综合防尘措施和无尘或低尘的新技术、新工艺、新设备,使作业场所的粉尘浓度不超过国家卫生标准。生产场所空气中粉尘的最高容许浓度见表 5-1。

表 5-1　　　　　　　　　　　车间空气中粉尘最高容许浓度

粉 尘 名 称	最高允许浓度/(mg/m³)
1. 含有 10% 以下游离二氧化硅的粉尘(石英、石英岩等)*	2
2. 石棉粉尘及含有 10% 以上石棉的粉尘	2
3. 含有 10% 以下游离二氧化硅的滑石粉尘	4
4. 含有 10% 以下游离二氧化硅的水泥粉尘	6
5. 含有 10% 以下游离二氧化硅的煤尘	10
6. 铝、氧化铝、铝合金粉尘	4
7. 玻璃棉和矿渣棉粉尘	5
8. 烟草及茶叶粉尘	3
9. 其他粉尘**	10

* 含有 80% 以上游离二氧化硅的生产性粉尘,宜不超过 1 mg/m³。

* * 其他粉尘系指游离二氧化硅含量在 10% 以下,不含有毒物质的矿物性和动植物性粉尘。

所谓综合防尘措施,包含以下内容。

1. 组织措施

要做好矽肺的预防工作,关键在于建立和健全防尘机构,制订防尘工作计划,完善规章制度并切实贯彻执行。还必须加强宣传教育,探讨在市场经济条件下企业尘肺病防治工作的特点,解决职业防护意识淡薄、对粉尘危害性认识不足、管理不到位、防尘设备投入不足和设备防护效率低等问题,从组织制度上来保证防尘工作的经常化。

建立粉尘监测制度,定期测定有代表性的发尘点的粉尘浓度,评价劳动条件和技术措施的效果,并组织职业防护与医务人员对工人进行定期体检,了解矽肺发病情况,以便为进一步做好防尘工作提供科学依据。

2. 技术措施

厂矿防尘技术措施主要有以下几个方面:

(1) 改革工艺过程,革新生产设备

这是消除粉尘危害的根本途径,如可采用风力运输、负压吸砂、吸风风选等消除粉尘飞扬,用无砂物质代替石英,从根本上杜绝砂尘的危害。如铸造工业的防尘,我国在工艺改革方面采用了以下几种防止砂尘危害的新工艺:① 用石灰石砂代替石英砂造型,将过去铸钢、铸铁用含游离二氧化硅 $30\%\sim90\%$ 的石英砂降到含游离二氧化硅只有 2% 左右。② 以流态砂代替石英砂造型,流态砂是用水玻璃、发泡剂、赤泥及原砂配成稠状型砂,以灌浆的方法造型。③ 抛丸清砂,即用钢珠代替石英砂喷砂或以铁丸除锈。④ 双轴振动落砂机,可进行局部密闭抽风除尘,减少粉尘飞扬。

(2) 湿式作业

湿式作业是一种经济易行的防止粉尘飞扬的有效措施,水对绝大多数粉尘(如石英、长石、白泥等)具有良好的抑制扩散性能,粉尘被湿润后就不易向空气中飞扬。如石英磨粉或耐火材料碾磨时,采用水磨代替干磨,能有效地消除砂尘飞扬。玻璃、搪瓷行业的配料和拌料过程采用湿式作业,基本上可以达到防尘要求。在铸造车间型砂的过筛、混碾以及浇铸后的打箱、清砂、喷砂均可采取湿式作业。

(3) 密闭、抽风、除尘

对不能采取湿式作业的,应采取密闭抽风除尘。凡能产生粉尘的设备均应尽可能密闭,并和局部抽出式机械通风相结合,使密闭系统内保持一定的负压,防止粉尘外逸。应注意防止粉尘飞扬,在车间中不宜采用全面通风来进行防尘。

矿井防尘技术主要是针对采掘工作面而言,采掘工作面是粉尘的主要产生地,又是煤尘事故的多发点,据统计,有 80% 的煤尘事故发生在采掘工作面。因此,搞好采掘工作面防尘是矿井防尘工作的重点。采掘工作面防尘包括贯穿于生产全过程的综合防尘措施。

采煤工作面的防尘措施有:煤层注水、水打眼、水炮泥、爆破前后洒水、转载点喷雾、风流净化和巷道冲洗等。机采工作面的防尘措施还有:采煤机内外喷雾、架下水幕和架间冲洗等。

掘进工作面的防尘措施有:水打眼(湿式凿岩)、水炮泥、爆破喷雾、扒装洒水、冲洗巷壁、净化风流、转载点喷雾、巷道冲洗等。机掘工作面防尘还有采用机内外喷雾和除尘风机等措施。

3. 卫生保健措施

(1) 个人防护和个人卫生

一般说来,用口罩防尘是一个辅助措施,但在条件受限制,粉尘浓度暂不能降到容许浓度以下的作业地带,佩戴口罩就成为重要的防尘措施。防尘口罩要求滤尘率和透气率高、质轻、易于清洗。

开展体育锻炼,注意营养,对增强体质、提高抵抗力具有一定意义。此外,应注意个人卫生,勤换工作服,勤洗澡,以保持皮肤清洁。

(2) 就业前及定期体检

① 就业前体检。根据《矽尘作业工人医疗预防措施实施办法》的规定,矽尘作业工人就业禁忌证有:各种类型的肺结核和肺外结核;严重的上呼吸道及支气管疾病(萎缩性鼻炎、鼻腔肿瘤、支气管喘息、支气管扩张等);肺脏的非结核性疾病(肺硬化、肺气肿);胸膜疾病(如显著影响呼吸功能的胸膜粘连等);心血管系统的器质性疾病(如动脉硬化症、高血压、器质

性心脏病）。

②定期体检。为了掌握矽尘作业工人的健康状况,早期发现矽肺患者,必须对矽尘作业工人进行定期体检,检查的期限视作业场所空气中粉尘浓度及游离二氧化硅的含量而定。如粉尘浓度高,游离二氧化硅含量大,矽肺发展较快,应6～12个月检查一次,观察对象应半年检查一次;粉尘浓度高,游离二氧化硅含量低,矽肺发病慢而轻者,每12～24个月检查一次,如粉尘浓度已降至卫生标准以下,可每24～36个月检查一次,观察对象每12个月检查一次。

（3）矽肺患者的劳动能力鉴定

为保证矽尘作业工人的健康,保证劳动能力的合理调配和使用,并照顾到生产的需要,对矽肺患者应进行劳动能力鉴定,应从患者的临床表现、健康状况、劳动条件以及本人可担任的工作性质等全面考虑,具体内容将在下节详述。

第二节　矽肺的发病机理及其治疗处理

一、矽尘作业及发病机理

矽肺是由于在生产环境中长期吸入较高浓度含有游离二氧化硅的粉尘（矽尘）而引起的以肺组织纤维化病变为主的一种职业病,以胸闷、胸痛、咳嗽、气短为常见症状,也是尘肺中病变进展最快、危害最为严重、影响面较广的职业病。目前各国在对矽肺的治疗方面仍然没有理想的方法,故做好预防工作十分重要。

二氧化硅根据其在自然界中存在的状态,分为结合型和游离型两类,其作用机理和致病能力差别很大。即使是游离状态,致病力因其是否呈结晶结构而不尽相同。据此可将游离二氧化硅分为无定型的（如硅藻土）,其致纤维化能力较弱;结晶型的（如石英）,其具有很强的致纤维化能力。结合二氧化硅如石棉、滑石等,其致病作用机理与游离二氧化硅不同。

游离二氧化硅在自然界分布极广,是地壳物质的主要成分,在16 km以内的地壳中约占25%左右,约有95%的矿石中均含有数量不等的游离二氧化硅,如石英中含有99%,砂岩中含80%,花岗岩中含65%以上。因此,有机会接触游离二氧化硅的生产工种很多,通常把这类作业称为矽尘作业。

1. 矽尘作业类型

在矿山方面,如有色金属矿（钨、铜、锑矿等）的采掘,煤矿和铁矿的掘进等作业中使用风钻凿岩和爆破,粉尘浓度很高,加之岩层中游离二氧化硅含量高,很容易引起典型矽肺。

在工厂方面,如石英粉厂、玻璃厂、耐火材料厂等生产中的原料破碎、碾磨、筛选、拌料等加工过程,在机械制造工业中,型砂的准备和铸件的清砂、喷砂以及陶瓷厂等的生产过程,均可接触矽尘。

另外,修建水利工程、开山筑路、采石以及开凿隧道等作业,也常接触岩石粉尘。

2. 影响矽肺发病的因素

矽肺的发病一般比较缓慢,多在接触矽尘5～10年后才发病,有的长达15～20年以上。但也有个别发展较迅速的,即所谓的"速发性矽肺",如在缺少防尘措施的情况下,因持续吸入浓度大、游离二氧化硅含量高的粉尘,1～2年内即发病。矽肺是一种进行性的疾病,一经发生,即使调离矽尘作业,仍可继续发展。有些工人接触一段时间较高浓度的矽尘后,脱离作业时虽未发病,但过若干年后却发生了矽肺,称为晚发性矽肺。因此,对已调离矽尘作业的工人还应作长期观察和定期体检。

影响矽肺发生、发展的因素,主要包括与接触矽尘作业的工龄、粉尘中游离二氧化硅的含量和生产场所粉尘浓度、分散度密切等。据调查,游离二氧化硅含量在 90% 以上的高分散度粉尘,历年平均浓度为 $1.26\sim5.3$ mg/m³ 时,从事这种粉尘作业 11 年者已有矽肺发生;浓度为 $1.85\sim6.51$ mg/m³ 时,工龄 8 年的工人即发病;游离二氧化硅含量 45% 的高分散度粉尘,浓度在 1 mg/m³ 以下时,接触粉尘作业达 14 年时尚未发生矽肺。

在研究矽尘的致病作用时,还应考虑粉尘的联合作用。在生产中,很少有单一的二氧化硅粉尘,尤其是在采矿中由于各种物质共存及围岩成分不同,常形成混合性粉尘。如开采铁矿时,粉尘中除游离二氧化硅外,还含有铁、氧化铝、镁、磷等;开采钨矿时,除二氧化硅外,还有钨锰铁共存的矿石、白云母、方解石、长石等;开采煤矿时,除二氧化硅外,主要为煤尘。氟、砷、铬等矿尘有加强二氧化硅粉尘的致纤维化作用,亦有人认为煤、黏土、氧化铁、氧化铝等粉尘可使二氧化硅粉尘的致纤维化作用减弱。因此,在考虑游离二氧化硅粉尘的致病作用时,还应考虑其他化学成分的作用。

个体因素也有一定影响,同样的工作环境,未成年人、女性及健康状况较差者易患矽肺,呼吸系统疾病尤其是肺结核患者能促使矽肺病程加速发展。

3. 病理变化和发病机理

(1)病理改变

矽肺的肺脏肉眼观察一般呈灰褐色,体积增大,失去弹性,含气量明显减小而重量增加,触摸肺表面有散在的砂粒感或硬块,此即为孤立或融合的矽结节。肺脏切面可见到米粒至绿豆大小不等的灰白带黑色结节,境界分明,质地致密,半透明,微隆起,而大块的融合病灶由于质硬则不易切开。矽结节由成束的胶原纤维组成,一般分布在两肺下叶较多。

镜下可见典型的矽结节为圆形或卵圆形,纤维组织呈同心圆排列,类似葱头切面。在结节外围和纤维之间,因胶原程度不同,可见数量不等的粉尘颗粒、尘细胞、成纤维细胞,结节愈成熟,细胞成分愈少。结节中心常可见一小血管,血管内膜增厚,管腔狭窄甚至完全闭塞,单个矽结节的直径一般为 $1\sim2$ mm 左右。

矽尘进入肺内后,首先引起肺泡的防御反应,大量巨噬细胞游走到肺泡腔,吞噬矽尘,成为尘细胞。大部分尘细胞随黏液由气管咳出,小部分尘细胞由肺泡间隙进入淋巴管内,并沿淋巴管向肺门淋巴结引流,在此过程中,尘细胞和矽尘可堆积或阻塞在淋巴管内,使淋巴管内皮增殖和脱落,形成慢性增殖性淋巴管炎,而失去清除作用。由于肺门淋巴结形成纤维性变和淋巴管阻塞,造成淋巴液的回流受阻,致使尘细胞背着肺门的方向由内侧向外侧扩展到全肺,并可到达胸膜,引起胸膜改变。

矽肺的基本病变是形成矽结节和间质弥漫性纤维增生。在二氧化硅的毒作用下,尘细胞崩解的产物可刺激成纤维细胞增生,从而引起纤维化。矽结节的形成过程在早期以成纤维细胞为主,尘细胞、淋巴细胞、浆细胞等细胞成分聚合形成细胞性结节,细胞之间有少量网状纤维。随后网状纤维逐渐增粗,细胞成分逐渐减少,在细胞间出现胶原纤维,胶原纤维由少到多,由结节中心向外围扩展,形成同心圆层排列的胶原纤维结节,最后可发生透明性变,即为典型的矽结节,相邻的小结节可融合成大结节,或逐步发展成为大的纤维团块。

矽肺的另一种形态是间质弥漫性纤维增生。由于尘细胞对淋巴管的淤积和阻塞,导致尘细胞的堆积和崩解以及淋巴管的扩张和发炎,于是发生间质弥漫性纤维增生。由于这种纤维性变主要是沿着肺血管和支气管纵轴增生,因而呈索条状,索条状纤维相互联结和交织形成网状分布。

矽肺病变的早期,首先在肺门淋巴结形成矽结节和纤维组织增生,因而使淋巴结肿大变硬。随着吸入矽尘量的增多和病变的发展,淋巴回流受阻,从而广泛扩散到肺小叶间隔、肺泡周围和胸膜,造成间质纤维增生和肺内结节发展,先在中、下肺叶近肺门处,特别是在右肺出现少量孤立散在的矽结节。由于小叶间隔和肺胸膜交界处为直角,此处的淋巴组织易招致矽尘的淤积,因而在早期就可在胸膜下形成矽结节。此时肺重量、体积及硬度均无明显改变,触摸肺表面有散在的砂粒样感觉,没有明显的肺气肿及肺胸膜增厚。病变继续发展,矽结节数量增多、增大,弥漫散于全肺,但仍以肺门周围的中、下叶较为密集。在显微镜下可见到增大的矽结节是由数个结节融合构成的,此时肺门淋巴结及肺胸膜下的矽结节数量和病变程度均较前为重,在结节周围及结节之间常发生阻塞性或代偿性肺气肿,胸膜常肥厚,肺重量、体积、硬度均有所增加。病变进一步发展,由于矽结节不断增大和间质纤维化,使矽结节联结在一起并密集融合而成肿瘤样团块。如有继发感染,特别是感染结核,可促进矽结节的融合,这种融合团块多在肺的上野出现。此时,肺重量和硬度均显著增加,失去弹性,刀切时阻力较大。在进行肺浮沉试验时,全肺入水下沉。

矽尘引起的纤维性变,对肺脏的其他组织也有很大影响,由于血管和神经受增生的胶原纤维的挤压,同时血管壁本身也纤维化,进而使管腔缩小以至闭塞,这种变化以小动脉的损害更为明显。由于小动脉闭塞,结节逐渐发生营养不良性中心坏死,中心的坏死物质有时发生液化而形成空洞。单纯矽肺空洞一般体积较小,空洞周围有很厚的纤维层包绕,空洞不易扩大;当空洞和支气管相通时,坏死物质可由支气管排出,空洞也会扩大。广泛纤维化以外的肺组织多呈海绵状的代偿性肺气肿,有的也在肺尖出现大泡性肺气肿。细支气管周围纤维性变的发展,可使细支气管受压、扭曲、变形及管腔变窄造成通气障碍,引起所属肺泡过度充气,形成局限性肺气肿;如细支气管腔完全闭塞,则可造成所属肺泡萎缩和肺(小叶)不张。肺门淋巴结肿大、变硬,被膜增厚并发生纤维性粘连。胸膜由于结缔组织增生而增厚,并常与胸壁、横膈及心包发生广泛粘连,影响肺的呼吸活动并产生胸痛症状。由于胸膜粘连而使邻近胸膜的肺大破裂时,往往可发生局限性的自发性气胸。

（2）发病机理

研究矽肺的发病机理,对矽肺的早期诊断、治疗及预防都有重要意义。

关于矽肺发病机理问题,各国学者曾提出许多假说和学说,其中主要的有:机械刺激说、化学中毒说(溶解说),硅酸聚合说,表面活性说,免疫说,等等,但均未能全面阐明矽肺纤维化如何形成的问题。为了了解二氧化硅的致纤维化问题,首先必须弄清二氧化硅是怎样引起巨噬细胞崩解坏死的,其次要弄清这一过程或其他因素(非特异性免疫作用)与形成纤维化之间的关系。

为了弄清二氧化硅如何使巨噬细胞发生崩解死亡的问题,主要研究二氧化硅表面化学特性和生物膜之间的相互作用。有人研究了二氧化硅的不同晶体结构,认为二氧化硅的致纤维化能力与它的四面体结构有密切关系。这是由于二氧化硅尘粒表面附有羟基,为一个活性基团,即硅烷醇基团,它是由断裂的—Si—O—Si—价键被水分所饱和而形成的。硅烷醇基团是引起矽肺的活性部位,这种硅烷醇基团很活泼,可能具有一定的能量,可以与周围物质或组织构成氢键,进行氢的交换和电子传递等。由于硅烷醇基团的局部化学作用而产生病理作用。而二氧化硅的同分异构体的致纤维化作用也不一样,与其表面硅烷醇基团的分布、排列和能量改变有关,如石英和柯石英同是四面体结晶结构,但由于它们表面硅烷醇基团的分布与排列不同,故致纤维化作用也不同,石英的致纤维化作用比柯石英强。超石英不是四面体,而是八面体结晶结构,由于其表面硅烷醇基团的某些能量改变,而使局部化学作用受到抑制,因而不引起纤维化。当石英用三甲基氯烷处理后,其表面的硅烷醇基团被取代,也失去引起纤维化的作用。因此推测含铝的化合物和克矽平可能都有改变石英表面硅烷醇基团的作用,故认为对抑制矽肺的发展有一定效果。

二、矽肺的临床表现与诊断

1. 临床表现

(1)症状

由于肺脏的代偿功能,矽肺患者可能较长时期无明显的临床症状,而在 X 线胸片上则可呈现典型改变。随着病程的发展,尤其是合并其他病症后,临床症状才日趋明显。一般Ⅱ、Ⅲ期矽肺患者绝大多数有自觉症状,最常见的是气短、胸闷、胸痛、咳嗽,但症状的多少和轻重与病变的程度并不完全对应。

(2)体征

早期无特殊体征,随病情的发展,继发症和合并症增多,体征逐渐增多、明显,但特异性不强,主要是呼吸和循环系统的体征。由于支气管壁肥厚,管腔狭窄,在肺部常可听到干罗音;支气管痉挛时可听到哮鸣音;肺部感染时可听到湿性罗音。有肺气肿时,可出现桶状胸、呼吸运动减小、语颤减弱、叩诊过度回响、肝浊音界及心浊音界缩小、呼气延长等症状,还可出现低氧血症以及红细胞和血红蛋白增多、红细胞体积增大等代偿现象。晚期矽肺伴有肺心病或出现心力衰竭时,还可呈现相应体征。

(3)X 线表现

X 线影像是矽肺病理变化的重要表现,矽肺的 X 线胸片表现常以肺纹理、网织阴影、肺门阴影和结节阴影等指标进行综合分析,其中以结节阴影和网织阴影最重要,现分述如下:

① 肺纹理。肺纹理是由肺动脉、肺静脉、支气管和淋巴管构成的复合影像,以肺动脉为主要成分。正常肺纹理是从肺门向肺野做放射状分布的条状纹理,其特点为由粗到细逐渐分支如树枝样,内中带明显,外带逐渐消失。若外带也见到明显肺纹理,即表示肺纹理增多。当任何原因引起肺血管扩张、充血,支气管增粗、硬化,淋巴管瘀滞、阻塞,肺泡间隔增厚、纤维化时,均可造成肺纹理增多。

② 网织阴影。在 X 线胸片上呈现相互交织成网的网状纹理即网织阴影,目前对其病理基础尚无统一认识,网织阴影又可分为粗网和细网。粗网的网格明显,网眼较大,由界限模糊而不整的纤维索条交织而成,是位于小血管和小支气管以及腺泡和小叶周围的间质纤维性变,细网的网格纤细,好像毛发的交织阴影,网眼甚小,较难辨别,是位于毛细血管、细支气管和肺泡周围的纤维性变。肺实质发生肺气肿及肺间质纤维化是 X 线胸片上出现网状阴影的原因,因此较单纯结节阴影更能说明肺功能的损害。

③ 肺门阴影的改变。肺门阴影是由肺叶根部的肺动脉、静脉、大支气管、淋巴结、脂肪

组织与结缔组织等构成的。X 线胸片上影响肺门阴影的因素,以肺门淋巴结及右肺下动脉的改变最为重要。由于尘细胞在肺门积聚,可引起淋巴结肿大、纤维组织增生、血管扩张及水肿等,因而可见肺门阴影扩大、密度增高、边缘模糊不清等,甚至可见明显增大的淋巴结阴影。当淋巴结炎趋于纤维化硬变而体积缩小时,肺门阴影随之变小,有时在淋巴结包膜下可沉着钙质而呈蛋壳样钙化。晚期矽肺的肺门,可因肺组织的纤维化和团块的牵引而上举外移,肺纹理呈垂柳状。由于肺气肿的加重,肺纹理相对减少,肺门阴影可呈残根样改变。通常肺门阴影改变出现的频率与矽肺病情的严重程度有一致性。

④ 结节阴影。矽肺结节在胸片上呈散在、孤立的点状阴影,形状为圆形、椭圆形或不整形。早期的结节一般较小、较淡、较少,随着病情的进展,结节逐渐增大、增浓、增多,结节直径一般为 1~4 mm。胸片上的结节阴影并不等于病理上的矽结节,而是在同一轴上若干结节的重叠影,如果正好重叠在一个轴上,结节就显得清楚,若不完全在一个轴上则显得模糊。矽结节的轮廓清楚而孤立,最早出现于两肺中下野的中内带,在网织阴影的背景上,逐渐扩散到全肺,即由中下肺野向上肺野扩展,分布不一定均匀。当肺基底部气肿明显时,矽肺结节可被推向中上肺野,矽结节有时也有由上肺野自上而下扩展的情况。在 X 线胸片上,矽肺结节可与血管横断面、肺纹理交叉点相混淆,应注意鉴别。通常矽结节成簇分布,其大小、密度和分布均与肺纹理不相符合,且随病变的发展而演变。一般在 2 cm² 的肺野范围内,见到 8~10 个左右结节阴影方可确定为矽肺结节,以在中下肺野中外带找到矽结节阴影较为可靠。

⑤ 融合块状阴影。这是晚期矽肺的特征性表现,也是Ⅲ期矽肺的诊断依据,它是由于矽结节、严重的间质纤维性变、小叶性肺不张、慢性炎症的机化及退行性变的组织等所形成。开始时为局部结节增多、靠拢以至重叠而轮廓不清,有时在团块内隐约可见矽结节存在,最后融合成为致密而均匀的团块。常见于两肺上野外带,轮廓清楚,两肺对称呈翼状或八字形,致密的团块,边缘锐利,周围绕有明显的肺气肿,这种团块往往向内向上收缩,肺门常常被牵拉移位。直径(纵径)达 2 cm 者为融合,直径 1 cm 者可注明开始融合,不足 1 cm 不算融合。在胸片上,矽肺的融合纤维团块与肺结核、肺肿瘤往往不易鉴别,需结合临床及动态观察进行分析和鉴别。

⑥ 胸膜改变。由于肺间质纤维化、淋巴管阻塞所致淋巴阻滞及逆流而累及胸膜,引起胸膜广泛纤维性变和肥厚,其发生的频率与矽肺的严重程度相平行。胸膜肥厚多先出现于下部,其中以肋膈角变钝或消失最常见。随着病变的进展逐渐出现肺底胸膜肥厚,表现为膈面毛糙,或由于肺部纤维化的收缩牵引和横膈粘连以致呈天幕状的影像。严重者肺尖及侧胸壁和纵隔胸膜也发生肥厚。矽肺所致的胸膜肥厚程度及广泛性,一般不及结核性胸膜炎所形成的胸膜肥厚。

⑦ 肺气肿。肺气肿可以是阻塞性或代偿性的,随矽肺的进展而加重。在 X 线胸片上的表现可分为弥漫性、局限性、边缘性以及泡性肺气肿和肺大泡。通常弥漫性肺气肿多见于Ⅱ期以上的矽肺患者;局限性肺气肿常见于肺上部和基底部;边缘性肺气肿多见于右侧水平裂的上下或团块阴影的周边;泡性肺气肿是小叶中心性肺气肿,多见于间质型矽肺,所谓"白圈黑点"即是此种改变,常位于上中肺野或下肺的内中带,易与网状纹理的网格混淆。晚期矽肺所形成的肺大泡,应注意与肺结核空洞相鉴别。

(4) 肺功能改变

　　早期矽肺病人即有呼吸功能损害,但因肺组织的代偿功能很强,损害程度不严重时在临床上无表现,故早期矽肺病人的肺功能损害与 X 线胸片显示的矽肺病变不完全一致。

　　随着肺纤维组织增多,弹性减退,肺活量可减低,但最大通气量及时间肺活量尚正常。病变进一步发展和并发肺气肿时,肺功能的损害渐趋严重,此时肺活量进一步降低,第一秒时间肺活量及最大通气量减少,残气量及其占肺总量比值增加,肺气肿的程度愈严重,这些改变也愈明显。肺泡的大量损害和肺泡毛细血管壁由于纤维化而增厚,可引起弥散功能障碍,静息时动脉血氧饱和度可有程度不等的下降。在实际工作中对通气功能的测定,一般先测定肺活量、时间肺活量及最大通气量,如果发现肺功能降低则进一步做残气及残气量占肺总量比值的测定,以判定是否并发肺气肿及其程度。矽肺的病理改变造成通气功能减低、气体分布不均及肺血循环障碍等,即可引起换气功能减低。在临床上用重复呼吸试验来测量氧气的吸收量及二氧化碳的排出量,以衡量换气功能的损害情况,必要时,可作动脉血气分析。

　　肺功能测定可作为矽肺患者劳动能力鉴定的依据,但肺功能测定的准确性往往受一些主、客观因素的影响。

　　(5) 实验室检查

　　一般常规检查无特殊意义,矽肺患者的血、尿常规检查多在正常范围。有些晚期患者,由于肺功能严重受损造成缺氧,引起继发性红细胞增多症。早期矽肺患者的血沉多在正常范围;Ⅱ、Ⅲ期患者有时血沉稍见增快,若超过 20 mm 时,则需注意检查有无并发结核等。

　　心电图检查,Ⅰ、Ⅱ期患者一般在正常范围,Ⅱ期上限和Ⅲ期患者开始出现肺动脉高压和右心室肥厚的图像。

　　2. 并发症

　　单纯矽肺的病情发展是比较缓慢的,但矽肺病人由于两肺发生广泛性纤维组织增生,肺组织的微血管循环受到障碍,抵抗力下降,因而容易并发结核、肺及支气管感染、肺心病、自发性气胸等,促使矽肺病情加重、恶化,甚至死亡。因此,在矽肺防治工作中应对并发症的预防和治疗予以足够重视。

　　(1) 肺结核

　　矽肺合并肺结核是矽肺患者最常见的并发症,其并发率与矽肺的严重程度一致,Ⅱ期矽肺病患者合并肺结核比Ⅰ期多,Ⅲ期又比Ⅱ期多。并发肺结核后,可促使矽肺病变加速恶化,肺结核也迅速进展,二者相互促进,是造成矽肺病人死亡的主要原因之一。通常随着矽肺病程的进展,矽肺合并结核也明显增加,这可能与下列因素有关:矽肺患者抵抗力降低,易于感染结核病,二氧化硅可增进结核菌的活性和毒性,抑制人体对结核菌的防御机能;肺组织局部缺氧,有利于结核菌的生长和播散。

　　(2) 肺部感染

　　矽肺患者由于呼吸道的防御功能和机体的免疫功能均下降,以及肺部弥漫性纤维化造成的支气管狭窄、引流不畅,易于受到细菌和病毒的感染,引起非典型肺炎、急性卡他性肺炎和大叶性肺炎等,可加重矽肺的症状,这是引起矽肺病人死亡的原因之一。

　　(3) 肺源性心脏病(肺心病)

　　Ⅰ、Ⅱ期矽肺患者的肺动脉压一般正常,而晚期矽肺患者因肺组织有广泛纤维化和肺气肿,肺部毛细血管床受到严重破坏,使血液循环阻力增高,呈现肺动脉高压,并由于肺气肿累及大量肺泡引起慢性缺氧,使心脏(尤其是右心)负担加重,久之就会导致右心肌肥厚、右心扩大,产生肺源性心脏病,往往在并发呼吸系统感染时,诱发心力衰竭和呼吸衰竭。

(4)自发性气胸

矽肺患者因肺气肿使肺泡壁变薄,肺泡内压力增加就会引起肺泡破裂,空气进入胸膜腔,形成自发性气胸。自发性气胸的发生往往有一定诱因,如剧咳、活动增加、体力劳动、情绪激动等。气胸发生的频度随着矽肺病程进展而增加,由于矽肺经常有胸膜肥厚粘连,自发性气胸多为局限性,无症状,只有 X 线检查才能发现。矽肺自发性气胸有时是双侧的,当发生大量气胸,尤其是张力性气胸时,患者突然感到呼吸困难进行性加重,明显紫绀,严重者可引起休克或半昏迷状态,甚至导致窒息死亡。

3. 诊断

矽肺诊断目前主要还是以 X 线检查为依据,但应强调,必须以矽尘作业的职业史为前提,并参考临床症状、体征及化验结果进行综合分析,方可确诊。

矽肺诊断是一项严肃的、政策性和科学性都很强的工作,应正确掌握诊断标准,熟悉生产现场情况,为避免冒诊、漏诊和误诊,应由职防与职业病主管部门矽肺诊断组进行集体诊断。关于尘肺 X 线分期标准,国际劳工协会曾提出尘肺国际分类法,被一些国家所采用。我国目前执行的是 1997 年国家制定的《尘肺 X 线诊断标准》,具体规定如下:

(1)无尘肺(代号"0")

无尘肺的 X 线表现,肺门阴影一般正常,肺野基本保持清晰。

代号"0+"则为肺门阴影稍为增大、增密。两侧肺纹理一般普遍增多、增粗并呈现粗细不匀及轻度扭曲变形。在两侧肺野内,特别是中下区域,出现有网状阴影,交织于肺纹理之间,使肺野显得不够清晰,但无肯定的矽肺结节阴影可见,X 线表现尚不够诊断为Ⅰ期者。

(2)一期尘肺(代号"Ⅰ")

有密集的类圆形小阴影,分布范围至少在两个肺区内各有一处,每处直径不小于 2 cm;或有密集度 1 级的不规则形小阴影,其分布范围不少于两个肺区。

代号"Ⅰ+"表现为小阴影明显增多,但密集度与分布范围中有一项尚不够定为Ⅱ期者。

(3)二期尘肺(代号"Ⅱ")

有密集度 2 级的类圆形或不规则小阴影,分布范围超过四个肺区;或有密集度 3 级的小阴影,分布范围达到四个肺区。

代号"Ⅱ+"为有密集度为 3 级的小阴影,分布范围超过四个肺区;或有大阴影尚不够定为Ⅲ期者。

(4)三期尘肺(代号"Ⅲ")

有大阴影出现,其长径不小于 2 cm,宽径不小于 1 cm。

代号"Ⅲ+"为单个大阴影的面积或多个大阴影面积的总和超过右上肺区面积者。

某些非职业性肺部病变,在 X 线胸片上的表现与矽肺很相似,有人曾经统计过,在胸片上能见到结节状阴影的疾病竟达 110 多种。因此,必须确切掌握从事粉尘作业的职业史,并结合临床症状等资料进行分析、鉴别,必要时,应作动态观察,排除其他疾病时方可诊断。

三、矽肺的治疗与劳动能力鉴定

虽然国内外都在研究矽肺的治疗,但仍未彻底解决,至今,尚无根治矽肺(尘肺)的药物。

我国广泛开展了矽肺防治工作和中西医结合治疗矽肺的研究,积累了一定的经验。

1. 矽肺的治疗原则

(1)树立信心,提高抗病能力。药物是治疗疾病的重要条件,但做好病员的思想稳定工作,树立信心,培养乐观主义精神对治疗也是十分重要的。

(2)阻止矽肺病变的发展,恢复肺功能。根据矽肺的病因和发展阶段,针对性地进行治疗。首先是促进排矽和阻止纤维化的形成,对已形成的纤维性变,要促使软化和消散,制止纤维化的进一步发展和肺气肿的形成,恢复肺功能。

(3)消除症状,积极防治并发症。消除和改善矽肺患者的症状,防治并发症,可以减轻患者痛苦,延长寿命,这是矽肺治疗中的一个重要环节。

2. 矽肺的治疗方法

(1)一般治疗

首先应从整体出发,调整机体功能,增强全身抵抗力。应将矽肺患者调离粉尘作业,按具体情况,安排适当的劳动和休息。生活应规律化,注意加强营养和预防感染。坚持太极拳和呼吸体操锻炼,对增强体质、改善肺功能都是有益的。

(2)药物治疗

对已确诊为矽肺的患者,临床应用的药物有汉甲素、柠檬酸铝、羟基磷酸哌喹和克矽平等,它们分别用于矽肺发生、发展的不同环节,但治疗矽肺的确切机制尚未完全明了。

① 汉甲素。汉甲素可与胶原大分子蛋白质结合,并将其分解;提高巨噬细胞活力;促进对降解的胶原蛋白大分子和蛋白多糖的吞噬,影响胶原纤维的聚合;还具有保护肺泡表面活性物质的作用。经治疗 2～3 年,呼吸道症状减少,X 线胸片病灶稳定,少数病变变淡缩小。副作用为皮肤色素沉着和瘙痒,约有 1/5 的患者纳差腹胀,约有 9.8% 的患者出现肝功能异常。

② 柠檬酸铝 柠檬酸铝能紧密覆盖于石英尘粒表面,保护巨噬细胞,减弱石英致纤维化作用。

③ 羟基磷酸哌喹(抗矽 1 号)。实验表明羟基磷酸哌喹具有抑制胶原蛋白合成、保护和激活巨噬细胞的作用,能提高机体免疫状态。应用后 50% 患者症状改善,X 胸片病灶大部分稳定,少数病例阴影变淡或变小。

④ 克矽平。克矽平(聚 2-乙烯吡啶氮氧化合物)为高分子化合物,分子量约 10 万左右。它具有保护吞噬功能,并可和矽尘形成氢键而吸附,从而使矽尘致纤维化作用降低。治疗后可改善呼吸道症状和减少呼吸道感染,延缓或稳定病变的发展。目前主要用于治疗发病较快,进展较迅速的矽肺,应以Ⅰ、Ⅱ期为主。

(3)中医治疗

中华医药是历代医家临床实践的经验结晶,具有简便、灵验、副作用小等优点,适于需长期服药治疗的矽肺患者。广大医务卫生人员在应用中草药治疗尘肺方面做了大量工作。在应用单方、验方,进行中草药剂型改革、药物筛选、动物实验及生药有效成分的提取等方面,进行了大量的比较系统的研究工作,以中医理论指导矽肺治疗用药,对弘扬祖国医学、改善治疗效果有着重大意义。

中医认为矽肺是由于粉尘毒物侵入肺经,造成经络阻断、气血运行受阻、血脉不通而致病,可分为阴阳二症,虚实二型。一般多采用先补后攻或补攻并进的疗法。按照辨证施治的原则,根据不同阶段的特点,选用中医中药治疗。

中医药治疗矽肺的努力方向应在于坚持中医理论的指导,采用现代药理研究新技术,发掘传统方剂,改进剂型,推广、扩大其应用范围。进一步提高药效及减小毒副作用,无论从科研工作的严谨性还是从对患者负责的角度上看,都应受到高度重视。

（4）对症治疗

针对患者的主要症状进行治疗,可以消除或减轻病人的痛苦,延长患者寿命,是矽肺治疗中不可忽视的一部分。

气短时,尤其是晚期患者,肺气肿加重,每遇呼吸道感染后支气管痉挛更为明显。除控制感染外,可使用支气管解痉剂。常用的有氨茶碱、麻黄碱、喘定等药物。若解痉剂无效,可改用β-受体作用剂或加用激素等。矽肺患者一般胸痛都不太严重,剧咳时,胸痛可加重。胸痛时可给少量止痛药,并辅以适量镇静剂。咳嗽、咯痰不多者,一般不需治疗。如有吸烟嗜好,应劝其戒烟。当合并细支气管炎或肺结核时,则咳嗽加重,痰量增多,治疗应以控制感染为主,辅以镇咳、化痰的中西药治疗。矽肺合并结核时,一般应采用两种以上的有效抗结核药进行较长期的治疗,治疗期限不应少于 2 年,对某些矽肺结核病例经过慎重选择施行手术治疗也收到良好效果。

此外,新针疗法、穴位注射、理疗等在改善症状方面都有一定作用。

3. 劳动能力鉴定与处理

按照我国《矽尘作业工人医疗预防措施实施办法》规定,对矽肺患者要进行劳动能力鉴定和妥善安置。

（1）劳动能力鉴定的依据

进行矽肺患者的劳动能力鉴定,通常以矽肺患者的病情分期、临床表现、肺气肿的程度和肺功能改变等情况进行综合分析,作为劳动能力鉴定的依据。必要时,还应重新进行劳动能力鉴定。

（2）肺功能测验在劳动能力鉴定中的应用

肺通气功能是鉴定矽肺患者肺代偿机能等级的一项客观指标,而代偿机能又是矽肺患者劳动能力鉴定的依据。目前常用肺活量、最大通气量、时间肺活量等测验作为矽肺患者肺功能评价的基础。

衡量有无肺气肿,多采用残气的相对值作为检查指标。目前,国内采用的标准为:残气的相对值在 35% 以下者为正常,36%～45% 者为轻度肺气肿,46%～55% 为中度肺气肿,56% 以上者为重度肺气肿。这仅是衡量肺气肿程度的参考数值,在实际工作中,还应结合临床资料进行综合评价。

（3）矽肺患者劳动能力的分类

矽肺患者劳动能力分为四类:

① 正常范围。诊断为Ⅰ期矽肺,代偿机能甲类。

② 轻度减退。Ⅱ期矽肺,代偿机能甲类,患者没有明显的肺气肿及明显的症状和体征,不从事劳动时,肺功能仍保持在正常范围,但在体力劳动时,大多感到吃力和轻度气短。

③ 显著减退。Ⅰ期或Ⅱ期矽肺,代偿机能乙类。患者有明显的呼吸道症状,在体力劳动时感到胸闷、气短,肺功能显著减退,多数不能从事较重的体力劳动。对于发病工龄短、病情进展迅速的矽肺患者,虽不符合劳动能力显著减退的规定,也可考虑列入此类,密切观察。

④ 丧失。Ⅰ、Ⅱ期矽肺,代偿机能丙类或Ⅲ期矽肺患者均可列为劳动能力丧失。这类患者多有中度或重度肺气肿,在休息状态下,仍有胸闷、气短等症状,不能胜任体力劳动。

各期矽肺合并活动型肺结核者,不论症状多少及肺功能好坏,一律作为劳动能力丧失处理,给予积极治疗。如结核病变痊愈或稳定,应重作劳动能力鉴定。

（4）矽肺患者的调离和安置

① 劳动能力在正常范围或只有轻度减退者,一般仍能胜任轻体力劳动。调离矽尘作业后,可安排适当的工作,但要密切观察其病情变化,根据定期复查的结果及时作出正确处理。

② 劳动能力显著减退者,可在劳动条件良好的环境下安排力所能及的工作,并适当缩短工作时间或在医务人员指导下做康复活动。

③ 劳动能力丧失者不担任任何生产劳动,但可在医务人员指导下做康复活动。

（5）调离矽尘作业的原则

矽肺的诊断一经确定,不论Ⅰ、Ⅱ、Ⅲ期,均应及时调离矽尘作业。不能及时调离的患者除加强个人防护外,应由医务人员密切观察,若发现病情进展、症状加重或肺功能减退时,必须迅速调离矽尘作业。矽肺合并结核的患者,不论矽肺期别和结核轻重,均应及时调离。发病工龄短,病情进展快的矽肺患者也应调离。对于患有矽尘作业禁忌证的工人,可依具体情况考虑调离矽尘作业。

第三节　其他类型的尘肺

一、硅酸盐类尘肺

硅酸盐是构成岩石和土壤的主要成分。硅酸盐的种类很多,结构也很复杂,通常用氧化物的形式来表示其组成。

硅酸盐大多数不溶于水,在可溶性硅酸盐中,最常见的是 Na_2SiO_3,它的水溶液又名水玻璃,是无色黏稠的液体,也是一种矿物胶,在建筑工业上可用做黏合剂等,具有防腐和耐火性能。

工业生产中接触的硅酸盐既有天然的,也有由石英与钙、镁、铝及其他碱类物质经焙烧化合而成的,如水泥,并且有纤维和非纤维两种形态。纤维性硅酸盐有石棉、滑石;非纤维性硅酸盐有云母、水泥、高岭土等。在生产中长期吸入硅酸盐类粉尘所致尘肺称为硅酸盐肺,有以下几种。

1. 石棉肺

石棉肺是硅酸盐所引起的尘肺中发现最早、危害最重的一种,其严重性仅次于矽肺。石棉主要分两大类:一类为纤蛇纹石类,主要为温石棉,其纤维极细,柔软并具有卷曲特性,适于纺织;另一类为闪石类,纤维多粗糙且坚硬,主要有青石棉和铁石棉等。

石棉具有抗拉强度高、耐火、隔热、耐酸、耐碱及绝缘良好等性能。在石棉工业中,以温石棉应用最广,石棉矿所开采的绝大部分为温石棉,占石棉总产量的 90% 以上,其次为青石棉和铁石棉。石棉制成产品可达上千种。

主要接触工种有:石棉采矿、选矿和运输;石棉加工厂的轧棉工、梳纺工和织布工;建筑业的石棉器材制造工;电器绝缘工及废石棉的再生工等。石棉制品厂在石棉加工过程中的粉碎、切割、钻孔、剥离等均产生大量粉尘，防护不当时对工人的危害非常大。而矿工接触的石棉由于多成束状，危害反而较小。

石棉进入人体的途径：较长的石棉纤维可被鼻毛所阻留；进入呼吸道的纤维其沉降速度与纤维直径的平方成正比，而不取决于纤维的长度；在进入小支气管分叉处，纤维的长度才又起作用，随着小支气管管径的缩小，长的纤维被阻留下来，一般柔软而弯曲的温石棉纤维易在呼吸细支气管以上沉积；进入肺泡的石棉纤维长度大多小于 $5\ \mu m$，但当纤维的直径小于 $3\ \mu m$ 时，则长度大于 $5\ \mu m$ 的纤维也可进入肺泡，故解剖发现人肺组织中可有长达 100 μm 以上的纤维。巨噬细胞对长度小于 $5\ \mu m$ 的纤维可完全吞噬，对较长的纤维只能部分吞噬或由几个巨噬细胞共同吞噬。柔软而弯曲的温石棉纤维不易穿透肺组织，直而硬的青石棉、铁石棉纤维可穿透肺组织，部分经淋巴管廓清，部分可到达胸膜。

石棉纤维的机械刺激作用似比矽尘还强。国内多认为长而尖的石棉纤维可使支气管壁和肺泡壁受机械损伤，认为长度为 $5\sim 20\ \mu m$ 以上的石棉纤维才有致纤维化作用，长度小于 $5\ \mu m$ 的石棉纤维不会引起纤维化。电镜发现巨噬细胞吞噬石棉粉尘比石英难而慢，且石棉纤维容易穿破吞噬体和溶酶体膜，改变膜的通透性。直而细的直闪石和透闪石纤维易穿透肺组织，引起胸膜增厚或钙化，这些都支持石棉的机械刺激学说。但我国调查石棉作业空气中的粉尘数据表明，80% 以上小于 $10\ \mu m$，动物实验也证明小于 $10\ \mu m$ 甚至小于 $3\ \mu m$ 的石棉尘也能引起肺组织纤维化。化学学说认为石棉纤维在体内溶解，使硅酸和金属离子到达组织引起纤维化反应，不同类型石棉的细胞毒作用不同，对生物膜的破坏作用也各异。实验观察几种石棉对生物膜的破坏作用，温石棉尘与矽尘同样可破坏次级溶酶体，导致水解酶释放入细胞浆，而青石棉、铁石棉尘则释放得很少。一般认为温石棉是由于镁离子与次级溶酶体上的阴极电荷成分（可能为乙二醇脂）起反应，导致巨噬细胞死亡而引起纤维化。上述物理化学的联合作用使巨噬细胞破坏，是纤维化的第一步。免疫学说认为当巨噬细胞吞噬石棉纤维崩解后，产生的变性球蛋白或某些只有抗原作用的物质，刺激单核吞噬细胞系产生抗体，而导致纤维化。综上所述，石棉肺发病机理的全过程尚有待进一步研究。

石棉肺发病的快慢和严重程度与粉尘的类型、浓度及接触石棉尘的时间有关。病程一般缓慢，但自觉症状出现较早。主诉呼吸困难、咳嗽，体力劳动时加剧，多为干咳或有少量黏稠泡沫痰，活动时，常引起阵发性干咳；胸痛多为局部、一时性疼痛，为持续性疼痛时，可能是胸膜间皮瘤的最早指征。石棉肺早期无阳性体征。当合并支气管炎、肺气肿或支气管扩张时，可出现呼吸音减弱或粗糙，呼气时间延长，有散在干、湿罗音，肺底活动度缩小，轻病例扩张度通常正常，重病例可减少到 $1.2\ cm$ 以下。早期多在双肺基底部或腋下有捻发音，晚期整个吸气过程都能听到顽固持久的捻发音，且可由下叶扩散到中叶甚至上叶的后部。捻发音可出现在呼吸道症状或胸片及肺功能明显异常之前，为早期诊断的重要体征之一。部分重病例可有轻度发绀、低氧血症、杵状指，少数可闻胸膜摩擦音，严重者可有肺心病征象，甚至发生呼吸和循环衰竭。

痰液检查可找到石棉小体，但不能作为诊断的依据。

石棉肺的 X 线表现主要为网影、胸膜增厚及肺野透明度降低；其次为颗粒状阴影、肺纹理和肺门的改变。

由于网影的出现和胸膜改变，肺野透明度减低，特别是肺下野和近基底部尤为明显，呈所谓毛玻璃样外观。有的因中下部广泛纤维化而引起双上肺代偿性肺气肿，致使双上肺野透明度相对增强。

除上述主要表现外，有时尚可见颗粒状阴影，又称颗粒感，即近看似粗网，远看像结节样的颗粒状阴影，其特点是：密度低，边缘模糊，不易与网织阴影区分，早期不一定出现，晚期多在中下肺野，大小为 1 mm 左右。肺门改变特点为结构紊乱或不清晰，一般不增大或增大不显著。肺纹理可有增多、增粗、扭曲、中断或变形的改变。

我国目前主要依靠职业史及 X 线胸片，并适当参照临床及肺功能进行诊断。石棉肺的分期是以网影在肺野的分布范围相密集程度作为主要依据，其次是颗粒状阴影和胸膜改变。

国外对石棉肺的诊断标准为：现在和过去对石棉类矿物的接触史，用力时呼吸困难；持久的双肺基底部吸气时有捻发音，X 线胸片呈弥漫性间质纤维化表现，一般在双下肺，如出现胸膜斑可帮助石棉肺的诊断；肺功能改变，肺活量、第一秒时间肺活量和气体交换的降低。

石棉粉尘还可广泛地污染大气、环境和水源，已成为公害，重点在石棉的致癌作用。

至今尚无有效的阻止或延缓石棉肺进展的药物，目前多采用对症治疗。肾上腺皮质固酮可使呼吸困难暂时改善。吸入蒸气气雾有助于黏痰的咳出。对肺心病、呼吸衰竭和支气管炎等合并症应给予必要的治疗。

预防措施基本上同矽肺。在石棉生产、运输和储存中用物理方法减少工人与石棉纤维的接触。如布袋除尘器对直径大于 1.5 μm 的石棉粉尘滤尘效果为 99.9%，对直径小于 1.5 μm 的石棉粉尘滤尘效果也可达到 98%。湿式作业适用于开采、碾磨和建筑材料。有的石棉矿采取密闭、隔离、通风除尘等措施后，粉尘浓度基本上可达到 2 mg/m³。要达到以下效果关键在于设备的经常维护检修。除此之外，就业前的医学检查及定期健康检查，包括已调离粉尘作业的工人也很重要。除一般体检外，需照高质量的 X 线胸片和测定肺功能等，还需抽样或定期测定空气中粉尘的浓度，我国规定石棉粉尘及含有 10% 以上石棉的粉尘，最高容许浓度为 2 mg/m³。

2. 滑石肺

滑石为含水硅酸镁，即 $Mg_3Si_4O_{10}(OH)_2$ 或 $3MgO \cdot 4SiO_2 \cdot H_2O$，含有 29.8%～63.5% 的结合二氧化硅、28.4%～36.9% 的氧化镁及低于 5% 的水。某些品种尚含少量游离二氧化硅、钙、铝和铁。滑石形状多种多样，有颗粒状、纤维状、片状及块状等，通常为结晶形。纯滑石为白色，亦有浅绿色、黄色或红色者，不溶于水，硬度接近 1。滑石具有滑润性、耐酸碱、耐腐蚀、耐高温等特点，化学惰性大，不易导热和导电，故广泛应用于橡胶、建筑、纺织、造纸、涂料、雕刻、高级绝缘材料、医药及化妆品生产等方面。

滑石开采和加工工人可接触大量滑石粉尘。粉尘大小为 0.3～20 μm，高品位者达 10～40 μm，不含或仅含少量石英，故引起肺部纤维增生的作用弱。滑石肺多在接触滑石粉尘 10～15 年发病，国内报道作业工人的发病率约为 7%。

滑石粉尘引起肺部疾患的病因仍未完全了解，一般认为与滑石的成分及纯度有关。动物实验及在接触纯滑石的工人肺中不出现纤维化，但滑石在 1 200 ℃ 煅烧后对大白鼠可产生强烈的胶原纤维化。滑石与透闪石混合在一起可引起弥漫性间质纤维化，低品位滑石因与石棉在同一地理层混合存在，含有大量温石棉、透闪石、直闪石和石英，接触此种滑石所致的尘肺很难肯定是单纯滑石肺，还是滑石-石棉肺或滑石-矽肺。

滑石肺与石棉肺相似，早期多无明显症状，部分患者可有轻度胸闷、干咳，一般不影响正常劳动，但接触高浓度滑石粉尘的工人可在 2 年内发展为严重的呼吸困难、咳嗽及体重下降。滑石肺早期无异常体征,结节型病例当出现融合块时,胸腔扩张度受限,局部呼吸音减弱,弥漫性纤维化型体征与石棉肺相同,常有支气管炎和肺气肿征象,痰中可找到滑石小体。杵状指、发绀和基底部捻发音是病变进展的特征,多因发生肺心病而死亡。

诊断根据接触史及 X 线表现,由于病变的类型不同,X 线表现也是多样的。初期细网状阴影多分布于中下带,除肺尖外,可弥漫全肺野,也可见到密度较淡、边缘不清的小结节,1～2 mm,呈砂粒感,均匀分布在全肺野,个别患者有中型结节。滑石肺的结节较石棉肺明显。晚期结节融合成大的纤维团块,不均匀,密度较低,边界不是很锐利。我国海城滑石矿曾见Ⅲ期患者 X 线胸片有蝶状阴影。网影和结节两种表现常混同存在。也可见到胸膜增厚和胸膜斑,胸膜斑长度约 1～3 cm,常见于横膈面或心包膜附近,胸膜改变可广泛而严重,早期诊断时应引起重视。总的看来,滑石粉尘没有石棉尘那样的机械性穿透力,因此,滑石肺的间质纤维化不如石棉肺广泛,但其致结节作用似较石棉粉尘为强。弥漫性间质纤维化型的肺功能异常与石棉肺相似,异常值比结节型高。对患者应尽可能了解曾经接触过的滑石的类型及是否真正为滑石,如法国白垩可能是石板或中国黏土的粉末而不是滑石,又如制屋毡也可能用的是含石棉或石英的矿物而不是真正的滑石。因此,滑石肺主要应与非活动性肺结核、矽肺、石棉肺及其他肺弥漫性间质纤维化疾病相鉴别。

滑石肺一般进展缓慢,预后较矽肺和石棉肺为好,死因多由肺大块纤维化或广泛弥漫性间质纤维化导致肺动脉高压,最终因肺心病致死。合并结核的不多,但如不注意防痨及彻底治疗结核,则可导致滑石肺的进展。动物实验证实滑石并非致癌原,致癌多与石棉有关。

对滑石肺尚无有效的治疗方法,但当滑石肺表现为异物肉芽肿型时,大剂量泼尼松每日给 30～40 mg,两周就可能出现实质性的逆退。对肉芽肿型患者早期诊断及时治疗,可抑制病情发展且可使病变逆退。

在碾磨滑石粉及加工生产中,可用降尘、密闭、抽风及加强管理等办法来控制。对生产中使用的滑石类型、来源及共存的其他非滑石矿物也应加以记录。橡胶厂可试用油酸钠液体隔离剂代替滑石粉来防止橡胶成品或半成品黏连,还可用碳酸钙等低毒物质代替滑石粉以根除滑石的危害。除此之外,还应经常检测粉尘浓度,以便控制在我国规定的最高容许浓度之下。

3. 云母肺

云母为天然的铝硅酸盐,自然界分布很广,成分复杂,种类繁多,属层状结构的硅酸盐。根据其含碱、铁、镁等成分的不同,分为白云母、黑云母和金云母等。

此外,工业上还常用硅线石族矿物,包括红柱石、蓝晶石和硅线石,系由片麻岩和页岩的变异岩产生的,均含有硅酸铝成分。

云母的共同特性为柔软透明,富有弹性,具有耐酸、隔热、绝缘性能,并易分剥成薄片,故工业上广泛用于电绝缘材料。接触云母的机会主要为采矿和加工,后者又分为厚片加工和薄片加工以及磨粉。纯云母中游离二氧化硅含量一般为 1.9%～2.2%,亦有低至 0.5% 或高达 2.7% 的。

开采云母时,主要接触混合性粉尘,系由母岩(花岗伟晶岩)和围岩(片麻岩和页岩)破碎时产生,游离二氧化硅含量因产地和品种不同,波动范围较大,一般在 2%～78% 之间。云母开采工人长期接触高浓度云母矿粉尘可发生尘肺,通常称云母矽肺,属混合型尘肺的一种。发病工龄一般在 7～25 年。

云母加工时,主要接触纯云母粉尘,游离二氧化硅含量较低。云母厚片由于附着少许围岩,通常含 7%～19% 的游离二氧化硅,云母磨粉时可能高些,而云母薄片含量低,一般为 2%～3.5%,亦有低至 0.9% 的报道。云母加工工人长期吸入高浓度云母粉尘,亦有可能发生尘肺,通常称云母肺。发病工龄多在 20 年以上,可长达 46 年,亦有在相同条件下未发现有云母肺的,故有人不支持纯云母可能发生尘肺的看法。

云母肺与其他硅酸盐肺相似,一般进展缓慢,发病工龄较石棉肺和滑石肺更长。

云母肺的胸部 X 线表现与云母矽肺有所不同。云母矽肺属弥漫性结节纤维化型尘肺,早期以肺纹理和网织改变为主,以细网为多见,且多呈小蜂窝状阴影,随病情进展,肺野呈磨玻璃样,颇似石棉肺。在此基础上逐渐由现结节阴影,大小为 1～3 mm,呈圆形,轮廓多模糊不清,密度浅淡,以双肺中下部居多,有时结节不易与蜂窝状阴影相区别。肺门在早期可有改变,有时可见典型蛋壳样钙化,Ⅱ、Ⅲ期改变与一般矽肺相似。

而云母肺的胸部 X 线表现,属弥漫性间质纤维化型尘肺,多无结节,以密集细网为主,有时可伴少量结节,形似颗粒样阴影,多在 1 mm 以下,形态不整,边缘模糊,不易辨认。

云母肺的预防措施与矽肺和石棉肺相同。

4. 水泥肺

水泥为人工合成的无定型硅酸盐,生产水泥的原料根据水泥的品种而不同,主要为石灰石、黏土、火山泥、页岩以及铁粉、煤炭、矿渣和石膏等,有的还加砂子和硅藻土。

水泥生产工人主要接触混合性粉尘,其中游离二氧化硅含量一般为 1%～3%,亦有高达 10% 以上的,其含量多少主要取决于水泥的原料和品种。据国内近年来报道,水泥原料中游离二氧化硅含量一般超过 5%,如石灰石、矿渣中含 5%～8%,石膏、铁矿砂中含 14%～15%,砂页岩和黄土中含 40%～50%。生产水泥的熟料中游离二氧化硅含量一般为 1%～9%,生料超过 10% 以上,而水泥成品为 2% 左右。此外,粉尘中还含有钙、硅、铝、铁和镁等化合物组分以及铬、钴、镍等微量元素,对这些混合成分对机体的影响还研究得不多。据报道,Fe_2O_3 可延缓尘肺的发生,碳酸钙可降低石英的毒作用,石膏、铝和煤可降低二氧化硅的溶解度。

接触水泥尘的作业主要为生料和熟料工序,前者包括原料的破碎和烘干,后者包括煅烧和包装,产生粉尘最大。统计资料表明,接触水泥原料的工人更易发生尘肺,而接触水泥成品的工人肺内改变不明显。长期接触高浓度水泥粉尘尤其是水泥原料粉尘引起的尘肺称水泥肺。发病工龄多在 20 年以上,亦有在 10～20 年发病的。水泥原料车间的工人发病率较水泥成品车间要高。影响水泥肺发病的因素,除粉尘浓度、工龄和个体因素外,主要与水泥的品种和化学组分有密切关系。

水泥肺的病理资料很少,实验研究资料迄今亦不能完全证实水泥肺的存在。有的实验认为水泥尘可引起轻度的间质纤维化,有的倾向于否定,认为肺内主要是发展缓慢的细胞性结节,一年半后,仍未见纤维性细胞结节;还有的实验发现水泥尘只引起浸润性增生反应,肺泡间隔增厚,大量尘细胞和淋巴样细胞沉积在肺泡间隔内,未见纤维结缔组织增生,这种改变以后可逐渐消散,而恢复正常结构。水泥肺的临床表现,与其他硅酸盐肺相似,发病工龄长,进展缓慢。肺通气功能损害主要为阻塞性的。

胸部 X 线表现以细网影改变为主,多分布于中下肺野外中带,以右侧为甚。细网较为密集,致使肺野显得模糊。在网影的基础上,有时可见细小圆形的结节样阴影,密度较低,大小为 1～3 mm，多分布于右中下肺野，未见融合。肺门可增大增密，肺纹理可有增多、增粗、延伸等改变。此外，有的报道，多见右水平裂增厚、扭曲、变形以及隔胸膜增厚和钙化等胸膜改变。

长期接触水泥尘对机体还可产生刺激作用，主要是对呼吸道和皮肤的刺激，常出现慢性支气管炎和支气管哮喘以及过敏性皮炎。此外，眼结膜炎、角膜混浊、鼻黏膜溃疡和穿孔以及慢性胃炎和溃疡等亦有报道。

二、煤(矽)肺

1. 煤肺

关于煤尘致病作用的问题，过去曾认为煤尘是惰性粉尘，不会导致肺组织胶原纤维化，它之所以能够引起纤维性病变是由于煤尘中含有少量的游离二氧化硅。以后不少实验证明，虽然肺组织对煤尘的清除作用是很强的，但最终煤尘还是可以引起肺部轻度纤维性病变，病变的发展不一定要有游离二氧化硅，即使在煤尘中混杂有少量游离二氧化硅(5%)，也不致改变煤肺肺部的病理特征。在长期从事煤矿采煤作业的工人中，有明显的尘肺病变。煤肺患者的尸体解剖证明，其病理改变与矽肺有所不同，故认为煤肺的病理改变主要是由煤尘作用引起的。由于煤尘对肺组织具有致纤维化的作用，故认为煤肺是一种单独类型的尘肺，但煤尘的致病作用远较矽尘为轻。

煤矿采煤工作面的采煤工、截煤工、装煤工等长期接触游离二氧化硅含量很低(一般不超过 5%)的煤尘可发生煤肺，但此类尘肺发病工龄长(约 20～30 年)，进展慢，病情也较轻。在实际工作中，由于煤矿工种经常变动，地质条件复杂，煤尘中常夹杂有岩尘，故单纯煤肺极为少见。

肉眼可见肺脏表面有程度不同的黑色斑点均匀地分布在所有肺叶，有的黑色斑点互相融合，但肺实质较软，无明显肺气肿改变。重症患者肺脏大部分呈黑色，胸膜脏层及壁层有黑点或黑斑，有的可见胸膜脏层肥厚，切面可见肺组织呈灰黑色或墨黑色，并可见灰色纤维条及叶间胸膜肥厚、血管壁增厚。有煤尘大量聚集的肺组织，可见肺气肿，亦可发生纤维化，进而坏死形成不整形的小空腔，肺门及支气管旁淋巴结常可见轻度肿大，质较软，呈灰黑色或墨黑色，有煤的光泽。

镜检可见煤尘细胞灶、煤尘纤维灶、灶周肺气肿以及肺间质和淋巴结改变等病理表现。

在肺泡腔、肺泡壁，支气管和血管周围组织内以及肺胸膜下可见到有程度不等的煤尘和煤尘细胞聚集，形成煤尘细胞灶。煤尘和尘细胞在肺内主要聚集在细小支气管周围，特别是在Ⅱ级呼吸性细支气管的管壁及其周围最为多见，在肺泡管和较大支气管周围数量较少。

在煤尘细胞灶的基础上，出现纤维增生，可构成煤尘纤维灶，一般认为这是由于支气管壁(主要在Ⅱ级呼吸性细支气管)及其所属周围邻近的肺泡蓄积煤尘，逐渐使肺泡壁增厚而互相连接、汇合，泡腔消失成为实质性的病灶。其早期以网状纤维为主，后期有少量或中等量的胶原纤维，呈条索状或不规则排列，在煤尘纤维灶内一般无石英晶体。

随着煤尘纤维灶的开始形成，即可见到呼吸性细支气管逐渐膨大形成肺气肿，由于此种气肿多见于煤尘纤维灶周围，故又称为"灶周肺气肿"，是煤肺病理的主要特征之一。切片可见游离煤尘和煤尘细胞在Ⅱ级呼吸性细支气管周围堆积,并有程度不同的纤维组织增生,管壁的平滑肌萎缩甚至消失,弹性纤维亦受到一定程度的损害,而形成小叶中心性肺气肿。如果病变继续发展,则可延及肺泡管、肺泡囊和肺泡而形成全小叶性肺气肿。进一步部分呼吸性细支气管壁可增厚、膨胀、破坏,囊腔融合扩大,形成破坏性的小叶性肺气肿。气肿的肺泡不断破坏,可融合扩大形成大泡性肺气肿(即X线上所指的肺大泡),靠近胸膜的大泡性肺气肿破坏时,可引起自发性气胸。

早期肺内血管周围的煤尘和煤尘细胞呈套管样排列,并有轻重不等的纤维组织增生,以后增生的纤维组织紧接血管壁,而煤尘、煤尘细胞则分布于其外围,似成双层套管样病变,这时血管变成裂隙状或不整形,并有内膜增厚及管腔狭窄。在血管和支气管的周围及肺小叶间隔内均可见纤维组织增生。

煤肺的肺门淋巴结及气管旁淋巴结常见肿大,轻者淋巴结缘窦及髓窦内有煤尘细胞、单核细胞及淋巴细胞,重者煤尘细胞及煤尘颗粒逐渐减少,胶原纤维增生,形成煤尘纤维灶,此种纤维灶出现很早,在肺内尚无煤肺病变时即可发生。老的煤尘纤维灶呈结节状,内有大量煤尘颗粒,胶原纤维变性及坏死,其周围环绕纤维组织,轻度透明性变,用灰化法经偏光显微镜检查,一般无石英结晶存在。

由于煤尘中游离二氧化硅含量甚低,网状阴影增强较显著,结节成分相对减少,密度较低,轮廓不太分明,但结节阴影还是存在的。根据煤肺的病理基础,X线特征和病情发展规律可参照矽肺X线分期及其诊断标准进行诊断。但在诊断煤肺时,一定要详细询问和认真查明患者的职业史,尤其要查清是否单纯接触煤尘而从未接触过其他粉尘并具有较长的工龄(约20年或更长),这对确诊煤肺有特别重要的意义。

2. 煤矽肺

煤矽肺是一种混合性尘肺。煤矿工人所患的尘肺大致可分为三种:矽肺、煤肺、煤矽肺。在我国煤矿中,绝大多数尘肺为煤矽肺,其原因主要有以下几个方面。

(1)在煤矿岩层中,游离二氧化硅的含量较高,空气中有岩尘和煤尘同时存在。一般在粗岩中二氧化硅含量约达40%,在石灰岩和页岩中二氧化硅含量多在30%以下,如某煤矿采煤时粉尘中游离二氧化硅含量分布在2.7%~24.6%之间。

(2)工种的调动,特别是老工人所经历的工种较多,可能包括采煤、岩巷掘进、风钻打眼、爆破、砌碹等,有时接触岩尘,有时主要接触煤尘。

(3)开采较薄的煤层时,粉尘中游离二氧化硅的含量更高。由于煤矿工人同时接触矽尘和煤尘,根据煤尘和矽尘所占的比例不同,其病变的轻重程度也不一样。此种尘肺兼有矽肺和煤肺的病理——X线改变特征,这是我国煤矿工人尘肺中最常见的一个类型。

煤矽肺的病理改变基本上属于混合型(兼有间质型和结节型两者的特征)。以掘进作业为主的工人中所发生的煤矽肺,由于粉尘中二氧化硅含量较高,故肺部病变以结节占优势;而以采煤作业为主的工人中所发生的煤矽肺,由于煤尘中二氧化硅含量较低,则主要表现为弥漫性间质性纤维性变。

煤矽肺临床症状的轻重程度和病程长短,视接触粉尘浓度高低和夹杂游离二氧化硅的含量多少而定。

煤矽肺的X线表现主要是纹理增多、增粗,常呈波浪状和串珠状,在肺野下部常见紊乱、交错、卷曲现象。在肺纹理间可见细网,这是煤矽肺的重要特征之一。构成网影的病理基础是肺间质纤维化,这种纤维性变是弥漫性的,是沿着细小的肺血管、支气管、淋巴管、小叶、细叶以及肺泡间隙周围发展起来的,这些条索状纤维相互连接和交织而成网状分布。泡性肺气肿及其周围,受挤压的肺组织等可能也参与网影的形成。矽肺至Ⅱ期时,网影逐渐减少,而煤矽肺至Ⅱ期时,网影一般可不减少,有的甚至进一步增多。肺野表现稍模糊,呈磨玻璃样或面纱样改变。

　　构成网格的条索状阴影比较粗,密度也较高。网眼常为泡性肺气肿所构成,故网眼密度低,形成所谓"白圈黑点"影像。在煤矽肺中,所见的网影及泡性肺气肿较矽肺多见,也较严重,故"白圈黑点"影像较显著,有时密集呈蜂窝状。当病程进展时,肺门改变不大,密度轻度增高,淋巴结很少增大。

　　煤矽肺结节阴影,由于是煤尘和矽尘共同作用所致的病理改变,故在肺内可同时见到矽结节,煤尘纤维灶以及介于两者之间的混合性煤矽结节。煤矽肺结节阴影的出现及其大小、形态、分布情况,往往与患者长期从事的工种有关。以掘进作业为主而发生的煤矽肺,结节中央密度较大,轮廓较模糊,形态不整,呈星芒状,也有逗点状的。逗点状结节多数从波浪状和串珠状纹理断裂后演变而来。结节由小到大,约为 1～3 mm。有的病例在上肺野外带结节互相靠拢,呈早期融合倾向,表现为"八"字状阴影,其范围不超过 2 cm。这类病例从Ⅰ期发展到Ⅱ期一般需 5～6 年时间。以采煤作业为主的工人所发生的煤矽肺,结节似针尖样大小,多数在绒毛状肺纹理增多的基础上交织成细网状,并广泛分布着细砂粒样结节影。这类病例进展缓慢,工龄多在 20～30 年以上,很少形成融合团块。

　　Ⅲ期煤矽肺的融合块状阴影与矽肺相似,在动态观察中,也可见到块状融合形成,有少数病例首先在两肺上中部出现,形成"斑、片、条"或"发白区"改变。往往出现在两侧或一侧肺野上部的外带,有时全肺野看不到肯定的结节阴影。在Ⅰ期或Ⅱ期尘肺的基础上,可形成"斑、片、条"阴影,开始时,在两侧肺野上部外中带的锁骨下区,出现少许斑、片状阴影,常位于一条直线上,经过一个阶段,逐渐融合成条状阴影,长度约占 1～2 个肋间,宽度从几毫米到 1～2 cm,与肋骨垂直,继续向长宽扩展,跨越肺叶,而不受叶间裂的限制,此时条状阴影逐渐致密,界限也逐渐清楚。另一形式是在肺门、肺纹理、肺野已有改变,并在网状阴影的基础上,形成"发白区"阴影,最初在此区内无明显结节阴影,或仅有少量稀疏的结节阴影,此时于两侧或一侧肺野上部外带出现浅淡阴影。以后在"发白区"内或附近也可见到结节阴影。上述改变可能是煤矽肺融合块形成的前驱征象。随着"发白区"渐趋浓密、加宽、加长,多沿着胸廓的长轴方向向下延伸,而形成团块状阴影。此时应注意同肺结核病鉴别,必要时进行动态观察。

　　煤矽肺患者的肺气肿多为弥漫性的,尤以Ⅲ期为主,多见于中、下肺野。Ⅱ期多见小泡性肺气肿,构成所谓"白圈黑点"征象。少数尚见有大泡性肺气肿。Ⅲ期团块影周围常见有边缘性肺气肿。煤矽肺并发结核较矽肺为低,病情也较和缓。

三、特殊工种尘肺

1. 石墨尘肺

石墨粉尘能否引起尘肺,过去有不同的看法。近年来,研究认为,长期吸入较高浓度的石墨粉尘,可以引起石墨尘肺。

石墨是碳的结晶体,银灰色,具有金属光泽,密度为 2.1～2.3 g/cm³。熔点在 3 000 ℃

以上。石墨按其生成来源分为天然石墨和合成石墨(亦称高温石墨)。在天然石墨中,常常混有一定数量的游离二氧化硅和其他矿物杂质。合成石墨是用无烟煤或石油焦炭在电炉中经 2 000～3 000 ℃左右的高温处理制得的。由于石墨矿石以及石墨制品种类不同,其化学组成也不同,特别是其中游离二氧化硅含量差异很大。据报道,在石墨矿石中,游离二氧化硅含量为 13.5％～25.9％,低碳石墨为 18.9％～25.1％,中碳石墨为 2.1％～5.8％,高碳石墨几乎不含游离二氧化硅,而合成石墨为 0.02％。

在石墨矿的开采、碎矿、浮选、烘干、筛粉和包装各工序,以石墨为原料制造各种石墨制品如坩埚、润滑剂、电极、电刷、耐腐蚀管材等,使用石墨作为钢锭涂复剂及铸模涂料、原子反应堆的减速剂等的过程中均会接触石墨粉尘。据文献报道,石墨粉尘浓度为 3.13～303 mg/m³ 时,有石墨尘肺发生,平均发病工龄为 15 年,最长为 24 年,最短为 10 年。

在石墨生产和使用的过程中产生的粉尘,由于游离二氧化硅含量不同,其所致尘肺的性质各异。有人将从事石墨粉尘作业工人所发生的尘肺分为两种类型:游离二氧化硅含量在 5％以下的石墨粉尘所致的尘肺为石墨肺,游离二氧化硅含量超过 5％的石墨粉尘所致的尘肺为石墨矽肺。据研究,向大鼠气管内注入 50 mg 石墨粉尘,游离二氧化硅含量为 0.8％,染尘一年四个月,在肺脏早期可见组织细胞、淋巴细胞和多核异物巨细胞组成的肉芽肿及肺泡间隔增厚,晚期可见嗜银纤维增生,认为在肺组织引起的肉芽肿和间质纤维化是由石墨本身所引起的,而不是其中所含少量的游离二氧化硅所致。

吸入游离二氧化硅含量较高的石墨粉尘所引起的石墨矽肺在病理上改变很像煤矽肺,呈现明显的间质纤维化,特别在血管和支气管周围粉尘聚集的部位,纤维化很明显,部分结节有轻度透明样变,有肺气肿,部分病例有支气管扩张。石墨肺病理改变的特点很似煤肺,用肉眼观察,肺脏呈灰黑色,表面有大小不等的黑色斑点,有的胸膜轻度肥厚或粘连;切面可见 0.5～3 mm 大小的石墨尘细胞灶和石墨尘纤维灶,有灶周肺气肿或弥漫性肺气肿,肺门淋巴结正常或稍肿大。镜下所见,在肺泡腔、肺泡壁、支气管和血管周围的肺间质以及胸膜下有大量石墨尘和尘细胞聚集,形成石墨尘细胞灶,直径约 0.5～1.5 mm,其中没有或仅有少量网状纤维。直径 1.5 mm 以上的石墨尘纤维灶,由大量石墨尘和少量或中等量胶原纤维构成,纤维呈不规则状或螺旋状排列。有灶周肺气肿或呈弥漫性分布的全小叶性肺气肿,血管和支气管周围有石墨尘沉着并有轻度纤维组织增生。用灰化法经偏光显微镜检查或用X 射线衍射法检查肺组织和肺淋巴结证明,没有游离二氧化硅存在。故认为长期吸入几乎不含有游离二氧化硅的石墨粉尘可以引起石墨尘肺,极个别病例在晚期可见块状纤维化病灶。

石墨尘肺早期临床症状轻微,以咽喉发干、咳嗽、咳痰为多见,痰呈黑色,较黏稠。随病变的进展自觉症状逐渐增多、加重,有些病例可有胸闷、胸痛、气短等症状。当合并肺气肿和慢性支气管炎时,自觉症状和体征较为明显,临床体征常有呼吸音减弱或粗糙,少数病例有干、湿性罗音。石墨尘肺对肺功能有一定程度的损害,主要表现为最大通气量和时间肺活量下降,少数病例肺功能严重降低。

X 线表现以两肺出现细网织阴影和小结节阴影为主要特征,网织阴影细小,形如面纱,首先出现在中下肺野,以后逐渐扩展伴随结节阴影增多和肺气肿加重网织阴影逐渐减少。在部分石墨矽肺的病例中,可见中粗网织阴影。石墨尘肺以 1 mm 左右的圆形或不整形小结节阴影为多见,密度浅淡,边缘较清晰,成簇分布于细网织阴影之间。随着病情的进展,结节数量增多,而结节阴影增大不显著。在石墨矽肺的病例中可见到中等大小的结节阴影,为圆形或类圆形,密度较低,边缘模糊。可见泡性肺气肿、肺基底肺气肿或弥漫性肺气肿,部分病例有胸膜增厚,肺门可轻度增大、增浓,而肺门淋巴结肿大和钙化较少见,又有部分病例可合并慢性支气管炎。

2. 炭黑尘肺

炭黑主要用于橡胶、颜料、油漆、塑料和其他工业,为一种补强剂和着色剂。国内外对长期吸入炭黑尘引起的炭黑尘肺已有报道,但对其危害的性质和程度还存在不同看法。

炭黑由烃类化合物经热分解而成,按生产方式可分为槽法炭黑和炉法炭黑。炭黑的球形粒子是由几组没有一定标准定向的晶胞组成的无定形结晶体,主要由碳元素组成,含碳 $90\%\sim99\%$,其余为氧、氢、硫、挥发分、灰分、焦油分和水分等,由于品种不同成分稍有差别。槽法炭黑含有 0.1% 以下的灰分,主要为氧化铁和硅。炉法炭黑的灰分较多,约为 10%,主要是钙、镁和钠的可溶性盐类。焦油分是吸附在炭黑粒子表面上的未充分热分解的烃,含量在 1% 以下。炭黑的 pH 值因品种不同而有差异,槽法炭黑 pH 值为 $4\sim5$,呈酸性,炉法炭黑的 pH 值为 $7\sim10$,呈碱性。在炭黑中,游离二氧化硅含量极少,为 $0.6\%\sim1.8\%$。炉法炭黑的尘粒比较小,槽黑的粒径一般在 $100\sim300$ Å(1 Å $=10^{-10}$ m),炉法炭黑为 $180\sim600$ Å。由于粒径小而容易飞扬。

我国目前的炭黑生产,从原料配油到成品包装,已实现密闭化和管道化,但粉尘飞扬现象仍然存在。因此,在炉前、回收、分离室、加工和包装等工序的工人,经常接触炭黑粉尘。使用炭黑的工厂,如橡胶、塑料和干电池等厂,在配料、混炼、搅拌和过筛等生产过程中均产生大量粉尘。在生产和使用炭黑的作业环境空气中,炭黑粉尘浓度与生产方式和生产设备有关,不少操作过程,特别是包装和过筛时,粉尘浓度较高。

国内外对炭黑对机体的危害已有不少报道,一般认为槽法炭黑和炉法炭黑经皮肤、消化道和皮下等途径染尘,未见任何不良作用,且无致癌作用,但蒸馏炭黑对小白鼠皮肤具有高度致癌作用。近年来的研究表明,在蒸馏炭黑粉尘中,含有少量 3,4-苯并芘等致癌物质,可能使皮肤、膀胱等组织或器官癌变。据报道,炭黑尘肺检出率为 2.3%,发病工龄最短 16 年,最长 23 年,平均发病工龄为 18.2 年,其粉尘浓度包装工序为 $4.4\sim20.1$ mg/m³,其他工序为 $0.9\sim68.4$ mg/m³。

炭黑尘肺临床症状轻微,进展比较缓慢,全身状况较好,一般不影响劳动能力,胸部 X 线表现为肺门轻度增大和密度增高等,肺纹理多见纹理边缘不整、扭曲变形、中断等。网织阴影比较普遍,早期以细网和中网为主,严重时以粗网为主,多见于下肺野。结节阴影大小不等,小至针尖样大小,大者直径可达 6 mm,一般多为 $2\sim3$ mm,多在粗网和细网的基础上出现,密度较淡,边缘模糊,呈圆形或椭圆形,也有不整形和星芒状,主要分布于两肺中下野。胸膜有时可见有双侧或单侧增厚和膈肌粘连等。肺气肿是炭黑尘肺的主要并发症,多为弥漫性肺气肿。

3. 活性炭尘肺

活性炭尘肺是由于工人长期吸入活性炭粉尘引起的。活性炭属于无定形碳,其化学组成为含纯碳 96%,其他有微量氢、硫、氮和水分等。

据报道,对某厂 53 名活性炭生产工人体检,发现 9 例活性炭尘肺,最短发病工龄为 7 年,最长为 11 年,平均工龄 9 年,主要发生于包装工种。

活性炭尘肺的临床症状较轻，X线表现为肺门密度增高，但肺门增大不明显；肺纹理一般表现为增多、延伸和轻度扭曲变形；网织阴影在早期出现粗网，随着病变的进展而呈现细网影，结节阴影密度较淡，且不均匀，边缘不清，有的呈星芒状，大多形态不规则，亦有呈圆形或椭圆形者，小者直径为 1 mm，大者可达 2～3 mm，多出现在肺下野。

4. 电焊工尘肺

电焊作业在建筑、机械、造船、国防等部门占有重要地位。它主要能引起电焊工尘肺、锰中毒、电光性眼炎以及呼吸道损害等。电焊工尘肺是由于长期吸入较高浓度的电焊粉尘（或称电焊气溶胶）而引起的。关于电焊工尘肺的认识还不太一致，有人认为电焊工尘肺仅是"铁末沉着"。近年来，认为电焊工尘肺是以氧化铁为主，同时混合有氧化锰、二氧化硅和氟化物等粉尘引起的一种混合性尘肺。

电焊作业的种类较多，有自动埋弧焊、气体保护焊、等离子焊和手工电弧焊（亦称手把焊）等，手把焊应用较为普遍。电焊工尘肺绝大多数发生在手把焊工种。手把焊所用的电焊条种类很多，按焊药的成分分类约有百余种，常用的有酸性钛钙型（结422）、碱性低氢型（结507）和高锰型三类。结507的焊药组成为：大理石54%，萤石15%，石英9%，锰铁5%，硅铁5%，钛铁12%。结422的焊药组成为：大理石10%～15%，长石5%～10%，锰铁15%～20%，钛铁30%～40%，白云石5%，云母5%，白泥10%。高锰焊条的组成中锰铁含量较高，并含有一定量的铬和镍。上述三类焊条的焊药中均含有一定量的铁、锰、硅和硅酸盐等。

手把焊施焊时，电弧温度高达 4 000 ℃以上，产生大量的紫外线，同时焊药、焊条芯及被焊接的材料在高温下蒸发产生大量的电焊粉尘和有害气体。应用化学分析、光谱分析和 X线衍射等方法，证实电焊粉尘的化学成分主要是铁的氧化物，一定比例的硅、锰、钙等的氧化物和氟化物，其中二氧化硅为无定型的。当使用高锰焊条时，空气中二氧化锰的含量甚至超过氧化铁的含量。电焊粉尘颗粒 1 μm 以下的占90%以上。

电焊工在露天或在宽敞的车间内作业，通风良好，作业场所的粉尘浓度低，发病工龄长，发病率低。而在密闭或通风不良的条件下作业，作业场所的粉尘浓度每立方米可达几百毫克甚至上千毫克，这种情况下发病工龄则短，发病率也高。据报道，粉尘浓度为 13.3～326 mg/m³，总发病率为 2.58%，10 年以上工龄的发病率为 12.5%，电焊工尘肺的发病工龄一般为 10～20 年以上。值得注意的是，如果经常使用高锰焊条，不仅有发生电焊工尘肺的可能性，而且更有发生锰中毒的可能性。

电焊工尘肺早期无症状或很轻微。合并肺气肿、慢性气管炎的病例，症状和体征较多。肺功能在早期很少有改变，在晚期才有明显的降低。

肺门的改变比较轻微，部分病例肺门阴影轻度增大、增浓。肺纹理改变较明显，有增多、增粗、延伸和扭曲变形等。随着结节的增多、增大，肺纹理变得模糊。网织阴影首先出现在中下肺野，逐渐扩展，在Ⅰ、Ⅱ期病例中均可见到。多数病例为细网织阴影，少数病例表现为中粗网织影。结节阴影早期多先出现于中下肺野，其大小多为 1 mm 左右，呈圆形或不规则形，密度中等，边缘不甚清楚，随着病情发展结节阴影逐渐增多、增大，密度也随之有些增大。个别病例的结节阴影与网织阴影关系密切，难以区分具体界限，表现为网织结节影。当结节阴影由中下肺野扩展到上肺野，即进入Ⅱ期，一般进展缓慢。据报道，极个别病例脱离粉尘作业数年后，结节阴影有减少甚至自行消退的现象，仅个别病例晚期出现块状阴影。

5. 铸工尘肺

铸造生产可分为黑色金属铸造(铸铁和铸钢)与有色金属铸造(铜、铝合金、镁合金等)。在铸造生产的全过程中,都离不开型砂,铸造车间的生产工人都接触粉尘,只是因为工序不同而接触粉尘的程度有所差别。其中,产生粉尘最严重的是配砂和清铲工序。铸工主要是指铸钢和铸铁各工种的工人,铸工长期吸入较高浓度的生产性粉尘可引起铸工尘肺。又因铸造所使用的型砂和从事的工种不同,铸工尘肺的类型和发病率也不一样。

铸钢和铸铁所用的型砂,因其承受的高温程度不同,型砂的成分有所差别。铸钢的型砂含游离二氧化硅达90%以上,质硬,常用石英砂。铸铁型砂的游离二氧化硅为40%~70%,常使用河砂,其中混有一定比例的耐火黏土和石墨粉、焦炭粉,系混合性粉尘。

铸钢和铸铁的型砂成分不同,铸钢时由于钢水温度过高,浇铸时常将部分石英熔化,而后凝固并包嵌在铸件上,形成"钢包砂",不易清理,清铲时似干式凿岩一样,粉尘浓度高达 3 000~4 000 mg/m³,所以铸钢的清铲工和喷砂工常发生典型矽肺,发病工龄短,进展快。发病工龄一般为11年左右。据调查,清铲工的矽肺发病率较高,配砂工其次,造型工最低。铸铁生产的铸工尘肺,发病缓慢,发病工龄为20~30年,往往多工种混合作业,故临床表现不典型。

铸工尘肺的胸部X线特点:铸钢清铲工尘肺类似岩石工矽肺,肺纹理扭曲、变形,结节粗大、明显,病程快,多为结节型矽肺,而且肺结核的合并率较高;铸铁清铲工尘肺则以网织阴影为主,呈间质型矽肺,结节出现晚且细小,甚至全肺野遍布网织阴影未见清楚的结节,病变进展缓慢,常伴气管炎和肺气肿改变。故铸工尘肺应称铸工矽肺为宜。

铸工尘肺的诊断标准,可参照矽肺诊断标准执行。

在铸造业中防止矽尘的危害,国内外都在试图选用含硅量低的型砂代替石英砂,国外,有的用锆石砂,因价格昂贵不易推广,也有用橄榄石砂的。我国采用的"70砂"(石灰石砂),含游离二氧化硅多在2%以下,也有试用白云石砂的。同时广泛采用水爆清砂与水力清砂新工艺和密闭通风除尘设备,都为预防铸工尘肺创造了条件。

6. 磨工尘肺

磨工尘肺是因长期吸入研磨粉尘而发生的尘肺,主要发生在机械工业的金属部件研磨和抛光等工序,金属表面抛光多用刚玉砂轮或金刚砂轮,还有以布轮粘以金刚砂粉或刚玉粉为磨料,一般多在小工厂内,磨床密集,通风设备不良,抛光时产生大量粉尘。刃磨加工多在大型工厂,在磨床上进行研磨,磨床上一般均设有通风吸尘设备,除尘效果较好,车间粉尘浓度较低。

金刚砂轮主要成分为碳化硅(SiC),约占98%;刚玉砂轮中三氧化二铝(Al_2O_3)占95%,其中游离二氧化硅只有0.2%~2%,加上黏结剂中的游离二氧化硅,总计不超过3%~4%,其余均为结合状态的二氧化硅。研磨车间空气中的粉尘成分主要为被研磨的金属粉尘,约占80%~90%,其余是磨料粉尘和少量金属氧化物,粉尘中游离二氧化硅含量为1.44%~3.00%。

一般作业场所粉尘浓度在10~30 mg/m³以下时,经过10年观察未发现一例磨工尘肺。粉尘浓度在148.5~189.2 mg/m³时,经一定时间可有磨工尘肺发生,发病工龄最短为4年,最长35年,一般在10年左右发病,患病率在0.8%~1.66%之间。关于磨工尘肺致病原因还没有统一认识,很早就有人用含有0.25%的游离二氧化硅的碳化硅粉尘做动物实验,结果只引起动物支气管黏膜和肺泡间隔肥厚,表现出慢性炎症改变,未发现有纤维化。以后有人发现碳化硅粉尘能引起动物肺纤维化,而且其纤维化程度与肺中沉积的粉尘量有关。还有人发现接触碳化硅粉尘的工人,在最初几年内,在临床上和 X 线上均没有什么改变,但工龄超过 20 年时,可引起典型矽肺样改变。

磨工尘肺的预防主要是采取综合防尘措施,如干式研磨改为湿式研磨,加强局部通风除尘等。

第六章　生产性毒物与职业中毒

第一节　职业中毒概述

　　远在几千年前我们的祖先就已对生产环境中的有毒因素有所认识。到公元 7 世纪时，对产生有毒气体的场所、浓度变化规律和测试方法以及消除措施，已经有较系统的观察。如隋代巢元方著《诸病源候论》(610 年)中说，"凡古井冢及深坑井中多有毒，不可辄入……"唐代王焘所著《外台秘要》引"小品方"提出了动物检测法说："若有毒其物即死。"宋代宋慈所著的《洗冤集录》(1247 年)是世界上最早的一部法医著作，曾被译成荷兰、英、法、意、德文字出版，其中记载有服毒、解毒和验毒的方法。驰名中外的我国明代医药学家李时珍在《本草纲目》中，对铅中毒有这样的描述："铅生山穴石间，……其气毒人，若连月不出，则皮肤萎黄，腹胀不能食，多致疾而死。"明代宋应星所著《天工开物》(1637 年)不仅阐述过煤矿井下的瓦斯问题，还介绍过职业性汞中毒及其预防方法。

　　新中国成立后，我国开展了一系列综合防尘防毒工作，国家为保障职工的安全和健康，先后颁发了许多有关的规定和条例，建立了职业卫生的监督、检测、科研、医疗、治理等工作系统，使我国的工业尘毒危害得到了有效的控制。但由于一些企业设备改造和技术更新工作做得不够，跑冒滴漏事故不断，尘毒危害及相应的职业病一度十分严重，造成不少重大事故。还由于管理缺失和轻视防护等原因，使技术上已经解决的问题仍然还在危害工人健康，急慢性中毒事故也时有发生。

一、　生产性毒物及其存在形态

　　某些进入机体的物质能和体液及细胞结构发生化学或生物物理学变化，扰乱或破坏机体的正常生理功能，引起可逆的或不可逆的病理状态，甚至危及生命，称该物质为毒物。

　　生产过程中的毒物，可能以原料、材料、夹杂物、半成品、成品、废气、废液及废渣的形式存在，且以气体、蒸气、粉尘、烟和雾的形态存在于生产环境中并污染空气环境，称为生产性毒物。

　　(1) 气体。以气体形态存在的毒物，常见的有一氧化碳(CO)、硫化氢(H_2S)、二氧化硫(SO_2)及氮氧化物(NO、NO_2)等。

　　(2) 蒸气。液体蒸发形成的毒物，有苯、汽油、汞、溴蒸气等；固体升华形成的毒物，有铅、磷等。

　　(3) 雾。悬浮在空气中的液体微粒，如电解、电镀或充电过程中形成的酸雾。

　　(4) 烟。悬浮在空气中的烟状微粒，直径在 $0.1~\mu m$ 以下，如炮烟中的碳及铵盐颗粒等。

　　(5) 液体。如各类强酸强碱液，含 H_2S 的积水等。

（6）粉尘。悬浮在空气中、直径在 $0.1 \sim 10 \ \mu m$ 的固体颗粒，如毒砂、辰砂等有毒矿尘。

二、毒物进入人体的途径

生产性毒物进入人体的途径主要有呼吸道、皮肤和消化道。

（1）呼吸道

这是最常见和最主要的途径。气态和气溶胶状态的毒物都可经呼吸道进入人体，且呼吸道各部分均能吸收毒物，尤其是支气管和肺泡。成人大约有 6 亿个肺泡，肺泡面积有 $50 \sim 70 \ m^2$，周围布满毛细血管，故吸收速度仅次于静脉注射。毒物吸入肺泡后，能很快通过肺泡壁进入血液循环中，不经过肝脏解毒，即直接进入体循环而分布到全身各处。一般来讲，空气中的毒物浓度越高，粉尘状毒物粒子越小，毒物在体液中的溶解度越大，经呼吸道吸收的速度就越快。

（2）皮肤

在生产中，毒物经皮肤吸收而中毒者也较常见。皮肤的角质层虽对水溶性物质有屏蔽作用，但脂溶性物质能透过皮肤而被吸收，如芳香族的氨基、硝基化合物，有机磷化合物，苯及同系物等。个别金属如汞亦可经皮肤吸收。吸收后同样不经过肝脏解毒而进入大循环。吸收速度决定于毒物的脂溶性的大小、浓度和黏稠度、沾染面积大小等因素，还和环境温度、湿度及劳动强度有关。破损的皮肤可进入大量毒物，尤其与剧毒物质（砷、氰化物）以及放射性物质接触是十分危险的。

（3）消化道

在生产环境中，单纯从消化道吸收而引起中毒的机会比较少见。但毒物污染环境后，沾染饮水、食物、食具和手而进入消化道并不少见，从而造成毒物进入消化道。消化道吸收毒物的主要部位在小肠，尤其脂溶性毒物在肠内吸收较快。大部分由肠道吸入血循环的毒物都将流经肝脏，一部分被解毒转化为无毒或毒性较小的物质，一部分随胆汁分泌到肠腔，随排泄物排出体外，其中少部分可被吸收。有的毒物如氰化氢，在口腔内即可经黏膜吸收。

三、毒物的毒性与中毒表现

毒性是指一定的毒物剂量与中毒反应之间的关系。计算单位以化学物质引起实验动物的毒性反应的剂量表示。如为吸入性中毒，则用空气中毒物浓度表示。常用指标如下：

（1）绝对致死剂量或浓度，即染毒动物全部死亡的最小剂量或浓度，用 LD_{100} 或 LC_{100} 表示。

（2）半数致死剂量或浓度，即染毒动物半数死亡的剂量或浓度，用 LD_{50} 或 LC_{50} 表示。

（3）最小致死剂量或浓度，即染毒动物中有个别动物死亡的剂量或浓度，用 MLD 或 MLC 表示。

（4）最大耐受剂量或浓度，即染毒动物全部存活的最大剂量或浓度，用 LD_0 或 LC_0 表示。

毒性的大小通常按急性毒性和慢性阈浓度分级。具体分级见表 6-1 和表 6-2。

表 6-1 化学物质的急性毒性分级

毒性分级	大鼠一次经口 LD$_{50}$/(mg/kg)	6 只大鼠吸入 4 h 死亡 2~4 只的浓度/%	兔涂皮时 LD$_{50}$/(mg/kg)	对人口服可能致死量	
				/(g/kg)	总量/g (60 kg 体重)
剧毒	<1	<0.001	<5	<0.05	0.1
高毒	1~50	0.001~0.01	5~44	0.05~0.5	3~30
中等毒	50~500	0.01~0.1	44~350	0.5~5	30~250
低毒	500~5 000	0.1~1	350~2 180	5~15	250~1 000
微毒	>5 000	>1	>2 180	>15	>1 000

表 6-2 慢性毒性的阈浓度分级

毒性分级	极危险	高度危险	中度危险	低度危险
慢性阈浓度/(mg/L)	≤0.001	0.01	0.1	>0.1

毒物对人体的危害不仅取决于毒物的毒性,更取决于毒物的危害程度。危害程度是指毒物在生产和使用下产生损害的可能性,取决于接触方式、接触时间和接触量、防护设备的良好程度等。为了区分毒物对工人危害的大小,国家颁布了《有毒作业分级》(GB 12331—1990)。有毒作业分级依据三项指标:第一个指标是按职业性接触毒物危害程度的分级,确定毒物的级别;第二个指标是工人有毒作业劳动时间;第三个指标是作业环境中有毒物质浓度的超标倍数。

由于接触生产性毒物引起的中毒,称为职业中毒。毒物一次或短时间内大量进入人体后可引起急性中毒;长期过量接触毒物可引起慢性中毒;短期内接触较高浓度的毒物可引起亚急性中毒。由于毒物作用特点不同,有些毒物在生产条件下只引起慢性中毒,如铅、锰中毒;而有些毒物常可引起急性中毒,如甲烷、一氧化碳、氯气等。由于毒物的毒性作用特点不同,中毒表现差异较大,概括如下:

(1) 神经系统。慢性中毒早期常见神经衰弱综合征和精神症状,一般为功能性改变,脱离接触后可逐渐恢复。铅、锰中毒可损伤运动神经、感觉神经,引起周围神经炎。震颤常见于锰中毒或急性一氧化碳中毒后遗症。重症中毒时可发生脑水肿。

(2) 呼吸系统。一次吸入某些气体可引起窒息,长期吸入刺激性气体能引起慢性呼吸道炎症,可出现鼻炎、鼻中隔穿孔、咽炎、支气管炎等上呼吸道炎症。吸入大量刺激性气体可引起严重的呼吸道病变,如化学性肺水肿和肺炎。

(3) 血液系统。许多毒物对血液系统能够造成损害,根据不同的毒性作用,常表现为贫血、出血、溶血、高铁血红蛋白以及白血病等。铅可引起低血色素贫血,苯及三硝基甲苯等毒物可抑制骨髓的造血功能,表现为白细胞和血小板减少,严重者发展为再生障碍性贫血。一氧化碳与血液中的血红蛋白结合形成碳氧血红蛋白,使组织缺氧。

(4) 消化系统。毒物对消化系统的作用多种多样。汞盐、砷等毒物大量经口进入时,可出现腹痛、恶心、呕吐与出血性肠胃炎。铅及铊中毒时,可出现剧烈的持续性的腹绞痛,并有口腔溃疡、牙龈肿胀、牙齿松动等症状。长期吸入酸雾,会导致牙釉质破坏、脱落,称为酸蚀症。吸入大量氟气,牙齿上出现棕色斑点,牙质脆弱,称为氟斑牙。许多损害肝脏的毒物,如四氯化碳、溴苯、三硝基甲苯等,可引起急性或慢性肝病。

(5) 泌尿系统。汞、铀、砷化氢、乙二醇等可引起中毒性肾病,如急性肾衰竭、肾病综合征和肾小管综合征等。

(6) 其他。生产性毒物还可引起皮肤、眼睛、骨骼病变。许多化学物质可引起接触性皮炎、毛囊炎。接触铬、铍的工人皮肤易发生溃疡;长期接触焦油、沥青、砷等可引起皮肤黑变病,甚至诱发皮肤癌。酸、碱等腐蚀性化学物质可引起刺激性眼炎,严重者可引起化学性灼伤,溴甲烷、有机汞、甲醇等中毒,可发生视神经萎缩,以至失明。有些工业毒物还可诱发白内障。

第二节 生产环境中的气体毒物

有毒气体通常分为两类:一类是刺激性气体,是指对眼和呼吸道黏膜有刺激作用的气体,是化学工业常遇到的有毒气体。刺激性气体的种类甚多,常见的有氯气、氨气、氮氧化物、二氧化硫、三氧化硫和甲醛等。另一类是窒息性气体,是指能造成机体缺氧的有毒气体。窒息性气体可分为单纯窒息性气体、血液窒息性气体和细胞窒息性气体,如氮气、甲烷、一氧化碳、氰化氢、硫化氢等。本节除叙述工业环境中常见的有毒气体外,也简单介绍无毒气体氧的非正常浓度可能造成的危害。

一、氧气

(1) 过氧危害。正常空气中氧含量是 20.96%(体积比),含氧量过高(>40%)时,就有发生氧中毒的危险。动物试验表明,长时间吸入高浓度氧,体内生成过氧化氢,扰乱代谢,发生动脉痉挛、视网膜剥离等症状。在潜水作业和急救时尤其要注意过氧的危害。静息状态时,连续吸氧时限与氧浓度关系如表 6-3 所列。

表 6-3 连续吸氧时限与氧浓度的关系

氧气浓度/%	50	60	70	80	100
连续吸氧时限/h	350	70	25	20	8~12

(2) 缺氧危害。通风不良的场所,如矿山采空区、船底货舱、地下通道和农家菜窖等处,由于细菌的繁殖等生物作用以及火药爆炸、瓦斯等窒息性气体混入等化学及物理的作用,造成空气中氧含量减少,氧分压降低。当氧在空气中的分压低于 16 kPa 时就能发生缺氧症状。

缺氧造成机体全身细胞都有变化,但以神经细胞最为敏感,延髓细胞电活动受到明显抑制,心血管和呼吸中枢反应迟钝。氧含量低于 17% 时可出现呼吸急促、心率过速,低于 12% 时即导致昏迷,6% 以下可发生心跳停止。

二、臭氧(O₃)

臭氧即三原子氧,正常空气中含有 $0.04 \sim 0.1$ mg/m³$[(0.018\,6 \sim 0.046\,6) \times 10^{-6}]$。臭氧在常温常压下呈淡蓝色,有一种自然清新味道,从空气污浊的室内或矿山井下回到地表,常可嗅到一种特有的地面大气味道,尤其在阳光充分照射时,这就是空气中微量臭氧的气味。地平面以上 20～30 km 处有一臭氧层,它能吸收 90% 太阳辐射来的紫外线,从而使地面动植物免遭过量辐射的伤害。臭氧的稳定性极差,在常温下可自行分解为氧气,因此臭氧不能贮存,一般即产即用。雷阵雨天气的雷击放电、电火花、电焊都伴有臭氧的产生。大气中过多的臭氧参与烃类和氮氧化物的光化学反应,极易形成强刺激性的光化学烟雾污染。

工业生产中的臭氧多为电焊过程的产物,一般不会造成危害,但应注意通风,不使臭氧积聚超过卫生标准的浓度。

地面车间内的电焊工作集中且通风不良时,电焊烟中的臭氧常达到强刺激的浓度。臭氧有强氧化作用,它强烈刺激人的呼吸道,造成咽喉肿痛、胸闷咳嗽、引发支气管炎和肺气肿,高浓度可致肺水肿(>4 mg/m³)。低浓度下,长时间作用于眼黏膜能引起视力障碍、头疼、头昏、血液红细胞减少、口干、食欲不振等症状。

臭氧的最高容许浓度为 0.3 mg/m³。活性炭对臭氧有极好的吸附能力。

三、氮氧化物(硝气)

氮氧化物包括氧化亚氮(N_2O)、一氧化氮(NO)、二氧化氮(NO_2)、三氧化二氮(N_2O_3)、四氧化二氮(N_2O_4)和五氧化二氮(N_2O_5)。其中除五氧化二氮常态下呈固体外,其他氮氧化物常态下都呈气态。作为空气污染物的氮氧化物主要是 NO 和 NO₂。空气中的氮氧化物,最大的来源是火力发电,其次是工业和交通运输部门。工业生产过程中产生的氮氧化物多为中间体或废弃物,如硝酸生产,硝酸浸洗金属,制造硝基炸药、硝化纤维等硝基化合物,硝基炸药爆炸,火箭发射等。另外,电焊、气焊、气割及氩弧焊时产生的高温会使空气中的 N 和 O 结合成氮氧化物。与这些工作环境有关的从业人员都可能接触到氮氧化物。在矿山井下,主要是爆破过程中产生的 NO 和 NO₂。另外,以柴油作动力的机械如铲运机、凿岩台车等排出的尾气中也含有大量的氮氧化物。

不同生产过程产生的硝气组分见表 6-4。

表 6-4　氮氧化物在不同生产过程中产生的比例

生产过程	乙炔气割	电焊	硝化炸药爆炸	硝化纤维燃烧	金属酸洗	内燃机废气
NO/%	92	91	48	81	22	65
NO₂/%	8	9	52	19	78	35

氮氧化物作为一次污染物,本身会对人体健康产生危害,它可刺激人的眼、鼻、喉和肺部,容易造成呼吸系统疾病,导致支气管炎和肺炎,诱发肺细胞癌变。氮氧化物还会产生多种二次污染。它是生成臭氧的重要物质之一,与臭氧浓度和光化学污染紧密相关。

1. 毒性

NO 毒性较小,作用于神经中枢可引起瘫痪现象和惊厥。空气中的 NO 极易被氧化成 NO₂,NO₂ 生物活性大,毒性为 NO 的 4～5 倍,刺激肺部可能会导致肺部构造改变,急性中毒主要引起肺水肿。不同浓度的 NO₂ 对人的急性影响见表 6-5。

表 6-5 不同浓度的 NO_2 对人的影响

浓 度		结 果
mg/m³	%	
70	0.003 4	能耐受几小时
140	0.006 8	能支持半小时
220～290	0.010 7～0.014	立刻发生危险
440～470	0.021 4～0.022 8	急剧恶化
1460	0.070 8	很快死亡

以 NO 和 NO_2 为主的氮氧化物是形成光化学烟雾和酸雨的一个重要原因,汽车尾气中的氮氧化物与氮氢化合物经紫外线照射发生反应形成的有毒烟雾称为光化学烟雾。光化学烟雾具有特殊气味,刺激眼睛,并使大气能见度降低。氮氧化物与空气中的水反应生成的硝酸和亚硝酸酸雨还会伤害植物。

各类工程爆破工作中产生的 NO_2 气体的多少与装药密度、填塞方法、火药和岩石种类有关。岩石炸药在石灰岩中爆破,NO_2 生成量为 2.1 L/kg,砂质页岩中是 5.23～7.32 L/kg,混合岩中为 2.14～10.85 L/kg。柴油铲运机尾气中的 NO_x 含量约为 0.03%～0.1%。通风不良时可在设备附近形成危险的浓度。

2. 中毒症状

在职业活动中接触的氮氧化物主要是 NO 和 NO_2,并以 NO_2 为主。NO_2 进入呼吸道深部,与细支气管及肺泡上的水反应,生成 HNO_3 和 HNO_2,对肺组织产生刺激和腐蚀作用,使肺泡及毛细血管通透性增加,导致肺水肿;被吸收入血液后形成硝酸盐和亚硝酸盐,硝酸盐可引起血管扩张,血压下降,亚硝酸盐可使血红蛋白氧化成高铁血红蛋白,引起组织缺氧。氮氧化物的急性吸入将导致发生肺水肿、化学性肺炎和化学性支气管炎,但发病的个体差异很大,有人仅吸入少量即发生肺水肿。

急性肺水肿分为三个时期:

(1) 刺激期和潜伏期。如吸入 NO_2 含量较高时咽喉刺激感很强,并伴有咳嗽,甚至痉挛性阵咳而引起呕吐。如浓度较低,刺激较轻,可很快好转。但过几小时、几十小时潜伏期后出现肺水肿。潜伏期可有头昏、乏力、食欲减退、烦躁失眠等症状。

(2) 肺水肿期。有胸闷、胸骨下疼痛及压迫感,呼吸急促,咳嗽吐痰,痰呈柠檬色、棕红色或粉红色,脉细而快,体温升高。严重的也可并发支气管肺炎、支气管扩张、哮喘和肺不张等,更严重者可致死。

(3) 恢复期。积极治疗后大部分可好转和康复。

有些中毒者往往在潜伏期未察觉,直至发现肺水肿。NO_x 与 CO 同时存在有增毒作用。

柴油铲运机司机,因受尾气中有毒气体的危害,除常有上呼吸道黏膜刺激、慢性咽喉炎、支气管炎症状外,还有食欲不振、头昏无力、失眠等症,这些都是 NO_x 长期作用的慢性中毒症状。

3. 预防与卫生标准

(1) 加强个人防护知识教育和厂房的通风换气。个人应采用防护用具做好吸入防护、皮肤防护和眼睛防护。工作时不得进食、饮水或吸烟。

（2）控制工作场所空气中氮氧化物浓度在国家卫生标准以下，即时间加权平均容许浓度：NO 为 15 mg/m³，NO₂ 为 5 mg/m³；短时间接触容许浓度：NO 为 30 mg/m³，NO₂ 为 10 mg/m³。

（3）劳动者上岗前应进行体检，在岗期间每年体检一次。对从业人员开展全面健康监护工作。凡有职业禁忌证的如明显的呼吸系统疾病、明显的心血管系统疾病人员，需禁止或脱离氮氧化物危害作业。

（4）加强工程爆破后的通风，必要时应佩戴过滤式防毒面具进入现场。采用局部净化方法也可除去空气中的 NOₓ 气体，洒水吸收就是最简单的净化方法。

我国《室内空气中氮氧化物卫生标准》（GB/T 17096—1997）规定室内空气中氮氧化物（以 NO₂ 计）日平均最高容许浓度为 0.10 mg/m³。

四、一氧化碳（CO）

冶金工业中的炼焦、炼钢、炼铁，采掘工业中的爆破，化学工业中的合成氨、合成甲醇以及煤矿井下发生瓦斯、煤尘爆炸和各种内外因火灾时都产生大量的一氧化碳气体。工程爆破工作中，每千克火药爆炸时可产生 40～70 L 的 CO，柴油机排气中 CO 浓度为 0.1%～0.15%，有的设备达到 0.5%，国四排放标准的汽油机排气中仍高达 0.5%～2.5%。

由于一氧化碳是无色无味的气体，在通风不良的空间中极易发生一氧化碳中毒事故。

1. 毒性

一氧化碳吸入后通过肺泡进入血液，与血红蛋白（Hb）和血液外某些含铁蛋白质结合成碳氧血红蛋白（HbCO），因为一氧化碳和血红蛋白的亲和力远高于氧气达 200 倍以上，所以能取代氧合血红蛋白（HbO₂）中的氧而成碳氧血红蛋白。且碳氧血红蛋白的离解能力比氧合血红蛋白要慢 3 000 倍之多，所以，碳氧血红蛋白更为稳定。如果碳氧血红蛋白在血液中增多就使血液丧失了输氧能力。

一氧化碳是否在体内蓄积，其吸收与排出首先取决于空气中 CO 的分压和血液中碳氧血红蛋白的饱和程度，其次取决于吸入时间和吸入量。所以，劳动时比静坐时更容易中毒。

空气中 CO 浓度、接触时间和血液中碳氧血红蛋白含量的关系如表 6-6 所列。

表 6-6　　　　　　　　一氧化碳浓度与血液中碳氧血红蛋白含量关系

CO 浓度	mg/m³	115	70	35	23	12
	%	0.01	0.006	0.003	0.002	0.001
碳氧血红蛋白/%	1 h	3.6	2.5	1.3	0.8	0.4
	8 h	12.9	8.7	4.0	2.8	1.4
	平衡状态	16.0	10.0	5.0	3.3	1.7

一氧化碳浓度越高，碳氧血红蛋白饱和度越高，到达饱和的时间越短，其关系如图 6-1 所示。由图可见，CO 浓度为 1 150 mg/m³（0.092%）时，达到平衡状态需要 5～6 h。碳氧血红蛋白在血液中的饱和浓度是 12%～13%。

若接触 1 h，碳氧血红蛋白只达到 4% 左右，这说明在评价 CO 危害时，时间因素是很重要的。周围空气中 CO 浓度低于血液中平衡状态时的浓度，则 CO 排出多于吸收。所以，CO 中毒是可逆的。急救时必须首先把中毒者移送新鲜空气中就是这个道理。

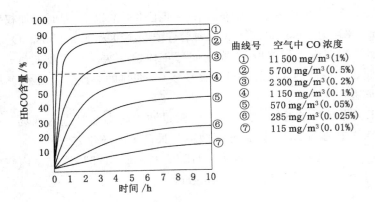

图 6-1 血液中与空气 CO 达到平衡时，HbCO 的饱和速度

急性中毒的症状与 CO 浓度的关系如表 6-7 所列。

表 6-7   CO 浓度及中毒症状

空气中 CO 浓度		吸入半量时间	平衡状态 HbCO	人体反应
mg/m³	%	/min	含量/%	
68.5	0.004 68	150	7	轻度头痛
117	0.009 36	120	12	中度头疼、眩晕
292.5	0.023 4	120	25	严重头疼、眩晕
582.5	0.046 6	90	45	恶心、呕吐、可能虚脱
1 170	0.093 6	60	60	昏迷
11 700	0.936 0	5	90	死亡

慢性中毒对心血管有损害。据报道，高山地区居民用木炭取暖，室内 CO 浓度达到 0.02%～0.03%，居民血液中碳氧血红蛋白含量达 20%～30%（正常人为 0.5%），普遍有头疼头晕症状，多有心脏病。吸烟是诱发心血管疾病的原因，早已为多数病例所证实。急性 CO 中毒，偶有血栓形成。

据报道，某煤矿救护队在井下灭火时，一个队员取下呼吸器鼻夹，只吸入一口高浓度 CO 即晕倒在地，以后许多年，呈半昏迷状态，卧床多年不愈。上例可能是 CO 形成脑血栓所致。急性 CO 中毒死亡患者尸检时，曾发现有血栓在冠状动脉内形成。

2. 预防与急救

严格执行各类排放标准，加强生产场所的通风。自然通风不能有效降低 CO 浓度时，必须采用机械通风。对各类地下建筑，当主风流不能实现贯穿风流通风时，应安装局部通风机进行有效的通风。

国家标准规定，工业生产场所空气中 CO 含量不得大于 0.002 4% 或 30 mg/m³。有柴油机工作的地点，CO 含量也不得大于 0.005%。

在煤矿等火灾、爆炸或自燃危险较大的生产场所，为防止火灾、煤炭自燃以及爆炸事故时 CO 的中毒危险，上班人员须配备自救器以备急需。

对 CO 中毒者的急救，首先应送至新鲜风流处，保持呼吸道通畅，在最短的时间内检查病人呼吸、脉搏、血压等情况并进行紧急处理,病情稳定后,尽快将病人送到医院进一步检查治疗。必要时可进行高压氧舱治疗。正常呼吸时血液中 CO 的半排出期约为 80 min。

五、硫化氢(H_2S)

1. 硫化氢的生成及危害

自然界中的硫化氢大多由煤化过程产生,有多种成因类型,如生物降解、微生物硫酸盐还原、热化学分解、硫酸盐热化学还原等。煤矿井下生产和石油化工行业是硫化氢职业危害的重要场所。

生物降解是在腐败作用主导下形成硫化氢的过程。腐败作用是在含硫有机质形成之后,当同化作用的环境发生变化,发生含硫有机质的腐败分解,从而释放出硫化氢。这种方式出现在城市下水道中和煤化作用早期阶段,生成的硫化氢量不会很大,也难以聚集。

微生物硫酸盐还原菌利用各种有机质或烃类来还原硫酸盐,在这个作用过程中,大部分硫被需氧生物所吸收来完成能量代谢过程。一些菌种的有机质分解产物可能会成为另一些菌种所需吸收的营养,这会使有机质被硫酸盐还原菌吸收转化效率提高,从而产生大量的硫化氢。该过程是在煤化作用早期阶段,由相对低温和浅埋深的泥炭沼泽环境中的泥炭或低煤级煤(褐煤),通过细菌分解等一系列复杂过程所生成。一般认为早期生成的原始生物成因硫化氢气体不能被大量地保留在煤层内。

热化学分解成因是指煤中含硫有机化合物在热力作用下,含硫杂环断裂形成硫化氢,又称为裂解型硫化氢。这种方式形成的硫化氢浓度一般小于 1%。硫酸盐热化学还原成因主要是指硫酸盐与有机物或烃类发生作用,将硫酸盐矿物还原生成硫化氢和二氧化碳。

硫酸盐热化学还原发生的温度一般大于 150 ℃。

硫化氢可经呼吸道进入人体,主要损害中枢神经、呼吸系统,刺激黏膜。

硫化氢极毒,人吸入浓度为 1 g/m^3 的硫化氢在数秒钟内即可死亡。此外,硫化氢的化学活性极大,电化学腐蚀、硫化物应力腐蚀等对金属管线的腐蚀作用强烈。

2. 接触机会

除煤矿外,硫化氢是石油化工行业排在首位的职业危害因素,分布范围广,接触人员多,毒性危害大。尤其是随着高含硫原油加工量的增加,防止硫化氢中毒应引起相关企业的高度关注。

高含硫油气田开发、净化,炼油厂绝大部分装置,化工厂裂解、制苯等装置,含硫化氢的废气、废液排放不当以及污水处理、化验分析、检维修等作业环节都有接触硫化氢的可能。硫化氢可溶于水和油中,可随水或油至远离发生源处,引起意外中毒事故。

沼泽地、沟渠和下水道中常有硫化氢生成和积聚。国内外已有许多修理水道、进入涵洞而中毒致死的报告。井下积水的采空区,由于矿石中的硫和水作用生成硫化氢蓄积水中,一旦扰动常有大量逸出而使人中毒。

3. 中毒临床表现

硫化氢是具有臭鸡蛋味的无色剧毒气体,易溶于水,1 体积的水可溶解约 4 体积的硫化氢。

硫化氢毒性作用是浓度越低,对呼吸道及眼的局部刺激作用越明显,浓度越高,全身作用越明显,表现为中枢神经症状和窒息症状。人对 H_2S 的嗅阈为 0.03 mg/m^3

（0.000 002％），低于危险浓度很多，但浓度超过 10 mg/m³ 之后，臭味反而减弱。这是由于它能迅速造成嗅觉疲劳所致。所以，在井下嗅到 H_2S 气味必须加倍警惕，查清污染源。不同浓度硫化氢对人的影响见表 6-8。

表 6-8   不同浓度硫化氢对人的影响

浓度 /(mg/m³)	接触时间	毒 性 反 应
0.035		嗅觉阈
0.4		明显嗅出
4～7		中等强度难闻臭味
30～40		虽臭味强烈，仍能耐受。这是可能引起局部刺激及全身性症状的阈浓度
70～150	1～2 h	出现眼及呼吸道刺激症状。长期接触可引起亚急性或慢性结膜炎。吸入 2～15 min 即发生嗅觉疲劳而不再嗅出臭味，浓度愈高，嗅觉疲劳发生愈快
300	1 h	可引起严重反应——眼及呼吸道黏膜强烈刺激症状，并引起神经系统抑制。6～8 min 即出现急性眼刺激症状，长期接触可引起肺水肿
760	15～60 min	可能引起生命危险——发生肺水肿、支气管炎及肺炎，接触时间更长者可引起头痛、头昏、激动、步态不稳、恶心、呕吐、鼻咽喉发干及疼痛、咳嗽、排尿困难等全身症状
1 000 以上	数秒钟	很快引起急性中毒，出现明显的全身症状，开始呼吸加快，接着呼吸麻痹而死亡

硫化氢中毒症状主要有：

（1）轻度中毒：表现为畏光、流泪、眼刺痛、异物感、流涕、鼻及咽喉灼热感等症状，并伴有头昏、头痛、乏力。

（2）中度中毒：立即出现头昏、头痛、乏力、恶心、呕吐、走路不稳、咳嗽、呼吸困难、喉部发痒、胸部压迫感、意识障碍等症状，眼刺激症状强烈，有流泪、畏光、眼刺痛等症状。

（3）重度中毒：表现为头晕、心悸、呼吸困难、行动迟缓，继而出现烦躁、意识模糊、呕吐、腹泻、腹痛和抽搐，迅速进入昏迷状态，并发肺水肿、脑水肿，最后可因呼吸麻痹而死亡。

（4）极重度中毒：吸入 1～2 口即突然倒地，瞬时呼吸停止，呈"电击样"死亡。

4．防护与急救

工业生产中预防硫化氢中毒的主要措施如下：

（1）产生硫化氢的设备应密闭化生产，加强局部排风和硫化氢气体回收，并设置自动报警装置。

（2）对含有硫化氢的废水、废气、废渣，要进行净化处理，达到排放标准后方可排放。

（3）进入可能存在硫化氢的密闭容器、坑、窑、地沟等工作场所，应首先测定该场所空气中的硫化氢浓度，采取通风排毒措施，并要有专人监护或互保，严格遵守安全操作规程。

（4）硫化氢作业环境空气中硫化氢浓度要定期测定。

（5）患有中枢神经系统疾患、神经官能症、内分泌及植物神经系统疾病患者及肝炎、肾病、气管炎的人员不得从事接触硫化氢作业。

（6）加强对职工有关专业知识的培训，提高自我防护意识，对员工进行职业危害告知及职业卫生教育。

当有人中毒时,抢救人员必须做到以下几点:

(1)戴好防毒面具或空气呼吸器,穿好防毒衣,有两个以上的人监护,从上风处进入现场,切断泄漏源。

(2)进入塔、封闭容器、地窖、下水道等事故现场,还需系好安全带,有问题应按联络信号立即撤离现场。

(3)合理通风,加速扩散,喷雾状水稀释、溶解硫化氢。

(4)尽快将伤员转移到上风向空气新鲜处,清除污染衣物,保持呼吸道畅通,立即给氧。

(5)观察伤员的呼吸和意识状态,如有心跳呼吸停止,应尽快争取在 4 min 内进行心肺复苏救护(勿用口对口呼吸)。在到达医院开始抢救前,心肺复苏不能中断。

我国卫生标准规定:硫化氢浓度必须低于 10 mg/m³(0.000 66%)。

六、二氧化硫(SO₂)

二氧化硫是无色有强刺激性臭味的气体,稍溶于水,易溶于甲醇、乙醇、硫酸、乙酸、氯仿和乙醚等。环境潮湿时,对金属有腐蚀作用。炮烟中常含有一定量的二氧化硫。机动车尾气中也会有一定量的二氧化硫。地表空气中的二氧化硫主要是由煤炭燃烧产生的。环境治理中,二氧化硫是首先要除去的有毒气体。

1. 接触机会与毒性

职业接触二氧化硫主要有含硫燃料燃烧、硫化矿石熔炼、硫酸、亚硫酸和硫化橡胶制造、石油精炼、某些有机合成等作业过程。职业性急性二氧化硫中毒,是在生产劳动或其他职业活动中,短时间内接触高浓度二氧化硫气体所引起的,以急性呼吸系统损害为主的全身性疾病。

二氧化硫易为眼、呼吸道黏膜的湿润表面所吸收而生成亚硫酸,一部分氧化成硫酸。所以二氧化硫对眼、鼻、喉、气管有极强烈的刺激作用,甚至有呼吸短促、胸痛、胸闷以及全身症状如头痛、头昏、失眠、全身无力等。患者经过治疗后,大多于数日内痊愈。严重中毒者可引起肺水肿、喉水肿,出现呼吸困难和紫绀,血压下降、休克和呼吸中枢麻痹。严重的直至喉头痉挛而窒息死亡。二氧化硫对人的毒性作用见表 6-9。

表 6-9　　　　　　　　空气中不同浓度二氧化硫对人的急性毒性影响

浓度/(mg/m³)	毒 性 影 响
1.5	绝大多数人的嗅觉阈
3~8	连续吸入 120 h 无症状,肺功能的绝大多数指标无变化
8	约有 10% 的人可发生暂时性支气管收缩
20~30	立即引起喉部刺激的阈度
50	开始引起眼刺激症状和窒息感
125	吸入 30 min 的一次接触限值(试拟数值)
200	吸入 15 min 的一次接触限值(试拟数值)
400	吸入 5 min 的一次接触限值(试拟数值)
1 050~1 310	即使短时间接触也有危险
5 240	立刻产生喉头痉挛、喉水肿而致窒息

2. 预防与急救

（1）加强通风和源头管理。生产和使用场所应加强通风排毒，车间空气中二氧化硫浓度不应超过国家规定的允许浓度。密闭二氧化硫发生源，不使其溢散。

（2）注意个人防护。在生产、运输和使用时应严格按照刺激性气体有害作业要求操作和做好个人防护，简单的方法是将数层纱布用饱和的碳酸钠溶液及1‰甘油湿润后，夹在纱布口罩中吸收二氧化硫，工作后用2‰碳酸钠溶液漱口。

（3）口腔、眼、鼻、呼吸道慢性疾病患者不应接触二氧化硫。

发现二氧化硫中毒患者应根据病情区别处理。对呼吸道刺激患者，可给2%～5%碳酸氢钠溶液雾化吸入，每日三次，每次10 min。出现肺水肿等应及早、适量应用糖皮质激素；合理应用抗生素以防治继发感染。眼刺激损伤者，用大量生理盐水或温水冲洗，滴入醋酸可的松溶液和抗生素，如有角膜损伤者，应由眼科及早处理。

抢救二氧化硫重度中毒患者时应迅速将其移离现场至通风处，松开衣领，注意保暖，观察病情变化。对有紫绀缺氧现象患者，应立即输氧，保持呼吸道通畅。如发现喉头水肿痉挛和堵塞呼吸道时，应立即做气管切开。

工业生产场所的二氧化硫浓度不得超过15 mg/m³（0.000 5%）。

七、甲醛（HCHO）

甲醛是一种无色、有强烈刺激性气味的气体，易溶于水、醇和醚。甲醛在常温下是气态，通常以水溶液形式出现。35%～40%的甲醛水溶液叫作福尔马林。

1. 甲醛的毒性及危害

甲醛已经被世界卫生组织确定为致癌和致畸形物质，是公认的变态反应源，也是潜在的强致突变物之一。

甲醛的嗅阈因人而异，范围在0.1～1.2 mg/m³（0.000 007 5%～0.000 09%）。不同浓度时的机体反应见表6-10。

表 6-10 甲醛浓度及毒性反应

空气中甲醛浓度/（mg/m³）	机体刺激反应
<1.2	嗅出气味，可引起咽喉不适或疼痛
2.4～3.6	眼、鼻、咽喉轻度刺激，可耐受8 h
4.8～6.0	轻度流泪，可耐受30 min
12	大量流泪
12～24	咽喉严重烧伤、呼吸困难、咳嗽、肺水肿
30～50	肺部严重受伤，可致死亡

甲醛对人体健康的影响和危害主要有以下几方面：

（1）刺激作用：甲醛的主要危害表现为对皮肤黏膜的刺激作用，甲醛是原浆毒物质，能与蛋白质结合，高浓度吸入时出现呼吸道严重的刺激和水肿。

（2）致敏作用：皮肤直接接触甲醛可引起过敏性皮炎、色斑、坏死，吸入高浓度甲醛时可诱发支气管哮喘。

（3）致突变作用:高浓度甲醛还是一种基因毒性物质,可以引起细胞核的基因突变造成妊娠综合征、新生儿染色体异常、白血病等。实验动物在实验室吸入高浓度的甲醛时,可引起鼻咽肿瘤。在所有接触者中,儿童和孕妇对甲醛尤为敏感,危害也就更大。

（4）其他表现:头痛、头晕、乏力、恶心、呕吐、胸闷、眼痛、嗓子痛、心悸、失眠、记忆力减退以及植物神经紊乱等。

2. 预防

（1）加强通风,排出污染物。通风是简单、实用而且经济有效的方法。自然净化室内空气比任何产品都有效,即使使用了空气净化产品也应该保持室内通风,流通的空气也有助于空气净化产品发挥作用。

（2）加强对排放源的管理,如井下柴油机设备采取尾气净化措施。

（3）加强个体防护。活性炭对甲醛有良好的吸附作用。对相关工作人员应采取局部净化设备或防毒面具加以保护。

国家标准《民用建筑工程室内环境污染控制规范》(GB 50325—2010)规定:Ⅰ类民用建筑工程验收时室内空气中游离甲醛的浓度值必须小于等于 0.08 mg/m³,Ⅱ类民用建筑工程必须小于等于 0.1 mg/m³。

八、苯并(a)芘

苯并(a)芘是一种五环多环芳香烃类化合物,结晶为黄色固体,是不完全燃烧过程中产生的物质,相对分子质量为 252.3,沸点为 500 ℃,易溶于苯及丙酮、环己烷等有机溶剂中。600～900 ℃是最适宜的生成温度。1 200 ℃时分解成二氧化碳和水蒸气。其结构式如图 6-2 所示。研究分析表明,目前全球范围的多环芳烃污染,主要来自生活炉灶、工业锅炉等产生的烟灰;各种产生和使用焦油的工业过程,如炼焦、石油热裂解、煤焦油提炼、柏油铺路;各种原因的露天焚烧和火灾以及各种机动车辆及内燃机排出的废气。苯并(a)芘存在于煤焦油中,而煤焦油可见于汽车废气[尤其是柴油引擎排气中含有苯并(a)芘]、烟草与木材燃烧产生的烟以及炭烤食物中。其在体内的代谢物二羟环氧苯并芘是致癌性物质,结构式如图6-3 所示。环境中苯并(a)芘的分布量大致如下:

空气   0.01～100 μg/1 000 m³
纸烟烟气   15～20 mg/1 000 m³
海洋浮游生物   400 μg/kg
熏肉及熏鱼   50 μg/kg
沥青   2.5%～3.5%

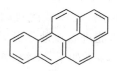

图 6-2　苯并(a)芘化学结构式　　　　图 6-3　二羟环氧苯并芘化学结构式

1. 毒理

它虽然是微量分布的物质,但长期食入和吸入可导致癌症发生。例如,吸烟人群的肺癌发病率比不吸烟人群高 10 倍。印度北方邦居民有咀嚼烟草的习惯,口腔癌发病率显著高于其他地区。爱吃熏制鱼、肉的斯堪的纳维亚半岛的居民,肠癌发病率高。炼焦、沥青作业工人的发病率也很高。

从口摄入的苯并(a)芘,约有一半未发生改变从粪便排出,其余经肠道吸收,肝脏解毒,经尿液及胆道排出。未参与代谢的有致癌作用。

2. 预防

环境中到处都存在苯并(a)芘,短期作用对人不发生反应,但从职业防护角度应予以注意。

(1) 工厂企业要做好废水、废气、废物处理,保护水源,避免苯并(a)芘对环境的污染;要改善燃煤、柴油、汽油等燃料的质量,保证充分燃烧,以减少苯并(a)芘的产生;井下用柴油机必须选用低污染柴油机,排气口应安装催化剂和水箱以除去未燃烧的碳颗粒及附着于其上的苯并(a)芘。

(2) 苯并(a)芘是以气溶胶状态存在于空气中,所以各种工业防尘措施对防止苯并(a)芘也有效果。

第三节　常见金属与非金属毒物

生产性毒物的种类很多,除气体毒物外,在分类上还有金属与类金属毒物(铅、汞、锰、镉、砷等)、非金属毒物(苯、三硝基甲苯、酚、四氯化碳等)等。本节仅介绍几种最典型的金属与非金属毒物。

一、铅

铅(Pb)是质软、强度不高的金属,相对原子质量为 207.2,密度很大($11.34\ g/cm^3$),仅次于汞和金,呈淡灰色。铅的熔点为 327 ℃,沸点为 1 525 ℃,加热到 400 ℃以上即有大量铅蒸气逸出,并在空气中迅速氧化成氧化亚铅及氧化铅而形成铅烟。铅常以方铅矿(PbS)形式产出。在开采、冶炼以及焊接含铅金属时均有大量铅蒸气产生,易引起中毒事故。

使用铅及其化合物的行业有蓄电池、电缆包铅、玻璃、搪瓷、食品罐头以及旧设备拆解等,作业人员均可受到其危害。汽车使用含铅汽油还会造成环境污染。

1. 进入人体的途径

(1) 呼吸道。当铅以烟和尘的形式弥散在空气中时,将通过呼吸道进入体内,其吸入的铅量随着尘粒的大小而有差异,其中 70%~75%仍随呼气排出,被体液溶解的铅被吸收进入血液。被吞噬细胞吞噬的微细粉尘,尤其是可溶解的铅尘,能进入血液和肝脏。

(2) 消化道。主要来自铅作业场所进食、饮水,也可通过污染的水、食物、食具和手以及呼吸道的黏液而被摄入体内。在肠道内吸收后,大部分经门静脉、肝脏、胆道又由肠道随粪便排出体外,小部分(约 10%)进入血液。由于胃内胃酸的作用,铅极易被吸收。

(3) 皮肤。含铅汽油中的铅可通过皮肤进入人体。

2. 铅的蓄积与排出

铅进入机体后,主要以铅盐和与血浆蛋白结合的形式最初分布于全身各组织,数周后约有95%以不溶的磷酸铅形式沉积在骨骼系统和毛发,仅有5%左右的铅存留于肝、肾、脑、心、脾等器官和血液内。而血液内的铅约有95%分布在红细胞内。沉积在骨组织内的磷酸铅呈稳定状态,与血液和软组织中铅维持着动态平衡。被吸收的铅主要经肾脏排出,还可经粪便、乳汁、胆汁、月经、汗腺、唾液、头发、指甲等途径排出。尿中含铅量多少对诊断有意义,它基本反映出体内含铅量。

3. 中毒症状

(1) 急性或亚急性中毒

急性中毒极少见,在生产中主要是慢性中毒。

急性或亚急性中毒的临床特点为剧烈腹绞痛、贫血、中毒性肝病、中毒性肾病、多发性周围神经病等。除铅中毒指标明显升高外,胆红素也升高,尿中可见红细胞、白细胞,血色素和红细胞均下降。严重者发生铅麻痹,出现剧烈头痛、抽搐、谵妄、惊厥、木僵甚至昏迷。

表 6-11　　　　　　　　铅在成人组织内的分布　　　　　　单位:mg/100 g 组织

人体组织	非铅接触者	大量铅接触者
肾	0.05	0.22
肝	0.12	0.71
脾	0.03	0.86
肌肉	0.03	0.10
肺	0.03	0.08
脑	0.04	0.35
扁平骨	0.65	13.00
长骨	1.78	8.00

(2) 慢性中毒

接触铅尘和铅蒸气,尿铅已测出但无症状者,叫带铅者,是慢性中毒的前期阶段。铅侵入人体过多,发生病理作用,症状明显即为铅中毒,常见的症状有腹绞痛、贫血、神经麻痹等。严重者可致中毒性脑病。

职业性铅中毒多为慢性中毒,临床上会出现神经系统、消化系统、血液系统的综合症状。

① 神经系统。表现为头痛、头晕、失眠、多梦、记忆力减退、全身无力、肌肉和关节酸痛等神经衰弱症候群。症状较轻者是早期铅中毒的表现,脱离接触和治疗后症状可消失。

神经系统的另一临床表现为多发性神经炎,分为三种类型:感觉型的表现是肢端麻木、四肢末端有袜套或手套样感觉障碍;运动型表现为握力减退,伸肌无力,严重的表现为腕、足下垂,手指弯曲甚至瘫痪;感觉型和运动型的综合即为混合型多发性神经炎。

② 消化系统。患者口内有金属味,偶有铅线,即牙龈边缘有蓝黑色线带。上腹胀闷不适、食欲不振或恶心、大便秘结、呕吐等症状往往是腹绞痛的前趋症状。中毒者常有突发腹绞痛、面色苍白、急躁不安、出冷汗等症状。

③ 血液系统。急、慢性铅中毒均可发生贫血。

此外,铅还对肾脏有损害,尿中可见蛋白及红细胞、管型。女性可有流产、早产及月经障碍。哺乳妇女乳汁排铅,可影响婴儿。因此,妇女不宜从事有铅毒的作业。

4. 职业防护

(1)采用工程技术措施,控制铅有害因素的扩散。

① 降低作业场所空气中的铅浓度。生产中尽量用无铅、低铅物质代替含铅、高铅物质;采用适当的生产工艺,包括加料、出料包装等方法,以减少铅烟和铅尘的扩散;贮存中控制好温度、湿度,有利于减少扩散。

② 采用密闭化、自动化设备。把铅烟尘和蒸气控制在设备系统中,抽排出去,并经净化后排入大气。条件允许时还可采用湿式作业防止铅尘飞扬。

③ 采取远距离操作、自动化操作,辅以防护用品加强个人防护,防止直接接触含铅物质。个人防护用品包括呼吸具(防尘防毒用的口罩、面罩)、面盾(防紫外线)、防护服(防酸、碱、高温)、手套(防振动)、鞋等,应根据接触情况选用。

(2)加强健康教育和健康监护。

作业人员应正确认识职业性铅有害因素,提高自我防护意识,自觉参与预防,并做好个人卫生和培养良好的卫生习惯,不在车间内吸烟、用餐。如必须饮水、吃饭时,须做好食物、水的保洁工作。

健康监护的基本内容包括健康检查、健康状况分析和劳动能力鉴定等。

健康检查包括就业前健康检查和定期健康检查。对有血液病、贫血、神经系统器质性疾患,肝、肾器质性疾患者,不能从事有铅行业岗位的工作。定期健康检查,利于早发现、早治疗、早预防。带铅及铅中毒人员必须进行排铅治疗,轮换休假疗养。

健康状况分析和劳动能力鉴定等将在其他章节中叙述。

5. 加强生产环境监测

定期监测工作场所空气中的铅浓度,是评价其职业危害的重要依据,不合格时必须采取措施。铅烟最高允许浓度为 0.03 mg/m³,铅尘为 0.05 mg/m³。加强生产环境监测也是掌握生产环境中职业性铅危害的性质、种类、强度(浓度)及其时间、空间的分布状况,为评价职业环境是否符合卫生标准提供依据。为此,应根据生产实际情况及监测目的,建立定期监测制度及卫生档案制度。

二、汞

汞在常温下是一种银白色液态金属,密度为 13.59 g/cm³,溶点为 -38.9 ℃,沸点为 356.9 ℃,蒸气密度为 6.90 g/cm³。汞和铅一样,在沸点以下已开始蒸发,常温下也能蒸发,其饱和蒸气压已大于允许浓度。

1. 接触机会

汞是常见的工业金属毒物之一,在现代工业中有着广泛的应用,在生活中也有很多接触机会。工业上除使用金属汞外,还有许多汞的无机和有机化合物。如汞矿的开采、冶炼,用汞齐法提取金银等贵金属;实验、测量仪器的制造和维修;化学工业用汞作阴极电解食盐生产烧碱和氯气;军工生产中雷汞的使用;塑料、染料工业用汞作催化剂;医药及农业生产中含汞防腐剂、杀菌剂、灭藻剂、除草剂的使用等。汞蒸气不仅在接触汞的车间和开采汞的矿井中存在,在实验室内使用的有汞仪表损坏时,水银散落桌上、地面上形成许多小的汞珠,表面积增大,蒸发加快,汞蒸气易被墙壁、工作台或衣物吸附,常形成污染空气的二次汞源,对人的健康造成持续危害。

在日常生活中,水银体温计破碎,过量服用含汞药物如朱砂、甘汞等都能导致汞中毒,对人体造成危害。

在生产条件下,金属汞主要以蒸气形式经呼吸道进入人体,其进入人体的量占吸入量的80%左右。金属汞经消化道吸收的量极少,可以忽略不计。因意外事故(如体温计破损)金属汞也可以经皮肤进入人体。进入人体的汞主要随尿排出,也可经唾液、乳汁、月经血排出。汞的排泄很缓慢,脱离汞作业数月至一年后,尿汞仍高于正常值。

2. 毒性及临床表现

汞及其化合物有相似的毒性,汞中毒是较常见的职业病之一,进入人体过量即可引起中毒。

金属汞进入人体后,很快被氧化成汞离子,汞离子可与体内酶或蛋白质中许多带负电的基团如巯基等结合,使细胞代谢、蛋白质和核酸的合成受到影响,从而影响细胞的功能和生长。汞通过核酸、核苷酸和核苷的作用,阻碍了细胞的分裂过程。无机汞和有机汞都可引起染色体异常并具有致畸作用。此外汞能与细胞膜上的巯基结合,引起细胞膜通透性的改变,导致细胞膜功能的严重障碍,甚至导致细胞坏死。因种类不同,汞及汞化物进入人体后会蓄积在不同的部位,从而造成这些部位受损。如金属汞主要蓄积在肾和脑,无机汞主要蓄积在肾脏,而有机汞主要蓄积在血液及中枢神经系统。当尿汞值超过 0.05 mg/h 时即可引起汞中毒。

汞中毒分急性中毒和慢性中毒。

(1)急性汞中毒

急性中毒较少见,由呼吸道或消化道大量进入体内的金属汞或汞化物后,数小时至数日内出现症状为急性中毒。可出现头晕、全身乏力、发热、口腔炎以及恶心、腹痛、腹泻等症状,严重时可导致急性肺水肿和急性肾衰。

(2)慢性汞中毒

长期吸入汞蒸气,接触低浓度汞及汞的化合物引起的职业性中毒为慢性汞中毒。经过几个月、几年后可出现症状,可分为轻度中毒、中度中毒和重度中毒。

① 轻度汞中毒。表现为功能性神经衰弱症候群,如全身乏力、头昏、头痛、记忆力明显减退、睡眠障碍等;轻度情绪改变,如急躁、易怒、忧郁、注意力不集中等;汞中毒性震颤,手指、舌、眼睑轻度震颤;消化道功能紊乱,患者有口腔炎,口中有金属味,牙龈边缘有蓝黑色汞线。

② 中度汞中毒。性格有明显改变;记忆力显著降低,影响到工作和生活;手、舌、眼睑震颤明显,可出现因舌震颤而口吃,手震颤而书写困难,容易激动且情绪紧张时震颤加剧。

③ 重度汞中毒。有明显的神经精神症状,导致汞中毒性脑病,表现为四肢及全身粗大震颤、共济失调、痴呆。

3. 预防

(1)改革生产工艺,生产中尽量用其他无毒或低毒物代替汞,如用乙醇、石油、甲苯等取代仪表中的汞,用热电阻温度计取代汞温度计,用隔膜电极取代汞电极以进行食盐电解等。采用无汞工艺方法提纯贵重金属。

（2）制定安全操作法，加强个人防护。禁止在作业场所吸烟、饮水、进食、休息和娱乐。班中应配备有效的个人使用的防护用品如工作帽、工作服和防汞口罩。班后更衣洗浴，工作衣帽由厂方定期换洗。

（3）加强车间的通风排尘工作。局部产生汞蒸气的工作点应设下吸式或侧吸式抽风设备，排出污染的空气应以漂白粉或碘化钾溶液处理后排空。

（4）保持环境清洁，防止汞沉积。汞作业场所的建筑应采用光滑的墙面、地板；桌椅、工作台均需坚实、光滑，便于清洗；地面和台面需有一定的斜度，以便冲洗，低处应有贮水的汞收集槽。实行严格的清洁卫生制度，如定期冲洗等。

（5）对被汞污染的车间或场所应进行处理，有如下方法：

① 碘熏蒸法：将熏蒸车间门窗关闭，按每立方米空气1 g碘加热蒸发，使汞蒸气与碘蒸气生成难挥发的碘化汞，沉降后再用水清洗。

② 碘升华法：按0.1 g/m³空气取碘放在开口器皿中自然升华，12 h后可将空气中的汞浓度降至允许值以下。但精密仪器不可放在室内。

③ 用漂白粉溶液冲洗地板、工作台及墙壁也可达到上述目的，但对空气中的汞蒸气效果不佳。

（6）定期进行身体检查。神经疾病，肝、肾有器质性疾病，口腔疾病都是职业禁忌证。妊娠期、哺乳期妇女应脱离汞作业。中度及重度慢性汞中毒患者应永久脱离汞作业。

（7）敞开容器的汞液面可用甘油或5%硫化钠溶液等覆盖，防止汞蒸气的蒸发。定期测定空气中的汞含量，如不合格应采取有效措施使工人作业环境符合国家的卫生标准和职业卫生要求，我国工作场所空气中汞时间加权平均容许浓度为0.02 mg/m³。

三、苯

苯（C_6H_6）在工业上由焦炉气和煤焦油的轻油部分中提取回收，广泛应用于工业各部门。主要用作化工原料和有机溶剂，如合成苯的衍生物，如苯酚、氯苯、硝基苯等；制作香料、染料、塑料、农药、医药、炸药、油漆和橡胶等。

苯的相对分子质量为78.11，是无色透明易挥发的液体。有较强的脂溶性，纯苯具有特殊芳香味，常温下挥发，随着温度的升高，挥发速度加快。沸点为80.1 ℃，苯蒸气密度是空气的2.7倍，在空气中自燃温度为58.0 ℃，燃烧极限为1.4%~8%。燃烧时发生光亮而带烟的火焰。苯蒸气与空气形成爆炸性混合物。微溶于水，可溶于乙醇、乙醚、汽油、丙酮和二硫化碳等有机溶剂。

苯中毒主要作用于神经系统和造血系统。液态苯虽能通过皮肤吸收，但吸收甚少，一般不致引起全身中毒，但长期接触可患皮炎。职业性苯中毒主要是吸入过量苯蒸气。

1. 急性中毒

急性中毒多发生于意外情况下，较为少见。空气中苯蒸气浓度达到2%，10 min即可死亡。1%即有生命危险。0.1%可发生重度中毒，症状有严重头疼、神志不清、震颤、谵妄、昏迷和抽搐，极严重的可因呼吸中枢麻痹而死亡。

轻度中毒可有头痛、头晕、神志恍惚有如醉酒，也可出现嗜睡、视力模糊、手足麻木以及恶心、呕吐等消化道症状。脱离接触、对症治疗可逐渐恢复健康，无后遗症。

2. 慢性中毒

长期工作在苯蒸气超过允许标准的环境中,可导致慢性苯中毒。主要症状有:

(1)神经系统。出现神经衰弱症候群,这时应停止接触并改善工作环境的空气质量。个别可有四肢末梢麻木等症。

(2)造血系统。苯中毒导致造血系统损害,须十分重视。表现为白细胞减少,是慢性苯中毒特征之一。继而血小板减少,出现出血倾向,还可发生再生障碍性贫血。长期接触苯蒸气有极少数白血病发生。

(3)出血倾向。中毒者可有牙龈出血、鼻衄、紫癜以及月经过多症状。

(4)骨髓象。骨髓再生不良,也可见局灶性病态性增生象。

苯中毒还会导致染色体的异常,不可忽视。

3. 现场处理与预防

发现急性中毒应迅速将中毒者移到空气新鲜处,脱去毒物污染的衣服,用温水清洗皮肤,注意保暖,必要时吸氧。若有呼吸停止,立即进行人工呼吸。对眼睛灼伤者立即用清水彻底冲洗。

(1)改革生产工艺,把苯的危害消灭在源头。以自动化、密闭化等技术消除手工操作,避免直接接触。用无毒溶剂代替苯。推广静电喷漆等新工艺。

(2)加强通风排毒。生产车间应安装全面通风设施,及时输入新鲜空气。因苯系高挥发性溶剂,操作口处的控制风速应大于 0.5 m/s。排出的废气应进行处理。

(3)做好职工个人防护,建立严格的规章制度,穿戴工作衣、帽,按规定配备防毒面具和空气呼吸器,不在工作岗位休息、进食等。肝肾疾病以及哮喘患者均不宜从事苯作业。

(4)进行作业环境监测。对苯作业环境空气中的苯浓度应定期进行监测,发现超标,应找出原因予以处理。国家卫生标准为 40 mg/m³。

(5)健康监护。凡从事苯作业的工人都应做就业前体检,在职工人每年体检一次。职业禁忌证:就业前体检时,血象指标低于或接近正常值下限者;各种血液病;严重的全身性皮肤病等。

第七章　辐射及其安全防护

辐射是自然界中的一种普遍现象,我们时刻都处在辐射环境中,在人们熟知的三大污染(空气、水、噪声)之后,辐射已被公认为第四大污染。这些辐射包括:

(1) 来自太阳的红外辐射、紫外辐射。这种辐射经过大气层特别是臭氧层的吸收和阻挡,对人类已影响不大,但若日照时间过长,也会构成一定危害。特别是人类活动对臭氧层的破坏,将会对人类的生存构成威胁。

(2) 来自宇宙空间的宇宙射线、γ射线。其变化有时会对人类的活动(如通讯)产生影响。

(3) 地壳中各种放射性元素产生的本底辐射。这种辐射在大部分地区都是安全的,一般人类已经适应,但局部地区会超过环境卫生标准,如我国广东省的阳江地区。在铀矿和部分非铀矿山的开采过程中,该辐射也不可忽视。

(4) 人类活动产生的各种电磁波辐射。如各类无线电信号、医学透视、家用的微波炉、电磁灶、工业生产中的辐射源等。

本章所说的辐射防护主要是指工业生产环境中辐射强度或剂量超过职业卫生标准,而对工人产生健康危害的各种辐射。

从卫生防护角度研究辐射,通常是按其对人体的伤害机理(生物学作用机理)不同,将其分为电离辐射和非电离辐射。

物理学中的量子学说认为电磁波辐射是由无数个粒子组成的量子流。根据普朗克法则,每一个量子的能量为:

$$E = hf = h\frac{C}{\lambda_1}$$

式中　h——普朗克(Planck)常量,6.626×10^{-34} J·s;

　　　f, λ_1, C——电磁波的频率、波长、速度。

f越高,λ越小,E越大,生物学作用越强。当$E > 12$ eV时,其量子能量就能够引起生物组织的电离;当$E > 100$ eV时,将对机体产生严重的电离伤害。故辐射研究领域将$E > 12$ eV的电磁波产生的辐射称为电离辐射,对应电磁波的波长为$\lambda = 103$ nm(介于紫外线和X射线之间);而当$E < 12$ eV时,其能量不足以导致生物组织电离,其生物学作用主要是物理作用,如使组织分子震颤、加热等。例如红外线,其量子能量$E = 1 \sim 2$ eV,只产生热效应。

不能引起生物组织电离作用的辐射称为非电离辐射。

除电磁波中的高频端量子外,自然界中还有一些粒子,其量子能量远大于12 eV,故其产生的辐射也称为电离辐射,并且在大多数情况下,电离辐射主要就是指这类辐射。所以电离辐射是指一切粒子能量大于12 eV的辐射。

第一节 放射性衰变与电离辐射

电离辐射是一种有足够能量使电子离开原子所产生的辐射。自然界中主要的电离辐射来源于一些不稳定的原子,这些不稳定的原子(指放射性核素或放射性同位素)为了变得更稳定,原子核自发地释放出次级和高能光量子(γ射线)并蜕变成另一种元素的原子核。上述过程称为放射性衰变。例如,自然界中存在的天然核素镭、氡、铀、钍等。此外,人类的活动(例如在核反应堆中的原子裂变)和自然界活动也释放出电离辐射。在衰变过程中,辐射的主要产物有α、β和γ射线。X射线是另一种由原子核外层电子引起的辐射。

人类主要接收来自于自然界的天然辐射。它来源于太阳、宇宙射线和在地壳中存在的放射性核素。从地下溢出的氡是自然界辐射的另一种重要来源。从太空来的宇宙射线包括能量化的光量子、电子、γ射线和X射线。在地壳中发现的主要放射性核素有铀、钍、钋及其他放射性物质,它们释放出α、β或γ射线。

一、放射性衰变及其辐射特点

1. α衰变

不稳定的核自发地放出α粒子而变成另一种核叫α衰变。α粒子是带正电的高能粒子(氦原子核),由两个中子和两个质子组成,带两个正电荷($_2^4\text{He}$)。它所到之处很容易引起电离。所谓电离就是由于带电粒子的作用使围绕原子核运动的被束缚电子摆脱束缚而变成自由电子,此时原子就带有电荷,称为离子。α射线的这种强电离作用对人体内组织的破坏能力很大,长期作用能引起组织伤害甚至导致癌症的发生。α粒子流就是α射线也即α辐射,由于它在穿过介质后迅速失去能量,所以不能穿透很远。但是,在穿入组织时(即使是不能深入)也能引起组织的损伤。α粒子在空气中的射程只有几厘米,一张薄纸就能挡住它。

2. β衰变

β衰变时放出的β粒子实际上是电子。β粒子静止时质量等于电子。β射线是一种带电荷的高速运行的粒子,β射线的电离作用比α射线小得多,但β射线比α射线更具有穿透力,一些β射线能穿透皮肤,引起放射性伤害,射线一旦进入体内引起的危害更大。β粒子能被体外衣服消减或阻挡,一张几毫米厚的铝箔可完全将其阻挡,防护上较为容易。

3. γ射线

γ射线是伴随α、β衰变放出的一种波长很短的电磁波,同可见光、X射线一样,γ射线是一种光量子。既不带电荷,又无质量,但具有很强的穿透力。穿透物质时能激发原子核周围的电子脱离原子核的束缚而使其发生电离。天然核素^{40}K(钾-40)及人工核素^{239}Pu(钚-239)和^{137}Cs(铯-137)是环境中γ射线的主要来源。

γ射线能轻易穿透人的身体,对人体造成危害。1 m以上厚度的混凝土能有效地阻挡γ射线。

4. X射线

X射线是带电粒子与物质交互作用产生的高能光量子。X射线与γ射线有许多类似特性,但它们起源不同。X射线由原子外部引起,而γ射线由原子内部引起。X射线比γ射线能量低,因此穿透力小于γ射线。成千上万台X射线机在日常中被运用于医学和工业上。

X 射线也被用于癌症治疗中破坏癌变细胞。由于它的广泛运用,X 射线是人造辐射的最大来源。几毫米厚的铅板能够阻挡住 X 射线。

二、电离辐射单位

放射性元素原子核的不稳定程度越大,则衰变的百分数越大。例如,在 10^{13} 个镭原子中每秒钟将会有 138 个原子发生衰变,即相当于每个镭原子每秒有 1.38×10^{-11} 发生衰变的可能,氡原子则有 2.1×10^{-6} 个原子衰变。这个值叫衰变常数(λ)。镭的衰变常数是 $\lambda = 1.38 \times 10^{-11} \ \text{s}^{-1}$,氡的衰变常数 $\lambda = 2.1 \times 10^{-6} \ \text{s}^{-1}$。

放射性物质的原子数的变化可写成下式:

$$\text{d}N = -N\lambda \text{d}t \tag{7-1}$$

积分得

$$N_t = N_0 \text{e}^{-\lambda t} \tag{7-2}$$

式中　N_0——开始时刻的原子数;

　　　N_t——时间 t 后剩余的原子数;

　　　t——衰变经过的时间,s。

放射性原子核数因衰变而减少到原来一半所需的时间叫半衰期,记作 $T_{1/2}$。任一放射性元素的半衰期为:

$$T_{1/2} = -\ln \frac{1}{2} / \lambda \tag{7-3}$$

例如,$^{238}_{92}\text{U}$ 半衰期是 4.51×10^9 年,$^{232}_{90}\text{Th}$ 的半衰期是 1.39×10^{10} 年,$^{212}_{84}\text{Po}$ 的半衰期只有 3.0×10^{-7} s。

单位时间内放射性核素衰变的多少称之为放射性强度。国际单位制以"1 衰变/秒"做单位,称为贝克勒尔(Bq)。非国际单位制中常以居里(Ci)为单位,其关系为:

$$3.7 \times 10^{10} \ \text{Bq} = 1 \ \text{Ci}$$

放射线照射物体时,其全部或部分能量传给受照射物体而使其接受电离辐射的能量叫吸收剂量,吸收剂量规定为每千克物体接受 1 J 能量时称为 1 戈瑞(Gy)。在非国际单位制中以拉德(rad)为单位,其关系为:

$$1 \ \text{Gy} = 1 \ \text{J/kg} = 100 \ \text{rad}$$

辐射的照射量也可采用库仑/千克(C/kg)表示。同样的照射剂量对不同组织在不同条件下作用效果也不一样,还与射线种类和照射方式(内照射、外照射)有关。因此,实际应用中用剂量当量表示,单位是希(沃特)或毫希,用 Sv 或 mSv 表示。

$$1 \ \text{Sv} = 1 \ \text{J/kg} = 100 \ \text{rem}(雷姆,非国际单位制单位)$$

吸收剂量是物理学量,而剂量当量则考虑了生物效应。

第二节　电离辐射伤害及其安全防护

辐射广泛用于医学、工业等领域。人造辐射主要用于:医用设备(例如医学及影像设备);研究及教学机构;核反应堆及其辅助设施,如铀矿以及核燃料厂。上述设施必将产生放射性废物,也会向环境中泄漏出一定剂量的辐射。放射性材料还广泛用于日常生活和消费领域，如荧光粉、釉料陶瓷、火灾烟雾探测等。

电离辐射过量照射人体可致严重后果。人体受各种电离辐射照射而发生的各种类型和程度的损伤（或疾病）总称为放射性疾病。包括：① 全身性放射性疾病，如急、慢性放射病；② 局部放射性疾病，如急、慢性放射性皮炎，放射性白内障；③ 放射性辐射所致远期损伤，如放射线所致白血病。放射性疾病为国家法定职业病。

电离辐射能引起细胞化学平衡的改变，某些改变会引起癌变。电离辐射还能引起体内细胞中遗传物质 DNA 的损伤，这种影响甚至可能传到下一代，导致新生一代先天性畸形、白血病等。在大剂量辐射的照射下，也可能在几小时或几天内引起病变，直至死亡。

一、外照射伤害及防护

电离辐射对人体损伤的生物学作用机理，一般认为可有：① 原发作用，即电离辐射直接作用于对生命有重要意义的大分子，如脱氧核糖核酸、核蛋白及酶类，使其发生电离、激发或化学键断裂，引起分子变性和结构破坏。也可以是电离辐射作用于人体的水分子，发生电离或激发，产生大量具有强氧化作用的 OH、HO_2 自由基，再同细胞内有机化合物相互作用，引起变性，继而在体内产生一系列生物学效应。② 继发作用，是在一系列原发作用基础上，染色体发生畸变，基因移位或脱失而致细胞核分裂抑制，产生病理性核分裂等；酶系统对射线极为敏感，由于酶失去活性也产生一系列病理变化。

除核工业的铀矿开采和部分非铀矿山外，外照射不会成为普遍的危害。外照射主要是指 γ 射线的辐射。放射性物质的开采、加工、提纯、贮存等工作场所，γ 辐射的外照射强度可能达到危险的程度，只有当工作场所有足够数量的放射性物质及放射性强度时才构成对人的外照射危害。急性外照射放射病是短时间内大剂量电离辐射作于人体而引起的全身性疾病。一次照射超过 1 Gy，就可引起此病。大剂量的照射一般由事故或者是特别的医疗过程所造成，战时的原子武器袭击造成的核辐射和沾染区的放射辐射都可引起此病。平时的核反应堆及放射治疗设备的意外事故也会引起此病。在大多数情况下，大剂量的急性照射能引起立即损伤，并产生慢性损伤。如大面积出血、细菌感染、贫血、内分泌失调等，后期效应可能引起白内障、癌症、DNA 变异，极端剂量能在很短的时间内导致死亡。

1. 急性外照射放射病

根据受照剂量的大小，急性放射病分为造血型、肠型和脑型三大类型。受照剂量在 1～8 Gy，出现以造血系统损伤为主的放射病。轻度造血型急性放射病一般在伤后数日内出现疲倦、头晕、恶心、食欲减退及失眠等症状。血象有改变，40～50 天可自行恢复，愈后良好。中度和重度的病情表现基本相似，只是严重程度不同，初期可有头昏、疲倦、恶心、呕吐以及失眠等症状。以后进入假愈期和极期。假愈期表面症状均见好转，但机体内病情仍在发展。开始脱发、皮肤黏膜出血是极期开始的先兆。进入极期，患者全身情况很快恶化，出现全身虚弱、神情淡漠、眩晕、头痛、失眠等症。人体受到 8 Gy 以上剂量照射后，出现以消化道症状为主的肠型急性放射病。剂量增大至 50 Gy 以上，则出现以脑损伤为主的脑型急性放射病。病程发展急剧，受伤后立即发生顽固性呕吐、腹泻、血压下降、抽搐、昏睡。几小时或 1～2 日内可死于惊厥和休克，除核武器袭击外平时极少见此类伤害。

2. 慢性外照射放射病

可能发生慢性外照射放射病的工种有：从事射线诊断、治疗的医务人员，使用放射性核素或 X 线机探伤的工人,核反应堆、加速器的工作人员及使用中子或 γ 源的地质勘探人员等。

电离辐射在人体组织内释放能量,能导致细胞死亡或损伤。但在较小剂量下,它并不能造成立即伤害。在某些情况下,细胞并不死亡,但可能变成非正常细胞,甚至发展为癌变细胞,最终导致癌症发病率大大增加。受照损伤范围依赖于照射源的大小、受照时间以及受照组织。受较小或中等照射的伤害并不能在几个月甚至是一年中显示出来。例如,因照射引起的白血病,从受照到发病的潜伏期约为 2 年,肿瘤潜伏期为 5 年。照射后产生的病变与发病的概率依赖于受照类型(慢性照射或急性照射)。慢性照射在长时间内断断续续地暴露在低水平剂量的辐射环境下,其危害作用只有在被照射一段时间后才可能被察觉。这种危害作用包括:DNA 变异、诱发良性或恶性肿瘤、白内障、皮肤癌、先天性缺陷等。

机体在较长时间内受到超剂量的 X 射线、γ 射线或中子的体外照射,当累积剂量达一定时将引起慢性放射性全身症状。有的研究认为,每天遭受 $(1.3 \sim 5.2) \times 10^{-3}$ C/kg 的 X 射线全身照射,累积达 7.8×10^{-2} C/kg 时,就会明显地出现白细胞减少症。如果经常受到超过允许剂量 $3 \sim 8$ 倍的 γ 射线的全身照射时,持续 $2 \sim 3$ 年后受照人员健康将恶化。临床症状表现为:

(1) 多数患者早期有乏力、头昏、头痛、睡眠障碍、记忆力减退与心悸等植物神经系统功能紊乱的表现,有的出现牙龈渗血、鼻衄、皮下瘀点、瘀斑等出血倾向。症状可能时轻时重,与接触剂量密切相关。

(2) 内分泌变化。部分男性患者有性欲减退、阳痿、精子不成熟等症状,精子不成熟往往在长期不能生育后才发现。女性患者出现月经失调、痛经、闭经等。

(3) 少数病人可有视力减退、视物模糊、眼睑干燥现象。放射性白内障则多见于接触中子的人员,也可见于接触 γ 射线和 X 射线的工作人员。少数眼部接受剂量较多的患者可出现晶状体后极部后囊下皮质混浊或白内障。

(4) 出血症状。病情明显时可伴有出血倾向,毛细血管脆性增加。出血多见于牙龈,其次是鼻衄、皮肤及黏膜。

(5) 毛发脱落、牙齿松动、皮肤褶皱增多、早老早衰等也属常见。长期从事放射诊断、骨折复位和镭疗医务人员中,可见到毛发脱落,手部皮肤干燥、皲裂、角化过度,指甲增厚变脆,甚至出现长期不愈合的溃疡或放射性皮肤癌。

3. 外照射的防护

放射性工作者应严格遵守操作规程和防护规定,以减少不必要的照射。辐射源与工作人员之间应按射线性质安置屏蔽物;操作要熟练,缩短接触放射源的时间;设法增加与放射源之间的距离,以减少照射剂量。应进行严格的就业前体检,活动性肺结核、糖尿病、肾小球肾炎、内分泌及血液系统疾病,均属接触射线的禁忌证。定期体格检查,建立个人健康和剂量档案资料。使用放射源时应设置醒目标志,以防意外。

凡有上述任何症状而从事放射性工作的人员应立即调离有辐射源的工作地点并予以对症治疗。最重要的预防方法是避免累计剂量和瞬时照射剂量超过标准。

除人为放射源外,来自宇宙空间的宇宙射线和地壳中的天然放射性元素 U、Th、Ac 等以及大气中的 C^{14}、氡等各种辐射源形成的天然辐射水平经常使人受到本底照射,平均每人约 1×10^{-3} Sv/a。一些矿工在井下所受到的井下环境外照射量远高于此值,约为地表的

$5\sim10$ 倍甚至更大。此外,医疗照射、环境污染等人工辐射源也可达每人 1×10^{-3} Sv/a 的照射量。

面对来源广泛的外照射及危害,如何采取技术措施保护有关人员免受过量照射一直是放射防护与安全研究的重要内容。外照射的特点是:接近辐射源就会受到照射,离开辐射源就少受照射或不受照射,用屏蔽物阻挡,也能避免或减少所受的照射。因此,外照射的防护可以采取时间、距离、屏蔽三个方面的防护措施。

（1）时间防护

缩短受照时间是简易而有效的防护措施。因此在辐射源附近必须尽可能留驻较短的时间,以减少辐射的照射。外照射累积剂量与被照射的时间成正比。因此在不影响工作的原则下,应尽可能减少受照时间,可通过周密的工作计划、充分的技术准备和熟练的操作程序来实现。如果一个人操作时间太长,可以由数人轮流操作,以控制和减少个人的受照时间。

（2）距离防护

点状辐射源所产生的辐射强度与距离平方成反比,因此应使操作人员尽可能远离辐射源,因为即使离辐射源稍远一点,也可以使受到的照射剂量显著减少。在实际工作中常使用远距离操作器械,如使用机械手、自动化设备或遥控装置等使操作者尽可能远离辐射源,是实现距离防护的有效途径。

（3）屏蔽防护

在实际工作中单靠时间和距离防护,往往达不到安全防护的要求,因此根据射线通过物质后其强度会被减弱的原理,在辐射源与工作人员之间放上屏蔽物,以减少或消除射线的照射。根据防护要求的不同,屏蔽物可以是固定式的,也可以是移动式的。

根据射线种类的不同,可以选择不同的材料做屏蔽物。防 γ 射线和 X 射线可用铅、铁、水泥、砖、石、铅玻璃等,防 β 射线可用铝、玻璃、有机玻璃等,防中子辐射可用石蜡、硼酸、水等。

上述的防护原则和手段适用于贯穿本领较大的 γ 射线、X 射线、中子流和硬 β 射线。α 射线因其穿透能力很小,故一般不考虑其外照射的防护。

二、内照射的伤害及防护

1. 氡的来源及危害

内照射主要指吸入具有辐射能的放射性微粒后,在体内对组织、器官施加的辐射。在开采和加工放射性矿物时,就会有带辐射能的放射性微粒飞扬起来。地壳内普遍存在放射性元素,只是多少的问题。放射性元素在自然界存在铀系、钍系和锕系 3 个天然衰变系。现以 ^{238}U 的衰变为例,说明放射性 α 射线的存在及其特点。

铀系衰变按其固有的顺序进行,它的衰变顺序和速率不是物理的和化学的方法所能改变的。

从地壳形成时,就存在放射性铀。经历了漫长的几十亿年的地质年代,地壳中的铀、钍、锕等放射性母体核素不断地按一定的规律向各个子代衰变。因此,在地壳中只要有铀存在,其原始位置上就有各个子代核素存在,铀的第五代衰变产物是镭(原子量 226),镭再衰变成氡,氡气再向其子代衰变。氡是由镭衰变产生的自然界唯一的天然放射性惰性气体,它没有颜色,也没有任何气味,因此被称为"天然杀手"。实际上,不仅在铀矿山有放射性氡存在,在各种矿岩和地下水中都有氡气存在。这是因为矿岩中都有微量或极微量的铀、镭成分,它们衰变成氡气,氡气再衰变成放射性固体金属颗粒 ^{218}Po 并放射出能量为 9.6×10^{-13} J(6.0 MeV)的 α 射线能,^{218}Po 又称镭 A(RaA),半衰期只有 3.05 min。^{218}Po 再依次衰变成 ^{214}Pb→^{214}Bi→^{214}Po 和 ^{210}Pb(即 RaB、RaC、RaC′ 和 RaD)。^{210}Pb 再经三次衰变,成为稳定的 ^{206}Pb 而不再衰变,因而也没有放射性,见表 7-1。^{210}Pb 以前氡的四代子体核素由于寿命很短而被称为氡的短寿命子体。

表 7-1　　　　　　　　　铀系主要组成元素的 α 及 β 辐射特征

序号	核素	符号	衰变类型	半衰期	射线能量/J
1	铀	$^{238}_{92}$U(UⅠ)	α	4.51×10^9 a	6.723×10^{-13}
2	钍	$^{234}_{90}$Th(UX₁)	β	24.1 d	3.092×10^{-14}
3	镁	$^{234}_{91}$Pa(UX2)	β	1.17 min	3.669×10^{-13}
4	铀	$^{234}_{92}$U(UⅡ)	α	22.44×10^5 a	7.647×10^{-13}
5	钍	$^{230}_{90}$Th(IO)	α	7.7×10^4 a	7.505×10^{-13}
6	镭	$^{226}_{88}$Ra(Ra)	α	1 602 a	7.666×10^{-13}
7	氡	$^{222}_{86}$Rn(Rn)	α	3.825 d	8.794×10^{-13}
8	钋	$^{218}_{84}$Po(RaA)	α	3.05 min	9.613×10^{-13}
9	铅	$^{214}_{82}$Pb(RaB)	β	26.8 min	1.650×10^{-13}
10	铋	$^{214}_{83}$Bi(RaC)	β	19.7 min	5.255×10^{-13}
11	钋	$^{214}_{84}$Po(RaC′)	α	1.64×10^{-4} s	1.230×10^{-12}
12	铅	$^{210}_{82}$Pb(RaD)	β	22.3 a	9.773×10^{-15}
13	铋	$^{210}_{83}$Bi(RaE)	β	4.99 d	1.858×10^{-13}
14	钋	$^{210}_{84}$Po(RaF)	α	138 d	8.492×10^{-13}
15	铅	$^{206}_{82}$Pb(RaG)	稳定		

氡子体是离子态的原子微粒,但它有很强的附着能力,能牢固地黏附在任何物体的表面,如巷道壁、矿石及粉尘的表面上。当工人吸入粉尘时也同时吸入了氡子体。这些进入深部呼吸道的氡子体,在衰变过程中放出射程只有几厘米的 α 射线。人体内部组织长期接受 α 辐射,将导致细胞的变异,最常见的就是诱发矿工职业性肺癌。一般发病期限约为连续在井下工作 10~15 年以上。

世界卫生组织于 2000 年颁布的《空气质量准则》将氡及其子体列入 17 种重要的环境致癌物。流行病学的调查结果也显示氡与肺癌的发病有一定关系。氡已成为引起肺癌的仅次于吸烟的第二大诱因。

由于半衰期的不同,氡气虽然有害,但只有氡子体危害性的 1/20,所以卫生防护标准一般只考虑氡子体在空气中的浓度。

2. 氡子体的最大容许浓度

(1)氡的浓度,空气中氡浓度的单位是 Bq/m³。《放射防护规定》规定矿山井下工作场所氡的最大允许浓度是 1×10^{-10} Ci/L,相当于 3 700 Bq/m³。其他放射性场所空气中氡的最大允许浓度为 1 110 Bq/m³。我国在《室内空气质量标准》(GB/T 18883—2002)中规定室内空气中氡的年平均浓度标准为 400 Bq/m³。较早的《住房内氡浓度检测标准》(GB/T 16146—1995)则规定:新建住房年平均值不大于 100 Bq/ m³,已建住房年平均值不大于 200 Bq/m³。由于波动较大,一般认为室外空气中氡的浓度平均值约为 8 Bq/m³。

(2)氡子体 α 潜能浓度,氡的所有子体衰变到 ^{210}Pb 时所发射的 α 粒子能量的总和称为 α 潜能,单位体积空气中氡子体的 α 潜能叫 α 潜能浓度,单位是 J/m³。历史上还有工作水平(WL)或 MeV/L 等计量单位,矿山工作场所曾规定应不超过 0.3 工作水平(WL)或 6.4× 10^{-6} J/m³(4×10⁴ MeV/L)。

$$1 \text{ WL}=1.3\times10^5 \text{ MeV/L}=2.08\times10^{-5} \text{ J/m}^3$$

3. 内照射的防护方法

如前所述,铀、镭存在于矿岩之中,所以矿岩的裂隙和孔隙里总是存在镭的衰变产物——氡。矿山开采时氡气即进入工作场所空气中,并不断地衰变成氡的子代产物。除铀矿山外,非铀金属矿山和煤矿也存在氡子体的污染,煤层、岩层的孔隙中以及煤炭中瓦斯的涌出都会给氡向大气中扩散创造良好的条件。同时大多数煤矿又是负压通风,这也有利于氡由围岩向大气中扩散。对金属矿山的不完全测查结果表明,约有 34% 的矿山氡或氡子体污染超过了标准。矿山井下是氡的内照射防护的重点场所。

(1)通风排氡是最有效、最基本的预防方法。井下空气中的氡含量与矿井的通风方式、通风压力、风速等有直接关系。在围岩破碎、裂隙发育、采空区范围较大的情况下采用压入式通风可以减少或降低井下氡气浓度。因为氡子体是由氡衰变而来的,排出氡气就消除了氡子体的来源。但需注意,不要使风流经过的路线过长,以免氡子体不断生长使风流成为高浓度氡子体污染的废风流。

做好室内的通风换气,也是降低室内氡浓度的有效方法。据试验,一间氡浓度在 151 Bq/m³ 的房间,开窗通风 1 h 后,室内氡浓度就降为 48 Bq/m³。

(2)局部净化。对于通风系统不能发挥作用的局部地区,可采用局部净化方法除去空气中的氡子体。把空气净化器安装在工作区域内,净化器入口吸入含尘及氡子体的污浊风流,过滤净化后由出口送出清洁空气供给工作空间内使用。净化器有静电式的、过滤式的以及静电过滤复合式的。由于防爆问题难以解决,静电式净化器不能用于煤矿井下。过滤式除氡子体净化器的原理是使含氡子体的气流通过滤料或滤纸,把附着氡子体的微细粉尘粒子过滤除去。虽然氡子体是原子态的,但它极易黏附在粉尘颗粒上,完全自由态的氡子体是很少的,因此滤除空气中的亚微米级粒子就可以除去氡子体。

除通风外,室内防氡也可配备有效的室内空气净化器。

(3)加强个人防护,防止放射性物质从呼吸系统、消化系统或皮肤、伤口进入人体内。主要防护用具有口罩、工作服、靴子、手套等。工作后的淋浴更衣是防止放射性物质被带回家中和进入体内的重要措施。

(4)在氡气高析出率的矿山,应采取多种措施降低岩壁和矿石的氡析出量。如随采随运,在矿壁上喷涂各种乳胶涂料等。及时密闭采空区和废旧巷道也是老矿井防氡的重要措施。

控制矿井水中氡的析出。加强矿井水、水仓的管理和污水的处理,凡有大量含氡污水涌出的巷道要设置排水沟并加盖板。井下污水仓要加盖板同时要有专门的回风系统。凡含有氡的污水不得在井下和地面循环使用。

（5）防止氡子体进入人体内,在某种意义上说就是防尘工作。所以在有放射性污染的矿山必须高度重视并做好防尘工作。

第三节　非电离辐射的安全防护

一、基本概念

非电离辐射实际上是泛指电磁波的辐射。包括从波长为 10^5 m 的无线电长波到波长为 10^{-14} m 的宇宙射线等一系列波长不同的无线电波、微波、红外线、可见光线、紫外线、X 射线及宇宙射线。由于其辐射能量不能引起水和机体组织电离,故称为非电离辐射。在工程防护上具有实际意义的是无线电波的高频波段和红外线、紫外线等。

非电离辐射对人体的生物学效应与其物理特性有密切关系,特别是与其光子的能量、波束的功率和穿透组织的能力有关。环境中非电离辐射来源于天然、日常生活用品或其他人为的发生源,几乎无处不在。

二、微波对人体健康的影响及防护

随着我国微波技术的发展,在国防、科研和工农业生产方面的应用已越来越广泛,同时也给人类社会带来了一种新的危险——微波辐射。

微波是一种电磁波,微波辐射通常是指频率在 $300 \sim 300\,000$ MHz、波长在 1 m 以下的电磁波。按其波长微波可划分为分米波、厘米波和毫米波。

神经系统对微波有较高的灵敏度,人体在反复接触低强度的电磁辐射后,会使中枢神经系统的机能发生变化,出现神经衰弱等症状,其主要表现为头昏、嗜睡、无力、易疲劳、记忆力衰退和脑电图慢波增多等,还可能有情绪不稳定、多汗、脱发、消瘦等症状。除神经衰弱外,较具特征的是植物神经功能紊乱。

在微波作用下,人体常发生血流动力学失调、血管通透性改变、心电图变化等现象,长期受微波作用者的血压均降低,收缩压低于 13.3 kPa(100 mmHg),但也有增高的。对心电图的分析,除多数呈现心动过缓外,也有心动过速、窦性心律不齐等改变。总之,无线电波对机体没有剧烈的特殊作用,主要是引起机能性改变,具有可复性特征。在停止接触无线电波数周或数月后可恢复健康。但在大强度长期作用下,心血管系统症候可持续较长,甚至有进行性倾向。

微波是频率小于光辐射、大于无线电波的电磁波。其粒子能量在 $4 \times 10^{-4} \sim 1.2 \times 10^{-8}$ eV 之间,其物理效应主要是热作用。对人体伤害最主要是眼,其次为睾丸和皮肤(大强度时)。图 7-1 中曲线是人体皮肤对微波照射的不可耐阈值。人眼的晶体在电磁波辐射下温度极易升高。实验研究表明微波辐射可导致白内障,其阈值对单次照射约为 100 mW/cm², 对重复照射为 80 mW/cm² 或更低些。高强度的电磁波辐射还可伤害角膜、虹膜和前房,可造成视力减退或完全丧失。当强度低于上述阈值时,虽然不会引起白内障,但仍能使晶状体混浊,直接照射眼睛时的微波频率与白内障(晶体混浊)阈值关系曲线示于图 7-2。动物实验证实,足够强度的微波,如 600 mW/cm² 的厘米波照射兔眼 5 min 即可引起白内障,晶体的平均温度可达 55 ℃。人眼因为没有脂肪层覆盖,晶体又无血管散热,易使晶体蛋白质凝固。

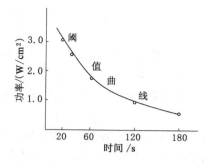

图 7-1　人体对微波的可耐阈值曲线

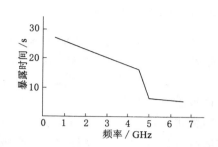

图 7-2　微波频率与白内障阈值关系曲线

卫生学调查表明,长期从事微波作业,男性可出现阳萎、性功能减退,女性出现月经紊乱,高强度的微波辐射还可能造成怀孕妇女的流产。此外,微波辐射还可能导致机体糖代谢紊乱,妇女分泌机能下降等。

为了防止微波辐射,保障从事微波作业人员的身体健康,《作业场所微波辐射卫生标准》经国家卫生部 1989 年 2 月批准并于同年 10 月实施,该标准适用于接触微波辐射的各类作业。根据我国卫生标准和微波的物理特性及作业特点,其安全防护的原则主要是:针对泄漏源和辐射源及针对作业人员操作岗位的环境,采取有效的防护措施。

1. 泄漏源和辐射源的屏蔽防护

即对微波设备采用完善的屏蔽吸收设施。其特点是尽量减少其设备的泄漏能,以便把泄漏到空间的功率密度降到最低限度。屏蔽的方法是用金属导体(板、网)把辐射源隔绝开来,并有良好的接地。小的辐射源可以用金属材料罩起来,大的辐射源则应将操作位置用金属材料保护起来。隔绝板厚度应不小于 0.5 mm。接地棒或线应使电阻尽可能地小,以不大于 4 Ω 为佳。屏蔽系统如果采用联合接地,接地电阻应不大于 1 Ω。

金属网屏蔽有利于观察和通风散热,但屏蔽效果略受影响。

2. 微波辐射的个体防护

微波在雷达探测、通讯、医疗和军事上已广泛应用。除屏蔽防护外,针对作业人员操作岗位的环境采取安全防护措施也很有效。其手段是尽量增加电磁波在传播介质中的衰减,以便把入射到人体的功率密度降低到微波照射的卫生标准限值以下。如工人穿防护服适用于大强度辐射源附近的短时间工作。如果金属屏蔽产生的反射影响设备的正常工作,则屏蔽物表面应涂敷吸收微波的材料。眼睛防护使用铜丝网眼镜或涂镀半导电的二氧化锡透明薄膜的眼镜,效果均良好。

由于对微波危害的认识不一以及微波辐射在各种环境中的关系比较复杂,各个国家所规定的辐射剂量标准也大相径庭。我国《作业场所微波辐射卫生标准》(GB 10436—1989)规定每天连续工作 8 h 的限制值为 50 $\mu W/cm^2$,日接触剂量为 400 $\mu W \cdot h/cm^2$。有的国家规定连续无限制照射时,允许功率密度为 1 $\mu W/cm^2$,而每天只照射 20 min 时,可允许 1 mW/cm^2 的功率密度。还有美国规定的安全标准是辐射强度不大于 10 mW/cm^2,俄罗斯规定为 0.01 mW/cm^2。除此之外,由于人体组织受微波辐射的程度还与辐射源距离远近有关,故近区场比远区场对人体伤害更大。

三、紫外线安全防护

紫外线是介于可见光和 X 射线之间的一段电磁波的光谱,波长范围为 10～400 nm,量子能量约为 3～130 eV。紫外线在光谱图的位置处于紫色光的外侧,因此命名为紫外线。其短波端($\lambda < 100$ nm)量子能量足以使生物组织产生电离,而波长 100 nm 以上部分则一般不能使组织产生电离。

通常将波长小于 200 nm 的称为远紫外部分,远紫外部分的光谱大部分可被生物分子强烈吸收,但太阳中的远紫外部分几乎被臭氧层吸收而不能到达地面。而波长大于 200 nm 的近紫外部分生物作用较弱,可被某些分子所吸收,对人的伤害主要是人的眼角膜和人体皮肤。紫外线伤害角膜引起羞光眼炎、角膜白斑伤害、流泪、结膜充血、疼痛、睫状肌抽搐。角膜的病理变化是出现白斑,严重者可导致白内障。这种伤害通常发生在暴露后 6～12 h。不带防护眼镜或眼镜不合要求进行电焊作业很快就会出现症状。物体温度达到 1 200 ℃ 以上时,光谱中可出现紫外线,温度越高,波长就越短,强度也越大。冶炼、切割金属、电焊以及在海面、雪地和沙漠环境的强烈日照下,均可使眼、皮肤受到紫外线伤害。紫外线可被酪氨酸和色氨酸吸收生成黑色素造成色素沉着,但适量的紫外线照射有助于钙质吸收,可预防小儿佝偻病的发生。

皮肤伤害主要是引起红疹、红斑、水疱,严重的可有表皮坏死和脱皮,有时有头疼、眩晕、疲倦、体温升高等全身症状。但过度的紫外线暴露能引起皮肤损伤,表现为晒伤、色素沉着、光变态反应以及皮肤癌等。如某矿浴室内的紫外线灯,在安装时误把 220 V 插头接到 380 V 电源上,造成辐射过强,凡受照射的工人,均出现辐射伤害,出现皮肤潮红、起红斑、眩晕、头痛、发烧等症状。

佩戴合适的防护镜即可防护眼睛。电焊车间应采用黑色墙壁减少辐射的反射。全身防护应穿着合适的防护服。特殊场合采用特制的服装。

四、红外线辐射防护

红外线是指波长为 700 nm～1 mm 之间的电磁波。其中波长为 700～3 000 nm 的为近红外,波长为 3 000～30 000 nm 的为中红外,波长为 30 000 nm 以上的为远红外。自然界中凡温度高于开氏零度(-273.15 ℃)以上的物体都能发射出红外线。红外线的平均量子能量只有 1.5 eV 左右,所以不能对生物组织形成电离和光化学反应,它的生物作用主要是热效应。被机体吸收后引起体温升高,局部或全身血管扩张,血流速度加快促进新陈代谢和细胞增生,有消炎和镇痛作用。红外线对皮肤损伤表现为热红斑,红外线对皮肤的伤害先是灼痛,严重时可导致皮肤烧伤。

自然界中的红外线辐射主要来自太阳。在生产环境中,加热金属、熔融玻璃、强发光体都可成为红外线辐射源。炼钢工、铸锭工、轧钢工、锻钢工、玻璃工、焊接工等可受到红外线照射。

红外线对眼睛的伤害主要是吸收大剂量红外辐射的致热损伤,表现为使角膜表皮细胞受到破坏,引起不可逆性角膜浑浊。红外线对眼的伤害见表 7-2。

表 7-2　　　　　　　　　　　　　　　　红外辐射对眼的伤害

波长范围/m	伤害部位
$(7.5 \sim 13) \times 10^{-7}$	透过角膜、晶状体(不吸收)直接伤害视网膜,黄斑部分最敏感
$> 1.9 \times 10^{-6}$	角膜几乎全部吸收,造成角膜烧伤,视网膜不受伤害

在 $0.08 \sim 0.4$ mW/cm² 强度下工作的玻璃工和炼钢工人,职业性暴露达 $10 \sim 15$ 年能引起白内障。安全阈值:急性暴露时,眼 $4 \sim 8$ W·s/cm²,全身 $0.4 \sim 0.8$ W·s/cm²;慢性职业性暴露 10 mW·s/cm²,事故性暴露 100 mW·s/cm²。

第八章 人身事故的处理与急救

在工业生产中,由于受生产工艺、劳动条件中潜在的危险源以及人的不安全行为等种种主客观因素的制约,意外事故尤其是人身事故的发生一直难以避免。据国际劳工组织统计,每年全世界有 130 多万人死于意外事故或者职业疾病,造成的损失约占 GDP 的 4%。我国每年发生死亡 10 人以上的工矿企业事故 100 多起,死亡总人数达 1.5 万人。重、特大事故的频繁发生,阻碍了社会生活、生产的有序进行和经济的可持续发展,特别是当发生重大火灾、爆炸、坍塌、矿井水灾等灾变时,将会在事故现场留下大量的烧伤、中毒、溺水、骨折以及各种外伤的伤员。及时有效地处理好这些事故及事故中的伤员,是职业安全卫生工作者的一项极其重要的工作,也是安全监管职能部门和企业的责任。

第一节 人身事故及分类

发生人身事故以后,现场救护人员必须能够正确地判断出伤员的伤害类型以及伤势的轻重,以便有计划、有针对性地采取急救措施。常见的现场人身事故,根据伤害程度的不同,可分为全身反应和局部伤害两大类。

一、全身反应

全身反应是指伤员受外界致伤因素的强烈作用而出现的症候群。按其表现症状不同,可分为呼吸衰竭、心力衰竭、休克和昏迷等。

1. 呼吸衰竭

呼吸是维持生命的必要条件。正常人的呼吸调节,是由呼吸中枢和大脑皮质控制的,这种受神经系统支配而进行的正常呼吸在医学上称为自主呼吸。当人体受到某种程度的伤害后,自主呼吸将受到抑制,出现呼吸频率、深度和节律的改变以及呼吸运动微弱甚至暂时停止的情况,统称为呼吸衰竭。

2. 心力衰竭

心力衰竭是指伤员由于大量出血、大面积创伤、触电或溺水等而出现的一系列血液循环障碍。具体表现为心脏收缩无力、每搏输出量减少、心跳频率改变且不规则以及进而引起的全身各组织供血不足等症状。按临床特征可分为左心衰竭和右心衰竭两种。左心衰竭,伤员表现为有阵发性呼吸困难、咳嗽吐泡沫或咯血;右心衰竭,伤员身上发紫、水肿,右肋下疼痛,并可出现腹水等症状。实际情况下,通常表现为左右心衰竭相继出现。心力衰竭是造成重伤员死亡的主要原因。

3. 休克

休克是组织在缺氧状态下发生的一系列症候群。一般表现为表情淡漠、反应迟钝、皮肤潮湿、四肢冷凉、脉搏细速、呼吸浅快、血压下降等症状。发生这些症状和体征的主要原因是由于微循环血流急剧减少,细胞因缺氧而坏死以及器官功能衰竭等,所以后果一般都比较严重。烧伤、电击以及大面积机械创伤的伤员,都容易出现休克。对这类伤员,抗休克治疗是抢救的关键。

4. 昏迷

昏迷是人体高级神经活动受到严重抑制而出现的症候群。表现为意识丧失、运动、感觉和反射功能障碍。昏迷的程度有轻有重,浅度昏迷或半昏迷者可有躁动、谵妄、对疼痛有反应,角膜受刺激时有眨眼动作,瞳孔对光线照射有反应;深度昏迷者,全身肌肉松弛,对各种刺激无反应,各种反射均消失,大小便失禁。生产条件下的昏迷多为有害气体急性中毒所致,但也可由机械性外伤所致,如冲击波作用。

5. 假死

对于假死这个名词解释不一。目前一般是指由意外事故造成的呼吸、心跳骤然停止,或呼吸停止尚有微弱的心跳;或心跳停止尚有微弱的呼吸。在这个极为短暂的时间内,称之为假死阶段。

假死只不过是真正死亡前的一个极为短暂的过程,通常只有在意外事故中才可能出现假死阶段,而对于生理性衰亡和疾病晚期,虽然也可能出现这一阶段,但由于这种死亡多属逐渐发生,机体已完全处于衰竭状态,所以不像一个健康人因意外事故突然发生假死进行抢救那样具有实际意义。因此,对于因意外事故而猝死的健康人及时进行抢救是非常必要的,也是有可能成功的。

二、局部伤害

当出现机械交通、坍塌、意外爆炸等事故时,大多数情况下对人员造成的伤害都是局部性的,通常有骨伤(包括骨折和脱位)、各种机械性外伤以及内软组织和内脏器官损伤等。这类伤情面广量大,在现场处理和急救工作中具有特别重要的意义。

1. 骨折与脱位

人体骨骼系统虽然具有相当的强度和承载能力,但如果遭到外来力量的突然打击或意外伤害,则很容易造成断裂和关节移位。前者称为骨折,后者称为脱位。

(1)骨折。发生骨折的原因多为外来暴力所致。外来暴力所致的骨折也称为外伤性骨折,一般可分为直接作用和间接作用两个方面。伤员因撞击、压砸、冲击波等外力直接使受袭击部位发生骨折的称为直接作用,如果伤员是因为跌倒或从高处摔下时,因某些部位先着地而由自身重力作用产生的骨折则称为间接作用。在少数情况下,也有因生产操作过程中用力过猛而发生骨折的。

骨折有多种分类方法。按骨折的断离程度可分为完全骨折和不完全骨折。完全骨折是指骨折部位两端完全断离;而不完全骨折则是指骨头虽然断裂,但两端尚未断离。也有按骨折部位是否刺穿肌肉和皮肤而分为开放性骨折和闭合性骨折。还有按其他分类方法分为压缩性骨折、粉碎性骨折以及斜形、螺旋形骨折等。

(2)脱位。组成关节的各个骨端的关节面失去正常的互相连接关系,彼此移位不能自行复位时,即称为脱位。

脱位按程度不同可分为半脱位(尚有部分关节面保持接触)和全脱位(关节面已完全没

有接触),或按关节脱位处邻近软组织和皮肤有否创口分为开放性关节脱位和闭合性关节脱位等。关节脱位的一般症状表现为局部疼痛、压痛、肿胀以及关节正常活动功能丧失。

2. 机械性外伤

外界致伤因素作用于人体造成的体表组织或器官的破坏称为机械性外伤。机械性外伤在矿井伤员中占有很大比重,最常见的有挫伤、创伤和挤压伤等。

(1)挫伤。人体受钝性外力的撞击,引起皮下出血、肿胀、肌肉和韧带组织断裂,严重的可同时伴随骨折或深部器官破裂,但皮肤不破裂的叫挫伤。挫伤是闭合性损伤的一种,常因人体的某些部位被硬物撞击或被两个硬物挤压而产生,如在较窄的巷道中被矿车挤压。

挫伤发生后,伤员一般都有疼痛感。轻者可出现皮下出血、青紫、肿胀、功能障碍等局部症状;如果伤害了大血管和神经,可因失血或损伤而发生肢体坏死或瘫痪;严重的挫伤,如颅脑挫伤、胸部挫伤、腰腹部挫伤,可能伤及内脏器官,也可能发生严重的全身症状——休克、虚脱或昏迷,若不及时抢救,伤员可在短时间内死亡。

(2)创伤。人的皮肤、皮下组织和肌肉受到外力的作用而破裂或出现开放性伤口的叫创伤,所以创伤也叫开放性损伤。常见的有擦伤、刺伤、切割伤、裂伤和肢体(指)离断伤等。

(3)挤压伤。人体受较为沉重的物体和经长时间的挤压作用所引起的伤害叫挤压伤。如建筑物坍塌、井下冒顶、片帮常可导致挤压伤。

挤压伤的局部损伤情况和挫伤差不多,它的特点是搬去了身上的重物后才出现症状。人体受挤压时间较长时,可出现局部出血、肿胀、休克、急性肾衰竭等症候群,即所谓挤压综合征。

3. 内组织损伤

外部机械力量的打击,除了引起各种机械性外伤外,还广泛地导致内部组织和内部器官的伤害,其后果往往比外伤更为严重,也是伤员死亡的主要原因。内组织损伤又可分为内软组织损伤和内部器官损伤。

(1)内软组织损伤。生产过程中发生的软组织损伤属于急性损伤。所谓软组织是指除骨骼以外的各类细胞组织,包括脂肪、筋膜、肌肉、肌腱、韧带、滑膜和滑囊等,这些软组织如发生急性损伤,伤员可表现为局部疼痛、淤血、肿胀和功能障碍。外界暴力的直接作用和间接作用均可引起软组织损伤。各种类型的机械性伤害,如骨折、脱位、扭伤、挫伤、挤压等,通常都伴随着不同程度的内软组织损伤。

(2)内部器官损伤。内部器官损伤主要是在爆炸时冲击波的强烈作用下发生的。另外,矿井老塘透水冲击以及其他原因引起的人体激烈震荡也可引起内部器官损伤,严重的挫伤、挤压等也可造成内部器官的伤害。内部器官损伤主要是指肺、肝、脾等内脏器官的出血或破裂以及脑震荡、脑挫伤等。根据伤害程度不同,伤员可出现昏迷、休克、脸色苍白、呼吸困难、血压下降、腹部剧痛等不同症状,若不及时抢救,一些重伤员可在短时间内死亡。

第二节　现场救护的基本知识

生产场所发生人身事故后,现场救护工作者应根据伤情的轻重,就地进行止血、包扎,治疗休克,对骨折和脱位进行临时固定和复位等工作。伤员经初步处理后,再迅速将其送往医院。

为了有计划、有步骤、迅速而又有效地完成伤员现场救护任务,救护人员必须熟练地掌握外伤救护的基本知识和常用技术。

一、伤情的判断

当现场出现大批伤员时,一般是先救重伤、后救轻伤。在现场,通常可通过检查心跳、呼吸和瞳孔三大体征来判断伤员伤势的轻重。正常人每分钟心跳 60～80 次,而严重创伤、出血较多的伤员,一般心跳增快,可达每分钟 100 次以上;正常人呼吸频率为每分钟 16～18 次,而垂危伤员呼吸多变快、变浅且不规则;正常人两眼瞳孔是等大等圆的,对光反应敏感,危重伤员,尤其是颅脑损伤者,两瞳孔可不等大、对光反应迟钝或完全无反应。另外还可通过观察伤员的神志情况来判断,伤势较重的伤员,通常神志不清,对外界刺激没有反应。通过这些较简单的体征检查和观察,即可对伤情作出初步判断。一般可将伤员分为以下三种:

1. 危重伤员

危重伤员包括外伤性窒息以及各种原因引起的心跳骤停、呼吸困难、深度昏迷、严重休克和大出血等。对这类伤员必须立即进行抢救,并在严密监护和继续抢救下,迅速护送到医院救治。

2. 重伤员

重伤员包括骨折和脱位、严重挤压伤、大面积软组织挫伤、内脏损伤等,这类伤员多数需要手术治疗,应在现场进行初步处理后,再迅速送往医院,并要注意预防休克。

3. 轻伤员

轻伤员指软组织伤,如擦伤、裂伤和一般挫伤等。这类伤员多能行走,可经现场处理后适当休息,再送医院。

二、一般外伤处理

对伤员进行外伤处理时,即使是在卫生条件较差的现场进行,也要尽可能注意消毒,以防伤口感染、化脓,导致破伤风和气性坏疽等继发症。一般外伤的初步处理,可按以下步骤进行。

1. 清洗消毒

可用生理盐水和酒精棉球,将伤口和周围皮肤上沾染的泥沙、污物等清洗干净,并用棉纱吸收水分和渗血,再用酒精等药物进行初步消毒。

2. 止血

对出血不止的伤口,能否做到及时有效地止血,对伤员生命安危影响极大,特别是对于动脉出血伤员的抢救更要争分夺秒,否则就可能造成伤员出血过多而危及生命。现场处理时应根据出血类型和部位的不同采用不同的止血方法。

(1)出血的种类。可以根据血液的颜色和出血情况来判断,一般分为动脉出血、静脉出血和毛细血管出血。

动脉出血时,血液的颜色是鲜红的。由于动脉血直接来自心脏,所以出血时常呈间歇状向外喷射,其频率与心跳相一致,这种出血的危险性最大;静脉出血呈暗红色,血液经伤口缓缓流出,其危险性较小;毛细血管由于血管细、分布密,出血时一般呈渗出状,无明显出血点,并能自凝止血。

（2）止血方法。对毛细血管和静脉出血，一般情况下用纱布、绷带包扎好伤口就可以止血。但对动脉出血和较大的静脉出血，则必须采用加压包扎止血法和止血带止血法。

加压包扎止血法是最常用的有效止血方法，适用于全身各部位。方法是用消毒纱布或干净毛巾、布料等盖住伤口，再用绷带、三角布或布带加压缠绕，即能达到止血目的。

止血带止血法适用于对四肢动脉出血的急救。止血带通常采用弹性较好的橡胶皮管，现场应急时也可用大三角巾、绷带、手帕、布腰带等代用，但禁用电线和绳子。使用止血带前，应先用毛巾、纱布等软织物盖住伤口，然后再缠绕止血带。止血带的作用是勒闭血管阻断血流，从而达到止血目的。

使用止血带止血时，要注意连续使用时间不能过长，否则可能导致肢体因缺血过久而坏死的危险，一般每 30 min～1 h 应放松一次，每次放松 1 min 左右。

事故现场急救时，在来不及采用有效止血方法之前，可采用最方便而又灵活的指压止血法，以尽量减少出血。具体操作方法是用拇指或其他手指，将出血动脉近心端使劲压迫在该处的骨头上，勒闭住血管，以阻断血流。这是一种暂时性止血措施，在指压止血的同时，应立即寻找材料，及时换用其他止血方法。

3. 包扎

伤口是细菌进入人体的重要途径。如果伤口被污染，就可能引起感染，损害健康甚至危及生命。所以，在没有条件对伤员做清创手术时，必须先进行包扎。包扎可以保护伤口，减少感染，压迫血管减少出血，并能减轻疼痛。包扎的材料有胶布、绷带、三角巾、四头带等。在现场没有正规包扎材料时，可以就地取材，用手帕、毛巾、衣服等代用。具体包扎方法随使用包扎材料和伤口部位不同而异，可在有经验的外科大夫指导下进行操作实践。

三、骨折的临时固定

对发生骨折的伤员，应尽可能在事故现场加以必要处理，其中主要是初步复位和临时固定。临时固定的目的是为了避免骨折断端在搬运时损伤周围的血管、神经以及其他组织，减轻疼痛，防止休克，以便于送往医院进行进一步治疗。临时固定的材料最好是木制夹板，紧急情况下，也可用木棍、竹片等代用。上夹板之前，应在伤肢处垫上棉花、纱布或毛巾等柔软敷料，再加以固定。具体处理方法，应根据骨折部位不同而异。常见的骨折有以下五种。

1. 上臂骨折

在上臂内外各置一块夹板，放好衬垫，用绷带加以固定。肘关节弯曲 90°，并用三角巾或布带吊挂于胸前，再用一条大三角巾将上臂固定于胸部躯干上。无夹板时，也可用一宽布带将整个上臂固定于胸侧，再用三角巾将小臂悬吊于胸前。

2. 小臂骨折

将两块夹板分别放置在小臂及手的掌心掌背两侧，加垫后用绷带或三角巾固定。肘关节弯曲 90°，并用三角巾吊挂于胸前。

3. 大腿骨折

使用夹板两块，外侧从腋窝到足跟，内侧从大腿跟到足跟，加垫后，用数条三角巾或绷带分段固定。无夹板时，可采用健肢固定法，即将伤肢和健肢用绷带并行捆缚在一起。

4. 小腿骨折

将两块自大腿中部至足跟的夹板分置于小腿内外侧,加垫后分段固定。无夹板时,也可采用健肢固定法。

5. 脊柱骨折

脊柱骨折不需要固定,但要严禁脊柱屈曲活动,伤员最好俯卧。搬运时要用平坦的硬板担架,铺板、木板也可代用。搬运中不要使伤员脊柱弯曲。

四、关节脱位的简易复位

伤员在受外力的直接或间接作用而导致关节错位时,常伴有关节囊的破坏或韧带的损伤,不仅造成关节活动障碍、肢体变形、局部肿胀,而且还伴有剧烈疼痛。因此,对此类伤员,有条件时应在现场进行复位。

现场常见的关节脱位,主要有肩关节、肘关节、髋关节以及下颌关节等。对各类关节脱位,复位的基本手法是"欲合先离,离而复合"。即按损伤机制的反方向牵引,先拉开,后旋转,再向正方向轻推到位。复位成功时,一般均能听到"咯嗒"的滑动声。复位后用绷带加以固定。要注意牵引时不能用力过猛。

关节复位的技术性较强,如现场救护人员技术不熟,不要贸然进行,以免增加伤员痛苦,使组织受伤加重。可采取临时固定,然后送医院处理。

五、伤员转送和途中护理

伤员经现场急救处理后,需要护送到医院进一步治疗,如果搬运和途中护理不当,有可能使伤情加重。因此,正确的搬运方法和途中护理是非常重要的一环。

1. 搬运方法

现场适用的伤员搬运方法主要有担架搬运法、单人徒手搬运法和双人徒手搬运法等几种。

(1)担架搬运法。这是最常用的方法,担架可以是专用的,也可以是临时的。当伤员较多时可以用木板、竹竿、绳子或者用木棍和衣服、毯子等做成简易担架,以应急需。

将伤员移到担架上时,动作应该轻柔协调,小心谨慎,尽量减少伤员活动量。抬担架的人,步调应力求一致,以减少颠簸。上下坡时,要使担架保持水平状态。

(2)单人徒手搬运法。在没有担架等救护器材或救护人员缺少时,可采用单人徒手搬运法。对伤势较轻的伤员,一般采用扶持法或背负法。伤势较重的伤员,可采用肩负法和抱持法。井下发生事故时,在不能够站立的巷道中或在伤员已经昏迷的情况下,则需采用爬行背负法,即先将伤员侧身放好,救护者背向伤员躺下,一手抓住伤员的肩部,另一手抱其腿部,用力翻身,使伤员负在救护者的背上,然后起身或慢慢爬行。

(3)双人徒手搬运法。双人搬运伤员常用两种方法:一种称为坐法,适用于伤势不太重的伤员,方法是两个救护者将双手交叉相握成"井"字形,伤员坐在救护者的手上,双手扶住救护者的肩部,侧身前进;另一种方法称为抱法,一人抱住伤员的臀部和腿部,另一人抱住肩部和腰背部,并行前进。

2. 途中护理

在转运途中,要随时检查伤员的呼吸和心跳情况,注意保持呼吸道的畅通,危重伤要有伤情转运标志,以便于途中照顾和护理。担架运送伤员时,应将伤员头部朝后,使得后面的人能随时发现伤员的变化。途中突然出现呼吸心跳骤停时,应立即进行人工呼吸和胸外心脏按压等急救措施。

六、现场急救常用技术

现场人身事故中,外伤性窒息或呼吸、心跳骤停是最严重最紧急的,必须及时正确地施行人工呼吸、胸外心脏按压或其他急救措施,以挽救垂危的伤员。现场常用的急救措施,主要有如下几种。

1. 人工呼吸

人工呼吸适用于电休克、溺水、有害气体中毒窒息或外伤性窒息等所引起的呼吸停止。如果呼吸停止不久,都可进行人工呼吸抢救。

根据正常呼吸的运动机理,施加外力迫使胸腔有节奏地扩大和缩小,能引起肺被动地舒张和收缩,从而有可能使其恢复自主呼吸。

在施行人工呼吸前,先要将伤员迅速地移到附近通风良好的地方,如果在井下进行急救,还要注意顶板是否良好,有无淋水,再将伤员领口解开,腰带放松,并注意保暖。口腔里若有污物、血块、痰液、假牙等,应完全吸出和取出。现场采用的人工呼吸方法有以下三种:

(1) 口对口吹气法。这是效果最好、操作最简单的一种方法。操作前使伤员仰卧,救护者在其头的一侧,一手托起伤员下颌,尽量使其头部后仰,另一手捏住其鼻子,以免吹气时从鼻孔漏气。救护者深吸一口气,紧接着对伤员的口将气吹入,造成吸气;然后松开捏鼻的手,并压其胸部以帮助呼气。如此反复进行,保持每分钟 14～16 次。

(2) 仰卧压胸法。让伤员仰卧,救护者跨跪在伤员大腿两侧,两手拇指向内、其余四指向外伸开,平放在其胸部两侧乳头之下,借上半身重力压伤员胸部,挤出肺内空气,然后,救护者身体后仰,除去压力,伤员胸部依其弹性自然扩张,因而空气入肺。如此有节律地进行,每分钟 16～20 次。

(3) 俯卧压背法。此法与仰卧压胸法操作大致相同,只是伤员俯卧,从后背施加压力。此法对溺水急救较为适合,因便于排出肺内呛水。

施行人工呼吸时,须注意以下几点:

① 口对口吹气时,救护者与伤员两嘴要对紧,以免漏气。开始时吹气压力可大些,频率稍快些,10～20 次以后,应逐步将压力减小,以维持胸部隆起为宜。如有必要,可在救护者与伤员的嘴间放块纱布或手帕隔开以避免直接接触,但应以不影响空气进入为原则。

② 进行人工呼吸时,还应随时注意心跳情况,必要时,应与胸外心脏按压同时进行。

③ 仰卧压胸法不适用于胸部外伤,也不能同胸外心脏按压法同时进行。

④ 施行人工呼吸法,有时需要数小时才能把伤员救过来。施行时间的长短,以自主呼吸得以恢复或出现死亡征象为原则。

⑤ 做人工呼吸是一项很辛苦的工作,救护者可以轮换进行,或者在进行人工呼吸的同时,积极准备自动苏生器来代替人工呼吸。

2. 胸外心脏按压

胸外心脏按压适用于各种原因造成的心跳骤停。正确而及时地作出心脏停跳的判断,是成功地恢复心跳的关键。一般可将心音、脉搏、血压消失作为心脏停跳的先兆。如危重伤员心音低沉、脉搏细弱、血压骤降,都预示心脏随时可能停跳。另外,瞳孔散大、意识丧失、出血伤口无血等,也可能意味着心跳停止。

胸外心脏按压法之所以能恢复心跳,是基于下述解剖学原理:人的心脏前邻胸骨,后靠脊椎,下有膈膜,又有心包包住,不易向两边移动。由于前胸富有弹性,胸骨和肋软骨交接处当受到压力时能下陷 3～4 cm,间接压迫心脏,可使心脏血液排空;外力解除时,陷下的胸骨由于两侧肋软骨的支持又恢复原状,心脏不再受压,处于舒张状态,内部负压增大,静脉血回流心脏,心室又得以充盈,从而推动着血液循环。

在做胸外心脏按压前,应先做心前区捶击术,使伤员取头低脚高位,救护者以左手掌置其心前区,右手握拳在左手背上进行捶击 3～5 次,每次间隔 1～2 s,以刺激心脏复跳。如捶击无效,应及时、正确地做胸外心脏按压,做胸外心脏按压时,应使伤员仰卧在木板上或地面上,救护者跪在伤员一侧,双手重叠放在伤员胸腔正中约胸骨下 1/3 处,用力向下按压,以压下 3～4 cm 有胸骨下陷的感觉为宜,然后放松。如此反复有节奏地进行,每分钟 60～80 次。

做胸外心脏按压时应当注意:

(1) 按压的力量应因人而异,对身强力壮的伤员,按压力量可大些,对年老体弱的伤员,力量宜小些。而且用力要稳定、均匀、规则,不能过猛,以免折断肋骨。

(2) 胸外心脏按压可与口对口吹气人工呼吸同时进行。一般换一次气,挤压心脏 4～5 次。

(3) 应掌握好按压频率,按压过快,心室舒张不充分,静脉回血少;按压过慢,动脉压力低,效果也不好。按压显效时,可摸到颈总动脉、股动脉搏动,散大的瞳孔开始缩小,口唇、皮肤转为红润,血压回升到 8 kPa(60 mmHg)以上。

3. 输氧

氧是维持生命的重要物质。伤员在缺氧情况下,若不能得到及时抢救,就有生命危险。因此,输氧也是常用的急救措施之一。

严重的头部外伤、胸部外伤、急性气体中毒以及其他情况引起的呼吸窒息的伤员,在有条件时均应进行输氧。

在现场抢救伤员时,输氧方法主要有两种:一种是气管插管法,即用一根较细的橡皮管,一端接上氧气瓶或氧气袋,另一端经伤员鼻子插入到咽部,然后用胶布将橡皮管固定在唇上两侧,以防脱落;另一种称为面罩法,即采用一次性输氧面罩,罩斗部放在伤员鼻子处。此法伤员无痛苦,但应注意防止氧气外漏太多。

输氧时应注意将氧气流量调节在 4～6 L/min 之间,流量过大不仅无益,反而有害。输氧前,还应检查伤员鼻腔是否通畅,导管是否堵塞,并用水润湿导管后,再给伤员插管。输氧过程中要随时注意导管有无脱出,流量是否合适。

除上面介绍的几种常用方法外,现场抢救时还可能用到气管切开术、气管插管术、静脉切开术和动脉穿刺术等,这些手术技术要求较高,须由有经验的医生进行。

第三节　常见工业灾害的处理与现场急救

工业生产尤其是矿山井下生产,条件十分复杂,水、火、瓦斯、矿(煤)尘、冒顶等不安全的自然因素时时刻刻都在威胁着生产人员。矿井灾害与地面工业的事故相比有许多特殊性,如矿井水灾等。作为职业安全卫生工作者,应当了解和掌握各种矿井事故中伤员的处理和急救原则,以便协助做好灾害处理工作。

一、矿井水灾中人身事故的处理与急救

井下发生水灾事故时,受害人员可分为两种类型:第一类是被困在独头巷道中的人员;第二类是直接溺水的伤员。

1. 独头巷道中遇险人员的营救

矿井透水时,在一些上山独头巷道中,有时水位虽然已超过遇险人员所在的水平高度,但由于气压的作用,水并不会完全淹没此巷道。因此,遇险人员可能长时间被围困。在这种环境里,由于气压较高,空气潮湿,氧气逐渐减少,还可能涌出一些有害气体,再加上饥饿和精神紧张,遇险人员大多会出现头晕、头痛、惊恐不安、呼吸困难、脉细而快、耳膜出血等体征。营救这类人员,应在积极排水的同时,设法向现场送氧以及食物。当水位降到露出顶棚时,医务人员应随同救护人员进入现场,施行急救。待水排到一定位置后,再将遇险人员升井。如遇险人员滞留时间较长,在升井过程中及升井后,都要注意保护眼睛、耳朵,避免强光和强噪声刺激造成伤害,并注意保暖,缓慢进食。医务人员要给予精心护理和治疗。

我国王家岭煤矿透水事故中被困井下 115 名矿工靠吃树皮、喝凉水,经过九天九夜后获救就是一起较为成功的营救案例。

2. 溺水的急救

溺水时,水将通过呼吸道和口腔大量进入伤员体内,造成伤员呼吸窒息而导致死亡。溺水过程发展很快,一般情况下 4～6 min 即发生死亡。所以,遇有溺水伤员时,应迅速采取下列急救措施:

(1)检查清理呼吸道。溺水者救出水后,要立即放到空气流通和较温暖的地方,以最快的速度检查并清除其口、鼻内的泥沙和污物,保持呼吸道畅通,并将其舌头拉出。

(2)倒水处理。清理呼吸道后,应立即进行倒水。最简单的方法是救护人员左腿跪下,将溺水者的腹部放在右侧大腿上,使其头朝下,并轻拍其背部,借助重力使其体内积水由气管和口腔流出。

(3)人工呼吸和胸外心脏按压。如果溺水者心跳和呼吸已很微弱或停止,这时切不可耽误时间。呼吸道没有堵塞的,可不必倒水,呼吸道有水阻塞时,也要尽量缩短倒水时间,以能倒出口、咽及气管内的水为度,而以促使呼吸和心跳恢复为主。人工呼吸可采用俯卧压背法或口对口吹气,有条件时,也可采用气管内插管供氧,如果心跳不好或已停止,应在做人工呼吸的同时,进行胸外心脏按压,连续进行,直到完全恢复或确实无效时,才可停止抢救。

(4)药物注射。在进行人工呼吸和胸外心脏按压的同时,为促使心脏复跳,可用 0.1% 肾上腺素或异丙基肾上腺素等心脏兴奋剂 0.5～1 mL 向心腔内注射,方法是用长针头从左侧第四肋间直接注入心室,并可酌情反复使用。如有必要,也可同时使用可拉明、回苏灵等兴奋呼吸中枢的药物,以起到配合和加强人工呼吸的作用。

二、烧伤的急救

工业生产中的烧伤,多因火灾、矿井瓦斯燃烧、爆炸的火焰、电流的热效应等引起。有时也因酸碱所致,并可能多人同时被烧伤,情况往往非常严重。因此,必须在短时间内组织人力全力抢救,以减少伤亡。

1. 烧伤伤情判断

烧伤不仅是一种皮肤的损伤,同时也是一种复杂的全身性伤害,尤其是严重的烧伤,往往影响到很多重要器官。烧伤的轻重,主要取决于烧伤的面积和烧伤深度。另外,不同部位烧伤的严重程度也不一样。

(1)烧伤面积。烧伤面积的估计,常用的有手掌估计法和九分法。手掌估计法是以烧伤伤员的手掌为准,手掌五指并拢时的面积大约等于体表总面积的 1%,这种方法适用于分散且不规则的小面积烧伤的估计;九分法是将全身分为 11 个 9%,即头颈部是一个 9%,两上肢各为 9%,两下肢的前后面各为 9%,躯干的前面和背面各为两个 9%,以上合计为99%,加上约为 1% 的会阴部面积,共计 100%。

烧伤面积在 30% 以上,或头、面部及会阴部有较深度的烧伤,或伴有呼吸道损伤,都属于严重烧伤。

(2)烧伤深度。烧伤深度的鉴别,常用三度分类法:

一度烧伤,也叫红斑性烧伤,仅损伤皮肤表层。烧伤部位有红肿、红斑,没有明显的全身性反应,但伤员感到剧烈灼痛。红肿多在 2~3 日内逐渐消退,痊愈后表皮脱落,不遗留疤痕。

二度烧伤,不仅损伤表皮,真皮也受到一定程度的破坏,在表皮和真皮之间,有半透明的血浆渗出,形成大小不一的水泡,所以二度烧伤也叫水泡性烧伤。水泡可在烧伤后立即出现,或经过一定时间后出现。伤员疼痛剧烈,精神不安,可能发生全身反应。如处理得当,水泡可在两周内消失,痂皮脱落痊愈。

三度烧伤,是最严重的烧伤,不仅损及皮肤的表层和深层,连皮肤下组织的脂肪、肌肉也遭破坏,甚至伤及骨头。被烧伤破坏的组织呈灰白色或褐色甚至黑色而形成焦痂,所以也叫焦痂性烧伤。这类伤员由于大量的组织遭到破坏,全身反应比较严重,常发生休克、败血症,甚至危及生命。治愈后,也常遗留明显疤痕或严重畸形,受伤部位的活动功能多发生不同程度的障碍。

(3)烧伤部位。不同部位烧伤的严重程度表现不一。头面部烧伤水肿严重;颈部烧伤可能压迫气管,影响呼吸;呼吸道烧伤易发生肺水肿和窒息;关节部位烧伤,如治疗不当可造成畸形。

2. 烧伤的现场处理

现场处理是治疗烧伤的第一步,处理得当可以减轻伤员痛苦,缩短康复时间,因此是一项很重要的工作,其处理过程可概括为"灭、查、防、包、送"五个字。

"灭"就是采取各种有效措施灭火。使伤员尽快脱离火源,脱去或剪去已着火的衣服,尽量缩短被烧时间。

"查"就是检查伤员的全身状况和有无合并损伤。皮肤烧伤显而易见,但有些合并损伤可能对伤员威胁更大,如爆炸冲击烧伤的伤员,应检查有无颅脑损伤、内脏损伤等,对化学烧伤,更要检查有无全身中毒的可能。

"防"就是防休克、防窒息和防创面污染。大面积烧伤和烧伤较深的伤员,由于剧烈疼痛、恐惧以及身体失水过多,很容易发生休克,所以在送医院前应根据情况,采取止痛、输氧等急救措施。若伤员因颈部烧伤发生急性喉头梗塞而窒息时,紧急情况下可用3～5根粗针头从环甲筋膜处刺入气管内,以保证通气,暂缓窒息的威胁,然后再采取其他进一步措施。现场处理烧伤伤员时,还要注意保护创面,防止污染。

"包"就是用三角巾、较干净的衣服和被单等,把烧伤创面包裹起来,防止再次污染,气候寒冷时还兼有防寒作用。

"送"就是将经过现场初步处理后的伤员,立即送往医院进行救治。对危重伤员,特别是呼吸心跳不好甚至停止的伤员,应就地紧急抢救,等情况好转后,再送医院。

三、爆炸冲击伤的急救

井下发生瓦斯、煤尘爆炸或者炸药误爆时,将在瞬间产生大量的爆炸产物,即高压气体,同时释放出大量的热量。高热的爆炸产物迅速膨胀,并沿着巷道空间传播,经一定的距离后,将形成一个压力突变面,其运行速度可达每秒几百米甚至上千米,这就是所谓的冲击波,波阵面上的压力突变值称为冲击波超压。

冲击波主要通过超压和动压而造成人体损伤。单纯冲击波造成的损伤,临床上也称为爆震伤。巨大的超压和动压瞬间作用于人体,可造成内脏破裂、耳膜穿孔和肋骨、听小骨等处骨折,而较少发生体表损伤。但在实际事故中,受伤者不仅受冲击波的直接作用,而且更多的是受间接致伤作用,如抛掷、撞击、压砸、飞石打击、气体中毒以及在冲击波的作用下,将炽热的尘埃压进呼吸道,引起呼吸道黏膜烧伤和管腔堵塞等损伤。因此,爆炸冲击伤的特点是间接伤多、多发伤多、复合伤多、闭合伤多。这就决定了冲击伤现场急救的复杂性,加上冲击伤伤情一般发展迅速,现场急救时务必高度重视。

(1)对无明显外伤而处于休克状态的伤员,应想到可能有内脏损伤,并采取相应的急救措施。特别要注意对胸部冲击伤和颅脑冲击伤的抢救。

(2)防止外伤性窒息,改善呼吸功能,鼓励清醒的伤员咳嗽排痰,清除口、鼻腔中的分泌物,保持呼吸道畅通。对呼吸停止的伤员只能进行口对口人工呼吸,禁用挤压胸部呼吸法。

(3)对伤员出血,应及时加压包扎止血,对肢体大动脉出血,可用止血带止血。

(4)对骨折和关节损伤者,要做临时固定处理。

(5)口服或注射止痛药物,以止痛和防休克。

(6)对经过处理或无法进行现场处理(如耳膜穿孔)的伤员,应尽快转送医院救治。

四、冒顶挤压伤的急救

建筑物坍塌、矿山井下冒顶等事故,其造成的人员伤亡主要是挤压伤。一旦发生此类事故,应立即进行现场抢救。

1. 抢救被压人员

对被重物压住或掩埋的人员,应尽快将其救出。全身被压者,要迅速挖出,但须注意不要伤及人体,尤其当已接近伤员时,挖掘动作更要小心谨慎。如确知头部所在位置,则应先挖掘头部的石块或煤块以便使被埋者头部尽早露出。头部挖出后,要立即清理其口腔、鼻腔,有条件时给予氧气吸入,与此同时继续挖掘身体其他部位。清除全部冒落物后,应立即将伤员抬离现场。这类伤员一般伤势严重,常常发生骨折,因此,在抬离时必须十分小心,任何粗鲁的动作都可能加重伤势。

2.医疗急救措施

(1)呼吸困难或已停止者,在清理口、鼻腔中的污物后,应立即进行人工呼吸。

(2)有大出血者,要迅速采取止血措施。

(3)对骨折者,应作临时固定后再转运治疗。

(4)伤员被压时间过长,救出后,要先给予适量的糖水饮料,以缓解饥饿状态,必要时,可通过静脉点滴补给养分。

(5)伤员转运时,应当有医护人员护送,以便对可能发生的各种危急情况给予抢救。

3.挤压综合征的处理

在冒顶、坍塌事故中,挤压综合征是一个较普遍发生而又严重的问题。由于身体较长时间被埋压,常造成急性肾衰竭、血钾升高,损害心脏,导致肺水肿。严重的挤压伤者常死于高血钾、肺水肿或尿毒症。

处理方法:

(1)伤员脱离险区,局部受压解除后,应立即对伤肢加以固定,避免肢体不必要的活动,以免受伤组织分解出的有害物质被血液吸收或增加体液的丧失。

(2)伤员口渴但不恶心时,可多喝水,水中加入适量的糖和盐,并可服用苏打片,每次10~20片,以预防酸中毒。伤员尿少或无尿时,应严格控制饮水和输液,以防止肺水肿发生。

(3)受挤压的肢体不允许做按摩、热敷或上止血带,以免加重伤情。

五、触电的急救

工业生产过程的各个环节,大多都以电能作为动力,因此触电事故在工业生产中一直占有较大的比重。由于各行业生产条件的不同,如冶金工业的高温和粉尘、机械工业的场地金属占有系数高、化工行业的潮湿和腐蚀、建筑行业的露天分散作业、矿山井下空间狭小和空气潮湿等,在这类生产环境较恶劣的场所,若不严格按照操作规程用电,稍有疏忽,就可能发生触电事故。

1.常见触电原因

(1)作业人员违反安全用电规定进行带电作业、带电安装、带电检查、带电修理、带电处理故障等。如违反操作规程检修电路和用电设备,往往因为故意带电作业或是忘了拉闸或是有人不知检修而送电等原因造成触电事故。

(2)架设供电线路不合要求。如井下电机车架空线过低、绝缘电缆漏电、电线接头不合要求,或者导线被砸、埋、挤压受损、导线受潮绝缘能力降低等,不仅容易造成触电,有时甚至能酿成重大恶性事故。

(3)机电设备不合规格。由于检修不当、未接地线等原因,可能导致机电设备外壳带电而发生触电事故;保护功能失效或没有保护,有保护甩掉不用,接触网断线,接地电阻大,超温保护装置出故障等,或操作人员在未利用绝缘工具的情况下,人身触及已经破皮漏电的导线或由于漏电而带电的电气设备金属外壳上而触电。

（4）停电作业人员违反操作规程。忘停电、停错电，忘记验电、没放电等；未执行停、送电制度，总开关断开后无专人看管，未上锁，未挂标志牌，不认真执行"谁停电，谁送电"的制度，结果造成误送电。

（5）触及已停电但未放电的高压电缆。

2. 触电症状

电对人体的伤害可分为电伤和触电两种。电伤是指触电时电流的热效应、化学效应以及电刺激引起的生物效应对人体造成的伤害，主要造成局部电烧伤，多见于高压电，往往会在肌体上留下难以愈合的伤痕。触电也叫电击，是指电流直接流过人体而造成的伤害，比较常见，后果也比较严重，绝大多数的触电死亡事故都是电击造成的。

小电流触电时，一般可因肌肉收缩而被弹离电源，触电部位有麻木感，伤员常因精神紧张而出现表情呆滞、面色苍白、呼吸心跳加快，反应严重的可出现暂时性休克，脱离电源后，多能很快恢复。

接触较强电流时，触电部位发生刺痛、麻木，肌肉呈强直性挛缩，以致伤员难以自行摆脱电源，使电流继续通过人体产生进一步伤害，导致呼吸困难、血压下降、心跳加速，进而进入昏迷状态。更严重者，可很快因呼吸肌麻痹而停止呼吸、心室纤维性颤动或心跳骤停而发生死亡。

3. 现场急救

（1）用既安全又快速的方法尽快使触电者脱离电源，并要注意自身安全。

（2）伤员脱离电源后，要立即检查呼吸和脉搏。如伤员呼吸已停止，应进行人工呼吸，最好是采用口对口吹气法。如发现伤员心音微弱或心跳停止，应立即进行胸外心脏按压，并坚持到心跳恢复或停跳数小时以上。必要时，可同时进行药物注射。

（3）在处理电击伤时，还应注意有无其他损伤而作相应处理。

（4）局部电击烧伤，应对伤口早期清创处理，创面宜暴露，不宜包扎，以免坏死组织腐烂、感染。此外，由于电烧伤有深部组织的坏死，因而较热烧伤更易发生破伤风，必须按常规注射破伤风抗毒素。

4. 防止人身触电的措施

（1）防止人身触及或接近带电导体。

① 将电气设备的裸露导体安装在一定高度。如矿山井下的电机车架空线的悬挂高度，自轨面算起不得小于下列规定：在行人的巷道内、车场内及人行道同运输巷道交叉的地方为 2 m；在不行人的巷道内为 1.9 m；从井底到乘车场为 2.2 m；在地面或工业广场内，不同其他道路交叉的地方，不小于 2.2 m。

② 对导电部分裸露的高压电气设备无法用外壳封闭的，必须围以遮栏，防止人员靠近，同时，在遮栏门上装设开门即停电的闭锁开关。确保工作人员开门进入高压电气室时，电气设备电源断开。

③ 在爆炸危险场所，电气设备的带电部件和电缆接头要全部封闭在防爆外壳内部，并在操作手柄与盖子之间设有机械闭锁装置，以保证不合上盖子，便不能接通电源；合上电源后，便不能打开盖子。

④ 各变（配）电所的入口处或门口，都要悬挂"非工作人员禁止入内"的牌子。无人值班的变（配）电所，必须关门加锁。有高压电气设备时，入口处和室内都应在明显地点加挂"高

压危险"牌。

（2）对手持式电动工具或人员经常接触的电气设备应采用双重绝缘或加强绝缘，或采用特低的工作电压。

（3）根据用电环境不同，选择合适的供电系统方式，如工业与民用建筑内采用 IEC 推荐的 TN-S 方式，可有效防止触电事故；煤矿井下配电网采用 IT 方式，变压器中性点禁止直接接地；在中性点不接地的高、低压系统中，应设置漏电保护装置和保护接地装置。

（4）加强职工教育培训，提高安全素质，严格执行安全用电的各项制度，杜绝违章操作。如实行工作票制度、工作监护制度、停送电制度、倒闸操作制度等。

第九章　职业病的诊断与防治

对职业病的研究称为职业病学。职业病学属于临床医学的范畴,但与职业卫生的关系非常密切。职业卫生着重研究劳动条件对职工群体健康的影响和改善劳动条件的措施等内容,而职业病学则从临床角度出发,着重研究各种职业病个体的发生发展规律、临床表现、诊断和治疗等问题。在解决生产活动中的职业病防治问题时,往往需要职业卫生工程人员和职业病临床工作人员互相协作。因此,作为安全卫生工程技术人员应了解职业病学的基本常识。

第一节　职业病概述

一、历史与现状

自从人类开始开山凿石,有目的地开采矿产资源、提炼金属材料以来,事实上便已有了气体中毒和尘肺病等生产性有害因素所致的职业病。我国古代很早就开始使用铜、铁等金属材料,一方面说明我国的采矿和冶炼业历史悠久,同时也说明某些职业性因素引起的病变在我国存在已久。但是由于几千年的封建统治,近代又屡遭列强的欺凌和掠夺,当时的工厂和矿山均为内外少数垄断资本所有,他们无视劳动人民的生命安全与健康,广大劳动者连最基本的生存权利都难以保证,所以历史上我国究竟有多少工人患有矽肺和其他职业病,现已无法考证。

新中国成立后,我国政府有关部门多次颁布条例、规定和方法,职业卫生和职防工作逐步在全国展开。1950 年制定了《工厂卫生暂行条例草案》,1951 年和 1952 年两次修订和补充。1956 年国务院通过了《工厂安全卫生规程》,同年颁布了《工业企业设计暂行卫生标准》,1962 年列为国家标准。全国各地陆续建立了劳动卫生研究院、所,大力开展卫生和职防研究工作。当时的许多研究成果已处于世界先进水平。1956 年国务院颁发的《关于防止厂矿企业中矽尘危害的决定》,对全国的尘肺防治工作起了巨大的动员和推动作用。1957 年召开的第一次全国防尘工作会议,研究并制定了各种防尘措施并进行了具体部署和落实,同时进行了职业病普查和治疗工作,取得了显著成绩。1962 年底,又在北京召开了第二次全国防尘工作会议,共有 9 个部参加,周恩来总理作了重要讲话,又一次推动了全国尘肺防治工作的进展。但在这以后的十多年间,我国职业病防治工作基本上处于停顿状态,不少厂矿的职业病发病率一度直线上升,达到令人吃惊的程度。直到 1978 年 10 月,卫生部和国家劳动总局联合召开防尘防毒会议以及同年 12 月 28 日国务院批转卫生部的报告,1984 年国务院又颁发了《关于加强防尘防毒工作的决定》,特别是《中华人民共和国职业病防治法》(以下简称《职业病防治法》)从 2002 年 5 月 1 日起施行,表明我国的职业卫生和职防工作从此又进入了一个全新的发展时期。经过全国职防卫生工作人员的共同努力,我国的职业病防治工作取得了显著成绩,主要表现在以下几个方面:

(1) 我国职业病防治相关法律法规体系已经初步建立,颁布实施了 1 部法律、18 项部门规章、近千个标准。已基本掌握了我国职业病的发病情况以及在各行业中的分布规律,并在实践中总结出一些具体的防治措施。一些职业病发病率较高的厂矿企业已得到控制。铅、汞、苯等常见职业中毒的发病率已降到较低水平。

(2) 不仅各省、市、区和大中城市建立了职业病防治与研究院(所),而且大多数工厂、矿山等基层单位也有了自己的职防专业机构,并培养了一支专业队伍。许多医院和各医学院附属医院也按要求设立了职业病科,以进行职业病的医疗、科研和教学工作。《职业病防治法》颁布以来,职业卫生技术服务机构资质认证工作也进展良好。资质认证工作是《职业病防治法》规定的一项重要制度,为职业卫生监督与技术服务提供了可靠的组织保证。

(3) 研制和试制出了相当数量的防治职业病的药品和方法。以矽肺病为例,我国从对症治疗、中医中药治疗、抗纤维化治疗、支气管肺泡灌洗治疗(洗肺)到目前的综合治疗,使一期尘肺病人的平均发病年龄从 20 世纪 50 年代的 34.6 岁增加到目前的近 60 岁,相应的死亡年龄也由 30 多岁增长到 60 多岁。

(4) 编撰了许多职防专业书籍,出版发行了多种定期和不定期刊物,如《中华劳动卫生职业病杂志》、《工业卫生与职业病》等。各医学院校也建立了公共卫生专业,将职业病防治内容纳入了教学计划。所有这些工作为交流我国职防工作的经验,促进职防工作的发展起了重要的推动作用。

(5) 已基本建成省、市、县、乡四级卫生监督网络体系,由此也推进了职业卫生监督工作。全国各省、自治区、直辖市及新疆建设兵团的卫生行政部门成立了卫生监督局(所),职业卫生监督作为卫生综合执法的一项重要内容已被纳入监督机构的日常工作范围。

尽管如此,由于近年来我国企业管理制度改革不断深入,国民经济运行节奏不断加快,农村富余劳动力大量涌入企业,职业病防治工作遇到前所未有的挑战。据劳动部门统计,我国有 7 亿多劳动者在不同的岗位上工作,如何有效地保障数量如此巨大的劳动者的健康、做好职业病防治工作,直接关系社会的稳定和经济的可持续发展。目前,我国的职业病防治工作水平与世界先进水平相比仍有较大差距,在国际社会日益重视人类生存环境与健康的情况下面临着越来越大的压力,已成为影响社会稳定的公共卫生问题。从煤炭、冶金、化工、建筑等传统工业,到计算机、汽车制造、医药、生物工程等新兴产业以及第三产业,目前都存在一定的职业病危害,我国接触职业病危害因素人群居世界首位,职业病防治工作涉及 30 多个行业。当前困扰我国职业病防治工作的主要问题有:用人单位职业病防治法律责任落实不到位;地方政府职业病监管不到位;部门之间长效协同工作机制不完善;我国职业病"底数"不清;职业病危害监测数据难以反映实际情况,乡镇企业往往成为职业卫生监测空白;职业卫生服务供需矛盾突出;劳动用工管理和社会保障尚不完善等。

纵观新中国成立 60 多年来我国职防工作的发展历程,虽然不是一帆风顺,但总体是在前进的。职防工作成绩巨大,前景乐观。特别是《职业病防治法》的实施,使职业病防治工作走上了一条法治轨道。应该坚信,随着科学技术的进步和劳动条件的不断改善,职业病是完全可以预防的。

二、职业病的特点

我国目前尚处在社会主义初级阶段,在当前的生产力水平下,工人作为社会生产力的主体,还需置身于一定的劳动条件中。因此,劳动环境中某些生产性有害因素将直接或间接地对劳动者的健康造成不良影响,甚至使劳动者某些器官和组织发生异常功能性的或病理性的改变,继而出现相应的临床表现。这种由于生产劳动过程中生产性有害因素所引起的特有疾病称之为职业病。

职业病不同于一般疾病,而有其明显的特点。主要表现在以下几个方面:

(1) 有明确的病因。如各种尘肺是由于吸入不同种类的生产性粉尘所引起;职业中毒是由于生产性毒物进入体内而致病等。

(2) 发病与劳动条件有关。在劳动条件的诸因素中,起决定作用的是生产工艺过程,因为不同的生产工艺过程要求不同的劳动组织和操作过程,进而直接影响劳动环境的状况。而职业病的发病主要取决于劳动环境中生产性有害因素的种类、强度和作用时间,当然与劳动者个体因素也有一定关系。

(3) 发病常是群体性的。在同样的生产环境中工作,经过一定时间后,会同时或相继出现一批相同的职业病患者。由于我国接触职业病危害人数多,患病的绝对数量也大。

(4) 有一定的临床特征。许多职业病在病程发展过程中的各个阶段都有其相应的临床特征。如早期的矽肺患者其 X 线胸片有结节性网状阴影,慢性苯中毒早期表现为白细胞减少等。某些职业病还具有隐匿性、迟发性等特点,其临床特征和危害容易被忽视。

(5) 病种很多。职业病的特点之一是病种多,几乎遍布于所有临床学科,但病例数往往不多(尘肺除外)。

(6) 疗效不够满意。多数职业病尤其是慢性职业病尚无特效药物,而是以对症治疗、控制发展和减轻症状为主,对一些可以治愈的职业病,也比治愈一般疾病所需时间要长。

(7) 职业病是完全可以预防的。职业病是由生产性有害因素所引起,随着社会生产力的发展和技术进步,不断改善劳动条件以及采取有效的预防措施,使劳动者免于接触有害因素,职业病就完全可以被控制。

三、法定职业病

凡由生产性有害因素引起的疾病,广义上均可称为职业病。但在立法意义上,职业病却具有一定的范围。世界上大多数国家都是根据本国的国情,主要是生产力发展水平和财政状况,由政府主管部门将那些危害职工健康和影响生产比较严重且职业性较明显的若干种病症列为国家法定的职业病。

2002 年前,我国的法定职业病共有 16 种(类),是由卫生部于 1957 年首次颁布并经后来不断加以补充的,它们是:① 职业中毒;② 尘肺;③ 热射病和热痉挛;④ 日射病;⑤ 职业性皮肤病;⑥ 电光性眼炎;⑦ 职业性耳聋;⑧ 职业性白内障;⑨ 潜涵病;⑩ 高山病和航空病;⑪ 振动病;⑫ 放射性疾病;⑬ 职业性炭疽;⑭ 职业性森林脑炎;⑮ 布氏杆菌病;⑯ 煤矿井下工人滑囊炎。

2002 年 4 月 18 日,卫生部、劳动保障部联合颁发的《关于印发〈职业病目录〉的通知》中规定,我国的职业病分为 10 大类 115 个病种,包括:① 尘肺 13 种;② 职业性放射性疾病 11

种;③ 职业中毒 56 种;④ 物理因素所致职业病 5 种;⑤ 生物因素所致职业病 3 种;⑥ 职业性皮肤病 8 种;⑦ 职业性眼病 3 种;⑧ 职业性耳鼻喉口腔疾病 3 种;⑨ 职业性肿瘤 8 种;⑩ 其他职业病 5 种。

为贯彻落实新修订的《职业病防治法》(见附录一),切实保障劳动者健康权益,适应我国职业病防治工作形势和特点,卫生部、国家安全生产监督管理总局、人力资源社会保障部和全国总工会研究决定对 2002 年公布的《职业病目录》进行了调整。为与《职业病防治法》表述一致,调整后的名称为《职业病分类和目录》,将职业病分为 10 大类 132 个病种(见附录二)。

我国政府规定,凡法定的职业病患者,在治疗和休养期间以及治疗后确定为残废或治疗无效而死亡时,均按《中华人民共和国劳动保险条例》以及《中华人民共和国社会保险法》的有关规定享受劳保待遇。

生产性有害因素除能引起职业病外,还可降低人体对非职业性因素致病的抵抗力,致使一些普通疾病的发病率显著增高。如一些厂矿工人的风湿性关节炎、胃肠道疾患、下肢静脉曲张、咽炎等,这些疾病虽与生产环境有关,但其职业性又不是很明显,故目前并没有列入职业病范围,一般称之为厂矿多发病。但这类疾病由于发病率较高,既危害工人身体健康,又影响生产,也应当引起足够重视。

另外,某些生产性有害因素还可污染大气、水源和土壤,危害周围居民的健康,甚至引起公害病。公害病虽与环境污染有关,但患病并非发生在生产劳动过程中,故也未列入职业病目录。

第二节 职业病的诊断和处理

一、职业病的临床表现

生产性有害因素具有各自不同的性质和特点,加之其浓度、强度和对人体作用时间的不同,接触者个体状况的差异以及劳动条件、防护措施等多种因素的影响,使得职业病具有各种各样的临床表现形式。按其发病时间的快慢,可分为急性、亚急性和慢性三种类型。

急性发作的职业病是由于患者在短时间内接触高浓度(强度)的生产性有害因素所致,这种情况多发生在意外事故中,如爆炸、火灾、有毒有害的气液体泄漏、工程抢险等。平常情况下极少见。

亚急性属于急性范畴,发病过程稍缓于急性。

慢性职业病是由于人们长期受到超过卫生标准允许值的生产性有害因素的作用而逐渐发生的慢性病变,较为常见。如尘肺病、职业性耳聋等都是慢性职业病。

在生产性有害因素中,大部分既可引起慢性职业病,也可引起急性职业病。如多数工业毒物、放射性物质和不良气候条件等,有的则主要引起慢性职业病,如尘肺病和铅中毒等,也有些毒物由于在人体内的蓄积能力很低,只会引起急性中毒。

职业病的临床症状也有各种不同表现。有的以全身症状为主,有的则以某些器官、系统的症状为主。这主要与各种有害因素对人体不同部位和组织的亲和能力以及侵入方式有关。如生产性粉尘、刺激性气体主要引起呼吸系统的损害;苯和放射性物质则主要使血液系统受损;磷、砷、锑等金属或类金属毒物以损害肝脏为主。此外,有些有害因素还可分别对人体的神经系统、消化系统、泌尿系统、皮肤、视听觉器官等发生伤害作用。

二、职业病的诊断

职业病的诊断是一项政策性和技术性都很强的工作,应当遵循科学、公正、公开、公平、及时、便民的原则。因为它涉及生产管理责任、劳保待遇、职工生产积极性的发挥、劳动能力鉴定、政府财政支出等一系列重大问题,所以对职业病的诊断应认真对待,一丝不苟,既要严格掌握,又要防止漏诊,力求做到准确无误。为了防止和减少诊断上的差错,职业病的诊断应按 2013 年 4 月 10 日起施行的《职业病诊断与鉴定管理办法》进行,职业病诊断机构依法独立行使诊断权,并对其作出的职业病诊断结论负责。职业病诊断机构应当公开职业病诊断程序,方便劳动者进行职业病诊断。

《职业病诊断与鉴定管理办法》还规定:职业病诊断机构在进行职业病诊断时,应当组织三名以上单数职业病诊断医师进行集体诊断。

职业病诊断医师应当独立分析、判断、提出诊断意见,任何单位和个人无权干预。诊断医师对诊断结论有意见分歧的,应当根据半数以上诊断医师的一致意见形成诊断结论,对不同意见应当如实记录。

职业病诊断机构应当按照国家职业病诊断标准,依据劳动者的职业史、职业病危害接触史和工作场所职业病危害因素情况、临床表现以及辅助检查结果等进行综合分析,作出诊断结论。

1. 职业史、职业病危害接触史

职业史和职业病危害接触史是诊断职业病的重要前提。劳动者申请职业病诊断时应当提供相应的材料,因为不少职业病的临床表现缺乏特异性,而与一般疾病相类似,如果没有职业病危害接触史或者健康检查没有发现异常的,诊断机构可以不予受理。

在确认劳动者职业史、职业病危害接触史时,当事人对劳动关系、工种、工作岗位或者在岗时间有争议的,职业病诊断机构应当告知当事人依法向用人单位所在地的劳动人事争议仲裁委员会申请仲裁。

2. 工作场所职业病危害因素卫生调查

卫生调查是指到申请者所从事工作的现场去了解卫生防护情况,包括每天接触的时间、数量以及生产场所的卫生防护设施及其使用情况。在进行职业卫生调查时,应对全部生产环节的工艺和操作过程以及工程技术装备、操作方法、卫生条件、卫生技术措施等进行全面调查,对患者在生产过程中所接触的全部有害因素进行测定分析,以便确定致病原因和危害程度,为诊断提供依据。

职业病诊断机构需要了解工作场所职业病危害因素情况时,可以对工作场所进行现场调查,也可以依法提请安全生产监督管理部门组织现场调查。

3. 临床检查

临床检查是诊断职业病的主要手段,包括问诊、体格检查和理化检查等内容。对病史较短的急性和亚急性中毒,由于多数是在非常情况下发生的,故只要详细了解事故发生原因、毒物性质以及当时浓度,再根据中毒后的症状和病情发展,一般不难作出正确诊断。但对可疑职业病患者进行体检时,应根据患者接触的生产性有害因素的作用特点,检查其特有的临床表现,并对某些可能受到损害的系统和器官进行重点检查。例如,粉尘作业工人体检的重点是肺部,需要拍摄 X 线胸片;接触汞作业的工人,应重点检查神经系统;接触噪声者检查听力;接触红外线者着重检查眼睛的晶状体等。

除体格检查外,对许多职业中毒患者还应进行某些特殊的辅助检查,可根据患者的症状和体征,有目的地确定检查内容。

职业病诊断机构应当结合劳动者的临床表现、辅助检查结果和劳动者的职业史、职业病危害接触史,并参考劳动者自述、安全生产监督管理部门提供的日常监督检查信息等,作出职业病诊断结论。仍不能作出职业病诊断的,应当提出相关医学意见或者建议。

职业病鉴定实行两级鉴定制,省级职业病鉴定结论为最终鉴定。

三、职业病的处理和治疗原则

职业病经确诊后,应立即采取各种可行的治疗和处理措施,以消除致病因素,减轻和解除患者痛苦,使受损的机体器官和组织尽早恢复正常功能。

1. 急性职业病的处理原则和措施

急性职业病主要为急性中毒,且一般多为意外事故所引起。其他如大剂量放射性照射、爆震性强噪声、潜涵作业等也可引起急性职业伤害。急性职业病由于病情发生急骤,有时又较严重,因此,处理和抢救方法是否得当对患者的健康和生命安全至关重要。下面仅就常见的急性职业中毒提出几点处理和抢救原则,也适用于非职业性的急性中毒。

(1)阻止毒物继续侵害人体。要根据毒物侵入人体的不同途径采取不同的措施。如系呼吸道或皮肤侵入中毒,则须立即使患者离开中毒场所,移至空气新鲜处,迅速脱去污染的衣服,清洁接触部位的皮肤、黏膜,保持呼吸畅通,必要时可输氧和进行人工呼吸。对强酸强碱等腐蚀性毒物,可相应用弱碱弱酸溶液冲洗。若患者系口服中毒,一般来说,如无禁忌应立即洗胃、催吐、导泻,清除胃肠道尚未被吸收的毒物,以减少吸收。洗胃液应根据毒物性质选用,适用于催吐无效或口服非腐蚀性毒物后 6 h 内者。但若毒物在体内停留时间较长,可能已造成胃黏膜严重损坏时,则不能洗胃。

(2)促进毒物的分解与排出。对已进入体内或已被吸收的毒物,应设法尽可能减少其对患者的危害。最常用的方法是服用或注射解毒剂。具体选用方法可根据毒物性质或视病情由医生决定。

(3)对症治疗、及时抢救。如患者中毒后出现呼吸衰竭、循环衰竭、脑水肿、肺水肿、肾、肝功能衰竭等危及生命的情况时,可按病情采取输氧、换血、手术、药物治疗等必要措施以及纠正水、电解质及酸碱平衡,并应加强护理,密切注意病情变化,还要根据病情随时调整治疗措施。

2. 慢性职业病的治疗原则

慢性职业病的治疗与一般疾病有许多共同之处。但职业病的发病与接触生产性有害因素有直接关系,因此在治疗上也有其特点。总的来说,慢性职业病的治疗可分为一般治疗、特殊治疗和对症治疗。一般治疗包括休息、调养、护理和某些卫生保健措施。特殊治疗主要是针对职业病的致病因素采取的治疗方法,包括阻止有害因素继续侵害机体、促使有害因素在体内转化和排出等特殊方法,这是职业病的治疗特点。对症治疗是根据患者的表现症状所采取的治疗方法,可采取各种药物、理疗、体疗以及中西医结合等,目的是为了减轻患者痛苦,保护其受损器官或组织的功能,使患者尽早恢复健康。

慢性职业病往往病程较长,且一般无特效药物,要求医务人员和社会从多方面关心患者,使其精神愉快,情绪乐观,增强治疗信心。患者也应与医务人员密切配合,坚持体育锻炼或参加力所能及的劳动,以增强体质和抗病能力。

职业病患者经治疗后痊愈并完全恢复劳动能力者,可考虑恢复原工作或调离至不接触有害因素的作业,如轻度中毒、电光性眼炎以及某些物理因素所致的职业病,若经治疗病情有好转,但劳动能力尚不能完全恢复者,应调离原工作,安排参加不接触有害因素的较轻工作。若经治疗未能使病情好转,劳动能力大部或完全丧失者,应继续休息和治疗,待病情好转,劳动能力恢复时,再进行劳动能力的鉴定。

四、职业病的报告制度

为了随时掌握各地各行业职业病的发病动态,以便采取对策,制定必要的防治措施,卫生部早在 1956 年就颁发了《职业中毒和职业病报告办法》,并从 1959 年 1 月 1 日起在全国试行,根据试行中发现的问题,分别于 1982 年和 1988 年两次对原报告办法作了修改并重新公布实行,其主要内容有:

(1)职业病报告实行以地方为主逐级上报的办法,不论是隶属国务院各部门,还是地方的企、事业单位发生的职业病,安全生产监督管理部门接到报告后,应当及时会同有关部门组织调查处理;必要时,可以采取临时控制措施。卫生行政部门应当组织做好医疗救治工作。

县级以上地方人民政府卫生行政部门负责本行政区域内的职业病统计报告的管理工作,并按照规定上报。

(2)急性职业病由最初接诊的任何医疗卫生机构在 24 h 之内向患者单位所在地的卫生监督机构发出《职业病报告卡》。

凡有死亡或同时发生 3 名以上急性职业中毒以及发生 1 名职业性炭疽时,接诊的医疗机构应立即电话报告患者单位所在地的卫生监督机构并及时发出报告卡。卫生监督机构在接到报告后径报卫生部,并即赴现场,会同劳动部门、工会组织、事故发生单位及其主管部门,调查分析发生原因,并填写《职业病现场劳动卫生学调查表》,报送同级卫生行政部门和上一级卫生监督机构,同时抄送当地劳动行政部门、企业主管部门和工会组织。

(3)尘肺病、慢性职业中毒和其他慢性职业病由各级卫生行政部门授有职业病诊断权的单位或诊断组负责报告,并在确诊后填写《尘肺病报告卡》或《职业病报告卡》,在 15 日内将其报送患者单位所在地的卫生监督机构。尘肺病例的升期也应填写《尘肺病报告卡》做更正报告。

尘肺病患者死亡后,由死者所在单位填写《尘肺病报告卡》,在 15 日内报所在地的卫生监督机构。

(4)职业病报告工作是国家统计工作的一部分,各级负责职业病报告工作的单位和人员,必须树立法制观念,不得虚报、漏报、拒报、迟报、伪造和篡改。任何单位和个人不得以任何借口干扰职业病报告人员依法执行任务。卫生行政部门、安全生产监督管理部门不按照规定报告职业病和职业病危害事故的,由上一级行政部门责令改正,通报批评,给予警告;虚报、瞒报的,对单位负责人、直接负责的主管人员和其他直接责任人员依法给予降级、撤职或者开除的处分。

（5）报告职业病的范围，按国家现行职业病名单内所列病种执行。

第三节　职业病预防工作

职业病是可以预防的。与控制各种危及人身安全的生产性事故一样，只要从思想上高度重视，舍得花力气，舍得投资，重视培养职业卫生和职防人才，建立队伍，努力抓好技术进步，推进管理现代化，同时加强对职工的宣传教育，增强法制观念，提高安全卫生意识，就一定能在发展生产的同时，逐步控制直至完全杜绝职业病的发生。

预防职业病、保护职工的安全和健康是党和国家的一项重要政策。职防工作的基本任务就是要贯彻执行"预防为主，防治结合"的工作方针，努力控制和消除在生产过程中产生的粉尘和其他有害因素的危害，防止和减少职业性伤害，保证生产的顺利发展。

预防职业病的根本措施在于做好卫生防护工作。卫生防护工作主要包括卫生设计和日常卫生管理两项内容。所谓卫生设计，就是在工业建设中，要把防止各种生产性有害因素的技术设施和装备与主体工程同时设计、同时施工、同时投产。这是防止产生有害因素的一个积极主动的办法，是"预防为主"的职防工作方针在工业建设中的具体体现。实践证明，生产性有害因素一旦形成和扩散，要消除它不仅要付出更大的代价，而且还难以收到预期效果。

在我国，职业病预防工作遵循三级预防原则：一级预防亦称病因预防，即从根本上消除和控制职业病危害因素，防止职业病的发生。二级预防又称临床前期预防，通过早期发现、早期诊断、早期治疗防止病损的发展。三级预防为临床预防。使患者在明确诊断后，得到及时、合理的处理，防止疾病恶化及复发，防止劳动能力丧失。对慢性职业病患者，通过医学监护、预防并发症和伤残。通过功能性和心理康复治疗，做到病而不残，残而不废，达到延长寿命的目的。

在日常卫生管理工作中，还要从组织管理措施、工程技术措施、个体防护、卫生保健措施和卫生监督等几方面采取综合性的预防办法。

一、组织管理措施

首先应加强组织领导，将职业病预防工作列入各级政府的议事日程，作为一项重要工作来抓。各厂矿企业要根据国家卫生防护标准和要求，结合本单位的具体情况建立健全各种必要的规章制度和作业规程，并教育广大职工严格遵章办事，积极配合执行，反对违章作业。卫生和职防人员应深入生产第一线，发现问题及时采取措施。合理组织、安排劳动过程，建立、健全劳动制度，贯彻执行国家制定的卫生法规。

二、工程技术措施

预防职业病的发生，除了组织管理措施外，还必须采取必要的工程技术措施，包括采用先进的生产工艺流程，选用能耗低、噪声小的机器设备，装备先进的通风、空调和照明设施，创造良好的工作和休息环境以及防护其他物理、化学伤害的工程措施，才能消除和控制各种有害因素的危害。主要做法是通过改革生产工艺，以无毒物质代替有毒物质；其次是全面实现生产过程的自动化、半自动化操作，防止有害物质跑、冒、滴、漏；以及采用通风、密闭、隔热、隔振、降噪等工程技术措施,使各种有害因素的指标符合国家规定的卫生标准。

三、个体防护和卫生保健措施

个体防护是指在生产过程中使用合理的个人防护用品,如防尘口罩、防毒面具、耳塞、工作服、安全帽、手套和胶鞋等。正确使用这些防护用品,对防止有害因素的侵袭十分重要。

卫生保健措施的内容相当广泛,包括美化工作环境,使工作场所给人一种整齐、清洁的感觉,这对减少疲劳、提高工效、防止职业性伤害均有重要作用。另外,做好就业前体格检查工作,及时发现易感者和就业禁忌,防止不适宜参加某些工作的人参加了该工作而容易发生职业病。在工作岗位上的职工也应定期进行体格检查,目的是早期发现职业病患者或职业病可疑症状,以便及时诊断和治疗,防止病情发展和新病例继续发生。通过定期体格检查,还可能发现其他慢性疾患以及该工作的禁忌证,便于及时治疗和调换工作。

实行保健食品制度也是卫生保健措施的一项重要内容。注意平衡膳食以及合理供给保健食品和饮料,可以补充人体中因某些有害因素的作用而丧失的营养成分,增强机体抵抗力。有些营养素还具有解毒、抗毒和治疗作用。因此有条件的厂矿企业应利用这一辅助措施,并要求卫生和职防部门应提供有关的卫生调查测定资料和负责对保健食谱的指导工作。

此外,教育广大职工讲究个人卫生,养成良好的卫生习惯,同时注意加强体育锻炼,以提高机体对职业病和其他疾病的抵抗能力。

四、经常性的卫生监督工作

各级卫生职防机构和有关职能部门应经常深入厂矿企业检查生产中是否存在有害因素超标现象以及各项卫生技术措施的落实和执行情况,定期对生产环境进行监测,发现问题立即采取对策,以督促厂矿企业经常处于卫生良好状态。对问题较严重的单位,应组织力量帮助制定规划和落实措施,限期整改。

第四节　职业病调查和统计分析

职业病调查和统计分析是职防工作的重要内容之一。其任务就是通过调查,了解生产性有害因素对人体健康的影响和危害、各种职业病的发病情况及其原因,以便及时发现问题和采取防治措施,并为制定卫生标准、卫生要求和防治职业病的法规提供科学依据。通过对调查资料的统计分析,还可以确定不同的生产环境与工人健康状况之间的关系以及评价卫生技术措施的效果。

一、职业病调查

职业病调查分为急性职业病调查和慢性职业病调查。调查中应注意资料的收集,为进行统计和分析打下基础。资料的收集包括医疗卫生资料(体检记录、病历、职业病证明单、工作场所有害因素的测定记录等)、职业病调查材料以及医疗部门的发病报表、普查报表等的收集。为了进一步查明职业病的发病情况,应按工龄、工种、年龄、工作场所、集中发病时间等分组整理资料。

急性职业病调查主要是对急性职业中毒、急性放射病、中暑等事故的调查,常与职业卫生调查同时进行。

　　慢性职业病的调查目的是要了解各种慢性职业病的发生情况,分析致病原因,提出防治措施。慢性职业病的调查又可分为职业病普查和职业病专题调查。

　　职业病调查工作是该学科的重要研究方法之一。其任务是通过调查研究,摸清生产性有害因素对工人健康的危害程度,了解卫生防护工作的执行情况及其效果,发现生产环境、劳动条件中存在的问题,并根据实际情况,提出改进意见,以便进一步做好职业病防治工作。调查中收集和整理资料应力求全面、及时、准确和翔实,并汇总成表,以便于分类分组,为进行统计分析打下基础。

二、职业病调查的几种常用统计指标

　　在职业卫生和职业病调查统计工作中,常需要计算某些统计指标。下面是几种常用统计指标的计算方法及其注意问题。

　　1. 发病率(检出率、受检率)

　　某个时期(年、季或月)内某种职业病的发病率按下式计算:

$$发病率 = \frac{某个时期内新发现的病例数}{该时期内平均工人数} \times 100\% \qquad (9\text{-}1)$$

　　计算发病率时,需同时计算检出率和受检率,分别为:

$$检出率 = \frac{检查时新发现的病例数}{受检工人数} \times 100\% \qquad (9\text{-}2)$$

$$受检率 = \frac{实际受检的工人数}{应受检的工人数} \times 100\% \qquad (9\text{-}3)$$

　　发病率可以反映该作业的发病情况以及所采取的卫生防护措施的效果,发病率既可按厂矿计算,也可按车间(工区)、工种或工龄组分别计算,以供分析比较之用。计算发病率(检出率)时,应注意以下四点:

　　(1)平均工人数和受检工人数不包括该时期以前已确诊为该职业病的人数;

　　(2)新发现病例是指该时期内初次确诊的病例;

　　(3)计算慢性职业病检出率时,受检工人数是指从事该作业1年以上的人数;

　　(4)受检率达到90%以上时,计算发病率和检出率才有意义。

　　2. 患病率

　　通过计算患病率可以了解历年来累计的患病人数和发病概况以及预防措施的实际效果,但不能具体说明某个时期内的发病情况及其严重程度。

$$患病率 = \frac{检查时发现的新旧病例总数}{从事该作业的工人数} \times 100\% \qquad (9\text{-}4)$$

　　3. 疾病构成比

　　该指标可以说明各种不同职业病的分布情况或者同种职业病轻重程度的比例。例如,Ⅰ期矽肺患者与各期矽肺总例数之比为:

$$Ⅰ期矽肺构成比 = \frac{Ⅰ期矽肺例数}{各期矽肺总例数} \times 100\% \qquad (9\text{-}5)$$

　　4. 平均发病工龄

　　这是指工人开始从事某种作业(如接触粉尘作业)起到确诊为该作业有关的职业病(矽

肺)时所经历的平均时间,可按下式计算:

$$矽肺平均发病工龄 = \frac{确诊为 I 期矽肺时接尘作业总工龄}{I 期矽肺例数} \tag{9-6}$$

5. 平均病程期限

有些职业病(如矽肺)需要计算平均病程期限,用以反映该病进展进度以及治疗效果。

$$平均病程期限 = \frac{某时期内某病患者由确诊到死亡的总时间}{该时期内死于该疾病的例数} \tag{9-7}$$

6. 其他指标

$$病死率 = \frac{某个时期内死于某病的例数}{该时期内患该病的例数} \times 100\% \tag{9-8}$$

$$病伤缺勤率 = \frac{某个时期内因病缺勤人数}{该时期内应该出勤工作日数} \times 100\% \tag{9-9}$$

$$病伤工休率 = \frac{某个时期内因病伤缺勤人数}{该时期内平均职工人数} \times 100\% \tag{9-10}$$

通过以上统计分析,可以帮助我们发现哪些疾病对工人健康和出勤率影响较大,哪些工区、车间的发病率较高以及不同时期统计指标的变化情况。根据这些结果进一步查明其原因,以确定工作重点,有针对性地开展职业卫生和职业病防治工作。

第十章 职业安全卫生监督与管理概述

第一节 职业安全卫生工作

一、现代职业安全卫生问题需要系统化管理

据 ILO(国际劳工组织)统计,全球每年发生的各类伤亡事故大约为 2.5 亿起,这意味着每天发生 68.5 万起,每小时发生 2.8 万起,每分钟发生 475.6 起。全世界每年死于工伤事故和职业病危害的人数约为 110 万(其中约 25%为职业病引起的死亡)。这比媒体所报道的每年交通事故死亡 99 万人、暴力死亡 56.3 万人、局部战争死亡 50.2 万人和艾滋病死亡 31.2 万人都要多。在这些事故中,死亡事故比例还是很大的,初步估计每天有 3 000 人死于工作,ILO 估计劳动疾病到 2020 年将翻一番。在这些工伤事故和职业危害中,发展中国家所占比例甚高,如中国、印度等,事故死亡率比发达国家高出 1 倍以上,其他少数国家或地区高出 4 倍以上。面对严重的全球化职业安全卫生问题,国际劳工组织呼吁,经济竞争加剧和全球化发展不能以牺牲劳动者的职业安全卫生利益为代价,而是到了维护劳动者人权、对生命质量提出更高要求的时候了。

现代安全科学理论认为,一起伤亡事故的发生是由于人的不安全行为(或人失误)、物的不安全状态、环境的不安全因素以及管理的缺陷所致。① 控制人的不安全行为。需要在总结心理学、行为科学等成果的基础上,通过教育、培训等来提高人的意识和能力。② 物的不安全状态需采纳实用安全技术来改善。随着经济的发展、科学技术的进步,出现了很多工业复杂系统,即指技术密集,包括技术设备、人以及组织三类元素的社会-技术系统,如化工与石油化工、电力、铁路、矿山、核电等工业组织。③ 环境的不安全因素是引起事故的物质基础,它是事故发生的直接原因之一,通常指的是生产环境不良,如照明、温度、湿度、通风、采光、噪声、振动、空气质量、颜色等方面的缺陷。④ 管理的原因即管理的缺陷,它是事故发生的间接原因,是事故的直接原因得以存在的条件,即由于出现管理缺陷,不安全行为、不安全状态等才得以发生。生产实际表明,对于工业复杂系统,影响安全技术系统可靠性和人的可靠性的组织管理因素,已成为是否导致复杂系统事故发生的最深层原因。

职业安全卫生工作是一个系统工程。系统化的职业安全卫生管理是以系统安全的思想为基础,从企业的整体出发,把管理重点放在事故预防的整体效应上,实行全员、全过程、全方位的安全管理,使企业达到最佳安全状态。应该说,目前国际范围内的职业安全卫生管理体系标准都是以系统安全的思想为核心,采用系统化、结构化的管理模式,为企业提供一种科学、有效的职业安全卫生管理规范和指南。

无论是企业还是政府,作为一个组织,职业安全卫生监督与管理都是用来制定和实施其

职业安全卫生管理制度,管理其生产作业过程中可能存在的职业性有害因素,为实现职业安全卫生工作方针和目标而组合在一起的集合。包括国家职业卫生法律、法规体系的建立与实施,组织的职业安全卫生监督与管理体系运行于持续改进,以及专项安全管理等内容。

二、职业安全卫生工作的原则、目标和任务

随着人们对职业安全卫生工作认识的不断加深,人们越来越清楚地意识到,应当在某种健康损害发生之前,甚至在潜在危害接触发生之前就应当采取积极行动,及时监测作业环境,消除其中的有害物质或有害因素。同时,也认识到除了职业安全卫生专业人员以外,决策者、管理人员和作业人员在职业安全卫生工作中也都起着十分重要的作用。世界卫生组织(简称 WHO)和国际劳工组织(简称 ILO)对职业安全卫生工作的原则、目标和任务分别进行了以下的阐述。

1. 职业安全卫生工作的五项原则

(1) 监控保护和预防原则。即保护职工健康不受作业环境中有害因素的损害。

(2) 工作适应原则。即作业与作业环境适合职工的职业能力。

(3) 健康促进原则。即优化职工的心理行为、生活及作业方式与社会适应状况。

(4) 治疗与康复原则。即减轻工伤、职业病与工作有关疾病所致不良后果。

(5) 初级卫生保健原则。即就近为职工提供治疗与预防的一般卫生保障服务。

2. 职业安全卫生工作的目标

创造卫生、安全、满意和高效的作业环境,保护充满活力的人力资源,促进社会经济的可持续发展。

3. 职业安全卫生工作的任务

识别、评价和控制不良劳动条件中存在的职业性有害因素,保护和促进从业者的身心健康。

三、与职业安全卫生工作有关的国际国内组织

职业安全卫生监督、管理及研究机构在职业安全卫生工作中起着十分重要的作用。目前,在世界范围内,有许多组织和机构在职业安全卫生标准制定、人员训练与教育、科学技术研究、工程实施、信息采集与交流等许多方面,履行着各自的职责。

1. 世界卫生组织(World Health Organization,WHO)

WHO 是联合国下属负责卫生的一个专门机构,总部设在瑞士日内瓦,每年 4 月 7 日是"世界卫生日"。WHO 的宗旨是使全世界人民获得尽可能高水平的健康。其主要职能是促进流行病和地方病的防治,提供和改进公共卫生、疾病医疗和有关事项的教学与训练,推动确定生物制品的国际标准。

2. 国际职业卫生委员会(International Commission on Occupational Health,ICOH)

1906 年 ICOH 在意大利米兰成立,是职业卫生领域世界主导的科学组织,拥有 33 个科学委员会。其目标是促进各方面的职业卫生与安全的科技进步、知识和发展,每 3 年召开 1 次职业卫生世界大会。该委员会把与 WHO、国际劳工组织(ILO)和其他非政府组织(NGO)伙伴的合作作为首要任务。

3. 国际劳工组织(International Labor Organization,ILO)

ILO 是联合国负责劳工问题的国际机构,成立于 1919 年 10 月,是联合国诸多机构中成立最早、地位十分重要的一个专门机构,总部设在瑞士日内瓦。ILO 的主要活动有:从事国际劳工立法、制定公约和建议书以及技术援助和技术合作。ILO 的宗旨是:促进成分就业和提高生活水平,促进劳资双方合作,扩大社会保障措施,保护工人生活与健康,主张通过劳工立法来改善劳工状况,进而"获得世界持久和平,建立社会正义"。该组织实行"三方代表"原则,即各成员国代表团由政府、工人和雇主代表组成。

4. 国际社会保障协会(International Social Security Association,ISSA)

1927 年 10 月 4 日,ISSA 在布鲁塞尔成立,总部设在瑞士日内瓦。ISSA 全球大会每三年组织召开 1 次。建立该协会的创意与国际劳工组织当时采取的步骤直接相关,采取这些步骤的用意是以社会保险计划的方式将国际规章引用到经济和健康保护方面。国际社会保障协会的宗旨是在世界范围内促进各国社会保障事业的发展,在社会正义的基础上,通过技术和行政促进手段,提高和改善人类在养老、医疗、工伤和失业等方面的社会和经济条件。其目标是通过社会安全技术和管理的促进,在社会安全的防御、促进和发展领域内进行国际合作。

5. 国际标准化组织(International Organization for Standardization,ISO)

国际标准化组织是目前世界上最大、最有权威性的国际标准化专门机构,总部设在瑞士日内瓦。国际标准化组织的宗旨是:"在全世界范围内促进标准化工作的发展,以便于国际物资交流和服务,并扩大在知识、科学、技术和经济方面的合作。"其主要职责是制定国际标准,协调世界范围的标准化工作,组织各成员国和技术委员会进行情报交流,以及与其他国际组织进行合作,共同研究有关标准化问题。

6. 英国的职业安全与健康协会(Institution of Occupational Safety and Health,IOSH)

职业安全与健康协会(IOSH)是英国管理工作场所安全与健康方面的专业机构。IOSH 是一个独立的,非营利社团组织。它关注职业安全卫生工作的重要事务,向政府提供咨询,并反馈会员对政府 OSH 法规、标准、规范、指南草案的意见。IOSH 的工作是为了促进职业安全卫生水平的提高,并通过认可会员资格和采取各种手段保持和提高会员专业知识和技能等形式向会员提供全方位的帮助。IOSH 是在以理事会主席为首的理事会的领导下开展工作,理事会每年召开两次会议,重点讨论事关协会和安全卫生的战略问题。ISOH 近年来的成长,反映出雇主对工作中员工(同样包括可能受到其工作活动影响的其他人)的安全与健康的关注责任在不断增加。该协会集中为从业者提供专业标准及职业发展的背景支持,并与他们交换技术经验、意见及观点。

7. 中国职业安全健康协会(China Occupational Safety and Health Association,COSHA)

中国职业安全健康协会(COSHA)成立于 1983 年,是在政府主管部门及相关部门的支持下,由全国职业安全健康与安全生产工作者及有关单位自愿结成,并经民政部批准登记成立的全国性、公益性、专业性和非营利性社会组织,是推动和发展我国职业安全健康与安全生产事业,保护劳动者安全健康的重要社会力量,是中国科协的团体会员。其前身是中国劳动保护科学技术学会。

协会宗旨是:遵守国家宪法、法律和社会道德规范,以"三个代表"重要思想为指导,以人为本,坚持科学发展观,贯彻党和国家安全生产方针政策和法律法规,团结和组织全国职业安全健康与安全生产工作者,坚持实事求是的科学态度和理论联系实际的学风,推动职业安全健康与安全生产科学技术进步,协助政府开展职业安全健康与安全生产工作,为企事业单位服务、为政府决策服务、为发展我国职业安全健康与安全生产事业服务,加强行业自律,维护职业安全健康与安全生产工作者的合法权益,为保护劳动者的安全和健康,构建和谐社会而奋斗。

协会在业务上接受国家安全生产监督管理总局的领导,其秘书处设在国家安全生产监督管理总局内。

协会的主要任务是促进职业安全健康与安全生产事业的发展,在安全工作者、有关企事业单位和政府部门之间起桥梁和纽带作用。其业务范围是:

(1)为国家职业安全健康与安全生产及其科学技术的发展战略、立法和其他重大决策提供咨询和建议。

(2)推广新成果、新技术和新产品,促进安全防护、安全工程及检测技术等相关产业发展。

(3)围绕职业安全健康与安全生产重要问题,开展调查研究,向行业和企业提供职业安全健康与安全生产咨询和建议。

(4)开展职业安全健康与安全生产科学技术交流和国际合作,依照有关规定,编辑、出版和发行职业安全健康与安全生产科技书籍和《中国安全科学学报》等期刊。

(5)推进职业安全健康与安全生产教育培训和科普宣传工作,组织开展对职业安全健康与安全生产工作者的继续教育,提高全民安全文化素质,促进社区安全。

(6)组织开展职业安全健康与安全生产科学技术理论与应用研究,提供职业安全健康与安全生产科技服务,组织从事职业安全健康与安全生产科技咨询、开发活动。

(7)经政府有关部门批准或委托,从事以下活动:① 组织和从事职业安全健康与安全生产评估和风险评价工作;② 组织职业安全健康与安全生产科技项目的评鉴工作,开展职业安全健康与安全生产科学技术奖励工作;③ 承办职业安全健康与安全生产专业人员资质评鉴的相关工作;④ 承担高等学校安全工程学科教学指导委员会秘书处的有关工作;⑤ 组织和参与职业安全健康与安全生产技术标准的起草、论证、审查和宣贯工作。

(8)开展职业安全健康与安全生产工作者及有关单位的公共服务、行业自律和职业道德建设工作,维护职业安全健康与安全生产工作者的合法权益,并受委托进行有关技术仲裁工作。

(9)承办政府或有关单位委托的其他工作。

第二节　我国职业安全卫生监督与管理法律法规

一、职业安全卫生法及表现形式

职业安全卫生法,是调整劳动关系中规范劳动者安全与健康的法律规范的总称,是劳动法律部门的重要组成部分。有时,也指有关职业安全卫生的具体法律。我国历来都比较重视职业安全卫生法律建设。早在 1956 年 5 月,国务院便颁布了《工厂安全卫生规程》、《建筑安装工程安全技术规程》、《工人职员伤亡事故报告规程》,即所谓"三大规程"。改革开放以来，又出台了一大批职业安全卫生法规、规章。1992 年全国人民代表大会常务委员会通过了《中华人民共和国矿山安全法》，这也是除《中华人民共和国工会法》以外的真正意义上的劳动法律。《中华人民共和国劳动法》第六章专门规定了劳动安全卫生，为我国制定完备的职业安全卫生法提供了依据。但是，我国的安全生产形势依然严峻，伤亡事故时有发生，职业安全卫生立法和职业安全卫生工作的监督管理仍然任重道远。

我国的职业安全卫生法表现形式按其立法主体、法律效力不同，可分为宪法、职业安全卫生法律、职业安全卫生行政法规、地方性职业安全卫生法、职业安全卫生规章。经我国批准生效的有关职业安全卫生方面的国际劳工公约也是职业安全卫生法的一种形式。

（1）宪法是我国职业安全卫生法的首要形式。宪法中不仅有职业安全卫生法律规范，而且宪法在所有法律形式中居于最高地位，是根本大法，具有最高的法律效力。所有其他职业安全卫生法律形式都要依据宪法确定的基本原则，不可与之相抵触。

在《宪法》中明确提出："国家通过各种途径，创造劳动就业条件，加强劳动保护，改善劳动条件，并在发展生产的基础上，提高劳动报酬和福利待遇。"

（2）职业安全卫生法律是指由全国人民代表大会及其常务委员会制定的职业安全卫生方面法律规范性文件的统称。其法律地位和法律效力仅次于宪法，在职业安全卫生法律形式中处于第二位。

如 2001 年 10 月 27 日中华人民共和国第九届全国人民代表大会常务委员会第二十四次会议通过，自 2002 年 5 月 1 日起施行的《中华人民共和国职业病防治法》。该法于 2011 年 12 月 31 日由第十一届全国人民代表大会常务委员会第二十四次会议通过修改并施行。

（3）职业安全卫生行政法规，是指由国务院制定的有关的各类条例、办法、规定、实施细则、决定等。

如《放射性同位素与射线装置放射防护条例》、《危险化学品安全管理条例》、《作业场所使用有毒物品劳动保护条例》，等等。

（4）地方性职业安全卫生法规，是指省、自治区、直辖市的人民代表大会及其常务委员会，为执行和实施宪法、职业安全卫生法律、职业安全卫生行政法规，根据本行政区域的具体情况和实际需要，在法定权限内制定、发布的规范性文件。经常以"条例"、"办法"等形式出现。

（5）职业安全卫生规章，是指由国务院所属部委以及有权的地方政府在法律规定的范围内，依职权制定、颁布的有关职业安全卫生行政管理的规范性文件。

为《职业病防治法》配套出台的规章和文件有：《职业病分类和目录》、《职业病危害因素分类目录》、《职业病危害项目申报管理办法》、《建设项目职业病危害分类管理办法》、《职业健康监护管理办法》、《职业病诊断与鉴定管理办法》、《职业病危害事故调查处理办法》、《国家职业卫生标准管理办法》、《建设项目职业病危害评价规范》，等等。

职业安全卫生行政法规、地方性职业安全卫生法规、职业安全卫生规章均是职业安全卫生法律的必要补充或具体化。

（6）经我国批准生效的国际劳工公约是我国职业安全卫生法形式的组成部分。国际劳工公约是国际职业安全卫生法律规范的一种形式，它不是由国际劳工组织直接实施的法律规范，而是采用经会员国批准，并由会员国作为制定国内职业安全卫生法依据的公约文本。国际劳工公约经国家权力机关批准后，批准国应采取必要的措施使该公约发生效力，并负有实施已批准的劳工公约的国际法义务。

按照其内容,职业安全卫生方面的国际公约可以分为三类:

第一类公约用来指导成员国为了达到安全健康的工作环境,保证工人的福利与尊严制定的方针和措施,包括对危险机械设备安全使用程序的正确监督。如第 139 号《预防和控制致癌物质和制剂导致职业危害公约》;第 155 号《职业安全和卫生及工作环境公约》;第 161 号《职业安全卫生设施公约》;第 170 号《作业场所安全使用化学品公约》;第 174 号《重大工业事故预防公约》等。

第二类公约针对特殊试剂(白铅、辐射、苯、石棉和化学品)、职业癌症、机械搬运和工作环境中特殊危险而提供保护。如第 115 号《辐射防护公约》;第 148 号《工作环境(空气污染、噪声和振动)公约》;第 162 号《安用使用石棉公约》等。

第三类公约是针对某些经济活动部门,如建筑工业、商业和办公室及码头等提供保护,如第 167 号《建筑业安全卫生公约》等。

二、我国职业安全卫生管理体制与方针

1. 我国职业安全卫生管理体制

我国实行企业负责、行业管理、国家监察和群众监督的职业安全卫生管理体制。

(1) 企业负责就是企业在其经营活动中必须对本企业职业安全卫生负全面责任,企业法定代表人是职业安全卫生的第一责任人。各企业应建立安全生产责任制,在管生产的同时,必须搞好安全卫生工作。这样才能达到责、权、利的相互统一。职业安全卫生作为企业经营管理的重要组成部分,发挥着极大的保障作用。不能将职业安全卫生与企业效益对立起来,片面理解扩大企业经营自主权。具体说,企业应自觉贯彻"安全第一,预防为主"的方针,必须遵守职业安全卫生的法律、法规和标准,根据国家有关规定,制定本企业职业安全卫生规章制度;必须设置安全机构,配备安全管理人员对企业的职业安全卫生工作进行有效管理。企业还应负责提供符合国家安全生产要求的工作场所、生产设施,加强对有毒有害、易燃易爆等危险品和特种设备的管理,对从事危险物品管理和操作的人员都要严格培训。

(2) 行业管理职能主要体现在行业主管部门根据国家有关的方针政策、法规和标准,对行业安全工作进行管理和检查,通过计划、组织、协调、指导和监督检查,加强对行业所属企业以及归口管理的企业的职业安全卫生工作的管理,防止和控制伤亡事故和职业病。行业的安全管理不能放松。一些特殊行业在某种程度上还将对安全生产工作行使监督职权。

(3) 国家监察是根据国家法规对职业安全卫生工作进行监察,具有相对的独立性、公正性和权威性。职业安全卫生监察部门对企业履行安全生产职责和执行职业安全卫生法律、法规情况依法进行监督检查,对不遵守国家职业安全卫生法律、法规、标准的企业,要下达监察通知书,作出限期整改和停产整顿的决定,必要时,可提请当地人民政府或行业主管部门关闭企业。劳动行政主管部门要建立健全职业安全卫生监察机构,设置专职监察员。监察员要经常深入企业查隐患,查职业安全卫生法律、法规、标准的落实情况,把事故消灭在萌芽之中。

(4) 群众监督是职业安全卫生工作不可缺少的重要环节。随着新的经济体制的建立,群众监督的内涵也在扩大。不仅是各级工会,而且社会团体、民主党派、新闻单位等也应共同对职业安全卫生起监督作用,这是保障职工的合法权益、保障职工生命安全健康和国家财

产不受损失的重要保证。工会监督是群众监督的主要方面,是依据《中华人民共和国工会法》和国家有关法律法规对职业安全卫生工作进行的监督。在社会主义市场经济体制建立过程中,要加大群众监督检查的力度,全心全意依靠职工群众搞好职业安全卫生工作,支持工会依法维护职工的安全健康,维护职工的合法权益。工会应充分发挥自身优势和群众监督检查网络作用,履行群众监督检查职责,发动职工群众查隐患、堵漏洞、保安全,教育职工遵章守纪,使国家的职业安全卫生方针、政策、法律法规落实到企业、班组和个人。

2. 我国职业安全卫生方针

职业安全卫生方针是生产劳动过程中做好职业安全卫生工作必须遵循的基本原则。根据我国实际情况,党和国家职业安全卫生立法和政策方面的文件中明确提出了"安全第一,预防为主"的方针。

所谓"安全第一",是说在生产过程中,劳动者的安全是第一位,是最重要的,生产必须安全,安全才能促进生产。所谓"预防为主",是指积极主动预防,是实现安全生产最有效的措施。在每一项生产中都应首先考虑安全因素,经常查隐患、找问题、堵漏洞,自觉形成一套预防事故、保证安全的制度。

抓生产必须首先抓安全,要做到安全第一,实现安全生产,最有效的措施就是积极预防,主动预防。"安全第一,预防为主"是职业安全卫生工作的基本方针,国家制定的劳动法典和职业安全卫生法规中都主张把这一方针用法律形式固定下来,使这一方针成为职业安全卫生工作的基本指导原则。

第三节 我国职业安全卫生监督与管理制度

《中华人民共和国劳动法》第五十二条规定:"用人单位必须建立、健全劳动安全卫生制度,严格执行国家劳动安全卫生规程和标准,对劳动者进行劳动安全卫生教育,防止劳动过程中的事故,减少职业危害。"这里讲的职业安全卫生(劳动安全卫生)制度是指用人单位为了保护劳动者在劳动过程中的健康与安全,根据本单位的实际情况,按照国家法律、法规和规章的要求,所制定的具体的规章制度。主要包括以下六个部分。

一、安全生产责任制

安全生产责任制是最基本的职业安全卫生管理制度,是所有职业安全卫生制度的核心。安全生产责任制是按照职业安全卫生方针和"管生产的同时必须管安全"的原则,将各级负责人员、各职能部门及其工作人员和各岗位生产工人在职业安全卫生方面应做的事情及应负的责任加以明确规定的一种制度。

二、职业安全卫生教育制度

职业安全卫生教育制度,是职业安全卫生管理制度的重要组成部分。它是搞好职业安全卫生思想工作,提高企业职工职业安全卫生的认识,帮助职工正确认识和学习职业安全卫生法律、法规、基本知识,认真执行职业安全卫生规程的前提和保证。因此《中华人民共和国劳动法》规定:用人单位要"对劳动者进行劳动安全卫生教育"。

三、职业安全卫生检查制度

职业安全卫生检查制度是清除隐患、防止事故、改善劳动条件的重要手段,是企业职业安全卫生管理工作的一项重要内容。通过职业安全卫生检查可以发现企业及生产过程中的危险因素,以便有计划地采取措施,保证安全生产。

1. 职业安全卫生检查的类型

职业安全卫生检查可分为日常性检查、专业性检查、季节性检查、节假日前后的检查和不定期检查。① 日常性检查,即经常的、普遍的检查。企业一般每年进行 2～4 次;车间、科室每月至少进行一次;班组每周、每班次都应进行检查。专职安技人员的日常检查应该有计划,针对重点部位周期性地进行。② 专业性检查是针对特种作业、特种设备、特殊场所进行的检查,如电焊、气焊、起重设备、运输车辆、锅炉压力容器、易燃易爆场所等。③ 季节性检查是根据季节特点,为保障安全生产的特殊要求所进行的检查。如春季风大,要着重防火、防爆;夏季高温多雨雷电,要着重防暑、降温、防汛、防雷击、防触电;冬季着重防寒、防冻等。④ 节假日前后的检查包括节日前进行安全生产综合检查,节日后要进行遵章守纪的检查等。⑤ 不定期检查是指在装置、机器、设备开工和停工前,检修中,新装置、机器、设备竣工及试运转时进行的安全检查。

2. 职业安全卫生检查的方法

职业安全卫生检查要深入基层,紧紧依靠职工,坚持领导与群众相结合的原则,组织好检查工作。① 建立检查的组织领导机构,配备适当的检查力量,挑选具有较高技术业务水平的专业人员参加。② 做好检查的各项准备工作,其中包括思想、业务知识、法规政策和物资、奖金准备。③ 明确检查的目的和要求,既要严格要求,又要防止一刀切,要从实际出发,分清主、次矛盾,力求实效。④ 把自查与互查有机结合起来,基层以自检为主,企业内相应部门间互相检查,取长补短,相互学习和借鉴。⑤ 坚持查改结合,检查不是目的,只是一种手段,整改才是最终目的,一时难以整改的,要采取切实有效的防范措施。⑥ 制定和建立检查档案,结合安全检查表的实施,逐步建立健全检查档案。收集基本的数据,掌握基本安全状况,实现事故隐患及危险点的动态管理,为及时消除隐患提供数据,同时也为以后的职业安全卫生检查奠定基础。

四、伤亡事故和职业病统计报告和处理制度

《中华人民共和国劳动法》第五十七条规定:"国家建立伤亡事故和职业病统计报告和处理制度。县级以上各级人民政府劳动行政部门、有关部门和用人单位应当依法对劳动者在劳动过程中发生的伤亡事故和劳动者的职业病状况,进行统计、报告和处理。"

伤亡事故和职业病统计报告和处理制度是我国职业安全卫生的一项重要制度。这项制度的内容包括:依照国家法律、法规的规定进行事故的报告;依照国家法律、法规的规定进行事故的统计;依照国家法律、法规的规定进行事故的调查和处理。

五、职业安全卫生措施计划制度

职业安全卫生措施计划制度是职业安全卫生管理制度的一个重要组成部分,是企业有计划地改善劳动条件和安全卫生设施,防止工伤事故和职业病的重要措施之一。这种制度

对企业加强劳动保护,改善劳动条件,保障职工的安全和健康,促进企业生产经营的发展都起着积极作用。

其主要内容及范围如下:

(1)职业安全卫生措施计划编制的主要内容包括:① 单位或工作场所;② 措施名称;③ 措施内容和目的;④ 经费预算及其来源;⑤ 负责设计、施工的单位或负责人;⑥ 开工日期及竣工日期;⑦ 措施执行情况及其效果。

(2)职业安全卫生措施计划的范围应包括:改善劳动条件、防止伤亡事故、预防职业病和职业中毒等内容,具体有以下几种:

① 安全技术措施。即预防劳动者在劳动过程中发生工伤事故的各项措施,其中包括防护装置、保险装置、信号装置、防爆炸设施等措施。

② 职业卫生措施。即预防职业病和改善职业卫生环境的必要措施,其中包括防尘、防毒、防噪声、通风、照明、取暖、降温等措施。

③ 房屋设计等辅助性措施。即为保障安全技术、职业卫生环境的必需的房屋设施等措施,其中包括更衣室、沐浴室、消毒室、妇女卫生室、厕所等。

④ 职业安全卫生宣传教育措施。即为宣传普及职业安全卫生法律、法规、基本知识所需要的措施,其主要内容包括:职业安全卫生教材、图书、资料,职业安全卫生展览和训练班等。

六、职业安全卫生监察制度

职业安全卫生监察制度是指国家法律、法规授权的行政部门,代表政府对企业的生产过程实施职业安全卫生监察;以政府的名义,运用国家权力对生产单位在履行职业安全卫生职责和执行职业安全卫生政策、法律、法规和标准的情况依法进行监督、纠举和惩戒制度。

职业安全卫生监察具有特殊的法律地位。执行机构设在行政部门,设置原则、管理体制、职责、权限、监察人员任免均由国家法律、法规所确定。职业安全卫生监察机构与被监察对象没有上下级关系,只有行政执法机构和法人之间的法律关系。职业安全卫生监察机构在法律授权范围内可以采取包括强制手段在内的多种监督检查形式和方法来执行监察任务。

职业安全卫生监察机构的监察活动是从国家整体利益出发,依据法律、法规对政府和法律负责,既不受行业部门或其他部门的限制,也不受用人单位的约束。

职业安全卫生监察具有专属性。而执法主体是县级和县级以上法律、法规授权的行政部门,而不是其他的国家机关和群众团体。职业安全卫生监察还具有强制性。职业安全卫生监察机构对违反职业安全卫生法律、法规、标准的行为,有权采取行政措施,并且有一定的强制特点。这是因为它是以国家的法律、法规为后盾的,任何单位或个人必须服从,以保证法律的实施,维护法律的尊严。

附　　录

附录一　中华人民共和国职业病防治法

（2001 年 10 月 27 日第九届全国人民代表大会常务委员会第二十四次会议通过。根据 2011 年 12 月 31 日第十一届全国人民代表大会常务委员会第二十四次会议《关于修改〈中华人民共和国职业病防治法〉的决定》修正）

第一章　总　则

第一条　为了预防、控制和消除职业病危害，防治职业病，保护劳动者健康及其相关权益，促进经济社会发展，根据宪法，制定本法。

第二条　本法适用于中华人民共和国领域内的职业病防治活动。

本法所称职业病，是指企业、事业单位和个体经济组织等用人单位的劳动者在职业活动中，因接触粉尘、放射性物质和其他有毒、有害因素而引起的疾病。

职业病的分类和目录由国务院卫生行政部门会同国务院安全生产监督管理部门、劳动保障行政部门制定、调整并公布。

第三条　职业病防治工作坚持预防为主、防治结合的方针，建立用人单位负责、行政机关监管、行业自律、职工参与和社会监督的机制，实行分类管理、综合治理。

第四条　劳动者依法享有职业卫生保护的权利。

用人单位应当为劳动者创造符合国家职业卫生标准和卫生要求的工作环境和条件，并采取措施保障劳动者获得职业卫生保护。

工会组织依法对职业病防治工作进行监督，维护劳动者的合法权益。用人单位制定或者修改有关职业病防治的规章制度，应当听取工会组织的意见。

第五条　用人单位应当建立、健全职业病防治责任制，加强对职业病防治的管理，提高职业病防治水平，对本单位产生的职业病危害承担责任。

第六条　用人单位的主要负责人对本单位的职业病防治工作全面负责。

第七条　用人单位必须依法参加工伤保险。

国务院和县级以上地方人民政府劳动保障行政部门应当加强对工伤保险的监督管理，确保劳动者依法享受工伤保险待遇。

第八条　国家鼓励和支持研制、开发、推广、应用有利于职业病防治和保护劳动者健康的新技术、新工艺、新设备、新材料，加强对职业病的机理和发生规律的基础研究，提高职业病防治科学技术水平；积极采用有效的职业病防治技术、工艺、设备、材料；限制使用或者淘汰职业病危害严重的技术、工艺、设备、材料。

国家鼓励和支持职业病医疗康复机构的建设。

第九条　国家实行职业卫生监督制度。

国务院安全生产监督管理部门、卫生行政部门、劳动保障行政部门依照本法和国务院确定的职责,负责全国职业病防治的监督管理工作。国务院有关部门在各自的职责范围内负责职业病防治的有关监督管理工作。

县级以上地方人民政府安全生产监督管理部门、卫生行政部门、劳动保障行政部门依据各自职责,负责本行政区域内职业病防治的监督管理工作。县级以上地方人民政府有关部门在各自的职责范围内负责职业病防治的有关监督管理工作。

县级以上人民政府安全生产监督管理部门、卫生行政部门、劳动保障行政部门(以下统称职业卫生监督管理部门)应当加强沟通,密切配合,按照各自职责分工,依法行使职权,承担责任。

第十条　国务院和县级以上地方人民政府应当制定职业病防治规划,将其纳入国民经济和社会发展计划,并组织实施。

县级以上地方人民政府统一负责、领导、组织、协调本行政区域的职业病防治工作,建立健全职业病防治工作体制、机制,统一领导、指挥职业卫生突发事件应对工作;加强职业病防治能力建设和服务体系建设,完善、落实职业病防治工作责任制。

乡、民族乡、镇的人民政府应当认真执行本法,支持职业卫生监督管理部门依法履行职责。

第十一条　县级以上人民政府职业卫生监督管理部门应当加强对职业病防治的宣传教育,普及职业病防治的知识,增强用人单位的职业病防治观念,提高劳动者的职业健康意识、自我保护意识和行使职业卫生保护权利的能力。

第十二条　有关防治职业病的国家职业卫生标准,由国务院卫生行政部门组织制定并公布。

国务院卫生行政部门应当组织开展重点职业病监测和专项调查,对职业健康风险进行评估,为制定职业卫生标准和职业病防治政策提供科学依据。

县级以上地方人民政府卫生行政部门应当定期对本行政区域的职业病防治情况进行统计和调查分析。

第十三条　任何单位和个人有权对违反本法的行为进行检举和控告。有关部门收到相关的检举和控告后,应当及时处理。

对防治职业病成绩显著的单位和个人,给予奖励。

第二章　前 期 预 防

第十四条　用人单位应当依照法律、法规要求,严格遵守国家职业卫生标准,落实职业病预防措施,从源头上控制和消除职业病危害。

第十五条　产生职业病危害的用人单位的设立除应当符合法律、行政法规规定的设立条件外,其工作场所还应当符合下列职业卫生要求:

(一)职业病危害因素的强度或者浓度符合国家职业卫生标准;

(二)有与职业病危害防护相适应的设施;

(三)生产布局合理,符合有害与无害作业分开的原则;

（四）有配套的更衣间、洗浴间、孕妇休息间等卫生设施；

（五）设备、工具、用具等设施符合保护劳动者生理、心理健康的要求；

（六）法律、行政法规和国务院卫生行政部门、安全生产监督管理部门关于保护劳动者健康的其他要求。

第十六条 国家建立职业病危害项目申报制度。

用人单位工作场所存在职业病目录所列职业病的危害因素的，应当及时、如实向所在地安全生产监督管理部门申报危害项目，接受监督。

职业病危害因素分类目录由国务院卫生行政部门会同国务院安全生产监督管理部门制定、调整并公布。职业病危害项目申报的具体办法由国务院安全生产监督管理部门制定。

第十七条 新建、扩建、改建建设项目和技术改造、技术引进项目（以下统称建设项目）可能产生职业病危害的，建设单位在可行性论证阶段应当向安全生产监督管理部门提交职业病危害预评价报告。安全生产监督管理部门应当自收到职业病危害预评价报告之日起三十日内，作出审核决定并书面通知建设单位。未提交预评价报告或者预评价报告未经安全生产监督管理部门审核同意的，有关部门不得批准该建设项目。

职业病危害预评价报告应当对建设项目可能产生的职业病危害因素及其对工作场所和劳动者健康的影响作出评价，确定危害类别和职业病防护措施。

建设项目职业病危害分类管理办法由国务院安全生产监督管理部门制定。

第十八条 建设项目的职业病防护设施所需费用应当纳入建设项目工程预算，并与主体工程同时设计，同时施工，同时投入生产和使用。

职业病危害严重的建设项目的防护设施设计，应当经安全生产监督管理部门审查，符合国家职业卫生标准和卫生要求的，方可施工。

建设项目在竣工验收前，建设单位应当进行职业病危害控制效果评价。建设项目竣工验收时，其职业病防护设施经安全生产监督管理部门验收合格后，方可投入正式生产和使用。

第十九条 职业病危害预评价、职业病危害控制效果评价由依法设立的取得国务院安全生产监督管理部门或者设区的市级以上地方人民政府安全生产监督管理部门按照职责分工给予资质认可的职业卫生技术服务机构进行。职业卫生技术服务机构所作评价应当客观、真实。

第二十条 国家对从事放射性、高毒、高危粉尘等作业实行特殊管理。具体管理办法由国务院制定。

第三章 劳动过程中的防护与管理

第二十一条 用人单位应当采取下列职业病防治管理措施：

（一）设置或者指定职业卫生管理机构或者组织，配备专职或者兼职的职业卫生管理人员，负责本单位的职业病防治工作；

（二）制定职业病防治计划和实施方案；

（三）建立、健全职业卫生管理制度和操作规程；

（四）建立、健全职业卫生档案和劳动者健康监护档案；

（五）建立、健全工作场所职业病危害因素监测及评价制度；

（六）建立、健全职业病危害事故应急救援预案。

第二十二条　用人单位应当保障职业病防治所需的资金投入，不得挤占、挪用，并对因资金投入不足导致的后果承担责任。

第二十三条　用人单位必须采用有效的职业病防护设施，并为劳动者提供个人使用的职业病防护用品。

用人单位为劳动者个人提供的职业病防护用品必须符合防治职业病的要求；不符合要求的，不得使用。

第二十四条　用人单位应当优先采用有利于防治职业病和保护劳动者健康的新技术、新工艺、新设备、新材料，逐步替代职业病危害严重的技术、工艺、设备、材料。

第二十五条　产生职业病危害的用人单位，应当在醒目位置设置公告栏，公布有关职业病防治的规章制度、操作规程、职业病危害事故应急救援措施和工作场所职业病危害因素检测结果。

对产生严重职业病危害的作业岗位，应当在其醒目位置，设置警示标识和中文警示说明。警示说明应当载明产生职业病危害的种类、后果、预防以及应急救治措施等内容。

第二十六条　对可能发生急性职业损伤的有毒、有害工作场所，用人单位应当设置报警装置，配置现场急救用品、冲洗设备、应急撤离通道和必要的泄险区。

对放射工作场所和放射性同位素的运输、贮存，用人单位必须配置防护设备和报警装置，保证接触放射线的工作人员佩戴个人剂量计。

对职业病防护设备、应急救援设施和个人使用的职业病防护用品，用人单位应当进行经常性的维护、检修，定期检测其性能和效果，确保其处于正常状态，不得擅自拆除或者停止使用。

第二十七条　用人单位应当实施由专人负责的职业病危害因素日常监测，并确保监测系统处于正常运行状态。

用人单位应当按照国务院安全生产监督管理部门的规定，定期对工作场所进行职业病危害因素检测、评价。检测、评价结果存入用人单位职业卫生档案，定期向所在地安全生产监督管理部门报告并向劳动者公布。

职业病危害因素检测、评价由依法设立的取得国务院安全生产监督管理部门或者设区的市级以上地方人民政府安全生产监督管理部门按照职责分工给予资质认可的职业卫生技术服务机构进行。职业卫生技术服务机构所作检测、评价应当客观、真实。

发现工作场所职业病危害因素不符合国家职业卫生标准和卫生要求时，用人单位应当立即采取相应治理措施，仍然达不到国家职业卫生标准和卫生要求的，必须停止存在职业病危害因素的作业；职业病危害因素经治理后，符合国家职业卫生标准和卫生要求的，方可重新作业。

第二十八条　职业卫生技术服务机构依法从事职业病危害因素检测、评价工作，接受安全生产监督管理部门的监督检查。安全生产监督管理部门应当依法履行监督职责。

第二十九条　向用人单位提供可能产生职业病危害的设备的，应当提供中文说明书，并在设备的醒目位置设置警示标识和中文警示说明。警示说明应当载明设备性能、可能产生的职业病危害、安全操作和维护注意事项、职业病防护以及应急救治措施等内容。

第三十条　向用人单位提供可能产生职业病危害的化学品、放射性同位素和含有放射性物质的材料的,应当提供中文说明书。说明书应当载明产品特性、主要成分、存在的有害因素、可能产生的危害后果、安全使用注意事项、职业病防护以及应急救治措施等内容。产品包装应当有醒目的警示标识和中文警示说明。贮存上述材料的场所应当在规定的部位设置危险物品标识或者放射性警示标识。

国内首次使用或者首次进口与职业病危害有关的化学材料,使用单位或者进口单位按照国家规定经国务院有关部门批准后,应当向国务院卫生行政部门、安全生产监督管理部门报送该化学材料的毒性鉴定以及经有关部门登记注册或者批准进口的文件等资料。

进口放射性同位素、射线装置和含有放射性物质的物品的,按照国家有关规定办理。

第三十一条 任何单位和个人不得生产、经营、进口和使用国家明令禁止使用的可能产生职业病危害的设备或者材料。

第三十二条 任何单位和个人不得将产生职业病危害的作业转移给不具备职业病防护条件的单位和个人。不具备职业病防护条件的单位和个人不得接受产生职业病危害的作业。

第三十三条 用人单位对采用的技术、工艺、设备、材料,应当知悉其产生的职业病危害,对有职业病危害的技术、工艺、设备、材料隐瞒其危害而采用的,对所造成的职业病危害后果承担责任。

第三十四条 用人单位与劳动者订立劳动合同(含聘用合同,下同)时,应当将工作过程中可能产生的职业病危害及其后果、职业病防护措施和待遇等如实告知劳动者,并在劳动合同中写明,不得隐瞒或者欺骗。

劳动者在已订立劳动合同期间因工作岗位或者工作内容变更,从事与所订立劳动合同中未告知的存在职业病危害的作业时,用人单位应当依照前款规定,向劳动者履行如实告知的义务,并协商变更原劳动合同相关条款。

用人单位违反前两款规定的,劳动者有权拒绝从事存在职业病危害的作业,用人单位不得因此解除与劳动者所订立的劳动合同。

第三十五条 用人单位的主要负责人和职业卫生管理人员应当接受职业卫生培训,遵守职业病防治法律、法规,依法组织本单位的职业病防治工作。

用人单位应当对劳动者进行上岗前的职业卫生培训和在岗期间的定期职业卫生培训,普及职业卫生知识,督促劳动者遵守职业病防治法律、法规、规章和操作规程,指导劳动者正确使用职业病防护设备和个人使用的职业病防护用品。

劳动者应当学习和掌握相关的职业卫生知识,增强职业病防范意识,遵守职业病防治法律、法规、规章和操作规程,正确使用、维护职业病防护设备和个人使用的职业病防护用品,发现职业病危害事故隐患应当及时报告。

劳动者不履行前款规定义务的,用人单位应当对其进行教育。

第三十六条 对从事接触职业病危害的作业的劳动者,用人单位应当按照国务院安全生产监督管理部门、卫生行政部门的规定组织上岗前、在岗期间和离岗时的职业健康检查,并将检查结果书面告知劳动者。职业健康检查费用由用人单位承担。

用人单位不得安排未经上岗前职业健康检查的劳动者从事接触职业病危害的作业;不得安排有职业禁忌的劳动者从事其所禁忌的作业;对在职业健康检查中发现有与所从事的职业相关的健康损害的劳动者,应当调离原工作岗位,并妥善安置;对未进行离岗前职业健康检查的劳动者不得解除或者终止与其订立的劳动合同。

职业健康检查应当由省级以上人民政府卫生行政部门批准的医疗卫生机构承担。

第三十七条　用人单位应当为劳动者建立职业健康监护档案,并按照规定的期限妥善保存。

职业健康监护档案应当包括劳动者的职业史、职业病危害接触史、职业健康检查结果和职业病诊疗等有关个人健康资料。

劳动者离开用人单位时,有权索取本人职业健康监护档案复印件,用人单位应当如实、无偿提供,并在所提供的复印件上签章。

第三十八条　发生或者可能发生急性职业病危害事故时,用人单位应当立即采取应急救援和控制措施,并及时报告所在地安全生产监督管理部门和有关部门。安全生产监督管理部门接到报告后,应当及时会同有关部门组织调查处理;必要时,可以采取临时控制措施。卫生行政部门应当组织做好医疗救治工作。

对遭受或者可能遭受急性职业病危害的劳动者,用人单位应当及时组织救治、进行健康检查和医学观察,所需费用由用人单位承担。

第三十九条　用人单位不得安排未成年工从事接触职业病危害的作业;不得安排孕期、哺乳期的女职工从事对本人和胎儿、婴儿有危害的作业。

第四十条　劳动者享有下列职业卫生保护权利:

(一)获得职业卫生教育、培训;

(二)获得职业健康检查、职业病诊疗、康复等职业病防治服务;

(三)了解工作场所产生或者可能产生的职业病危害因素、危害后果和应当采取的职业病防护措施;

(四)要求用人单位提供符合防治职业病要求的职业病防护设施和个人使用的职业病防护用品,改善工作条件;

(五)对违反职业病防治法律、法规以及危及生命健康的行为提出批评、检举和控告;

(六)拒绝违章指挥和强令进行没有职业病防护措施的作业;

(七)参与用人单位职业卫生工作的民主管理,对职业病防治工作提出意见和建议。

用人单位应当保障劳动者行使前款所列权利。因劳动者依法行使正当权利而降低其工资、福利等待遇或者解除、终止与其订立的劳动合同的,其行为无效。

第四十一条　工会组织应当督促并协助用人单位开展职业卫生宣传教育和培训,有权对用人单位的职业病防治工作提出意见和建议,依法代表劳动者与用人单位签订劳动安全卫生专项集体合同,与用人单位就劳动者反映的有关职业病防治的问题进行协调并督促解决。

工会组织对用人单位违反职业病防治法律、法规,侵犯劳动者合法权益的行为,有权要求纠正;产生严重职业病危害时,有权要求采取防护措施,或者向政府有关部门建议采取强制性措施;发生职业病危害事故时,有权参与事故调查处理;发现危及劳动者生命健康的情形时,有权向用人单位建议组织劳动者撤离危险现场,用人单位应当立即作出处理。

第四十二条　用人单位按照职业病防治要求,用于预防和治理职业病危害、工作场所卫生检测、健康监护和职业卫生培训等费用,按照国家有关规定,在生产成本中据实列支。

第四十三条　职业卫生监督管理部门应当按照职责分工,加强对用人单位落实职业病防护管理措施情况的监督检查,依法行使职权,承担责任。

第四章　职业病诊断与职业病病人保障

第四十四条　医疗卫生机构承担职业病诊断,应当经省、自治区、直辖市人民政府卫生行政部门批准。省、自治区、直辖市人民政府卫生行政部门应当向社会公布本行政区域内承担职业病诊断的医疗卫生机构的名单。

承担职业病诊断的医疗卫生机构应当具备下列条件:

(一)持有《医疗机构执业许可证》;

(二)具有与开展职业病诊断相适应的医疗卫生技术人员;

(三)具有与开展职业病诊断相适应的仪器、设备;

(四)具有健全的职业病诊断质量管理制度。

承担职业病诊断的医疗卫生机构不得拒绝劳动者进行职业病诊断的要求。

第四十五条　劳动者可以在用人单位所在地、本人户籍所在地或者经常居住地依法承担职业病诊断的医疗卫生机构进行职业病诊断。

第四十六条　职业病诊断标准和职业病诊断、鉴定办法由国务院卫生行政部门制定。职业病伤残等级的鉴定办法由国务院劳动保障行政部门会同国务院卫生行政部门制定。

第四十七条　职业病诊断,应当综合分析下列因素:

(一)病人的职业史;

(二)职业病危害接触史和工作场所职业病危害因素情况;

(三)临床表现以及辅助检查结果等。

没有证据否定职业病危害因素与病人临床表现之间的必然联系的,应当诊断为职业病。

承担职业病诊断的医疗卫生机构在进行职业病诊断时,应当组织三名以上取得职业病诊断资格的执业医师集体诊断。

职业病诊断证明书应当由参与诊断的医师共同签署,并经承担职业病诊断的医疗卫生机构审核盖章。

第四十八条　用人单位应当如实提供职业病诊断、鉴定所需的劳动者职业史和职业病危害接触史、工作场所职业病危害因素检测结果等资料;安全生产监督管理部门应当监督检查和督促用人单位提供上述资料;劳动者和有关机构也应当提供与职业病诊断、鉴定有关的资料。

职业病诊断、鉴定机构需要了解工作场所职业病危害因素情况时,可以对工作场所进行现场调查,也可以向安全生产监督管理部门提出,安全生产监督管理部门应当在十日内组织现场调查。用人单位不得拒绝、阻挠。

第四十九条　职业病诊断、鉴定过程中,用人单位不提供工作场所职业病危害因素检测结果等资料的,诊断、鉴定机构应当结合劳动者的临床表现、辅助检查结果和劳动者的职业史、职业病危害接触史,并参考劳动者的自述、安全生产监督管理部门提供的日常监督检查信息等,作出职业病诊断、鉴定结论。

劳动者对用人单位提供的工作场所职业病危害因素检测结果等资料有异议,或者因劳动者的用人单位解散、破产,无用人单位提供上述资料的,诊断、鉴定机构应当提请安全生产监督管理部门进行调查,安全生产监督管理部门应当自接到申请之日起三十日内对存在异议的资料或者工作场所职业病危害因素情况作出判定;有关部门应当配合。

第五十条　职业病诊断、鉴定过程中,在确认劳动者职业史、职业病危害接触史时,当事人对劳动关系、工种、工作岗位或者在岗时间有争议的,可以向当地的劳动人事争议仲裁委员会申请仲裁;接到申请的劳动人事争议仲裁委员会应当受理,并在三十日内作出裁决。

当事人在仲裁过程中对自己提出的主张,有责任提供证据。劳动者无法提供由用人单位掌握管理的与仲裁主张有关的证据的,仲裁庭应当要求用人单位在指定期限内提供;用人单位在指定期限内不提供的,应当承担不利后果。

劳动者对仲裁裁决不服的,可以依法向人民法院提起诉讼。

用人单位对仲裁裁决不服的,可以在职业病诊断、鉴定程序结束之日起十五日内依法向人民法院提起诉讼;诉讼期间,劳动者的治疗费用按照职业病待遇规定的途径支付。

第五十一条　用人单位和医疗卫生机构发现职业病病人或者疑似职业病病人时,应当及时向所在地卫生行政部门和安全生产监督管理部门报告。确诊为职业病的,用人单位还应当向所在地劳动保障行政部门报告。接到报告的部门应当依法作出处理。

第五十二条　县级以上地方人民政府卫生行政部门负责本行政区域内的职业病统计报告的管理工作,并按照规定上报。

第五十三条　当事人对职业病诊断有异议的,可以向作出诊断的医疗卫生机构所在地地方人民政府卫生行政部门申请鉴定。

职业病诊断争议由设区的市级以上地方人民政府卫生行政部门根据当事人的申请,组织职业病诊断鉴定委员会进行鉴定。

当事人对设区的市级职业病诊断鉴定委员会的鉴定结论不服的,可以向省、自治区、直辖市人民政府卫生行政部门申请再鉴定。

第五十四条　职业病诊断鉴定委员会由相关专业的专家组成。

省、自治区、直辖市人民政府卫生行政部门应当设立相关的专家库,需要对职业病争议作出诊断鉴定时,由当事人或者当事人委托有关卫生行政部门从专家库中以随机抽取的方式确定参加诊断鉴定委员会的专家。

职业病诊断鉴定委员会应当按照国务院卫生行政部门颁布的职业病诊断标准和职业病诊断、鉴定办法进行职业病诊断鉴定,向当事人出具职业病诊断鉴定书。职业病诊断、鉴定费用由用人单位承担。

第五十五条　职业病诊断鉴定委员会组成人员应当遵守职业道德,客观、公正地进行诊断鉴定,并承担相应的责任。职业病诊断鉴定委员会组成人员不得私下接触当事人,不得收受当事人的财物或者其他好处,与当事人有利害关系的,应当回避。

人民法院受理有关案件需要进行职业病鉴定时,应当从省、自治区、直辖市人民政府卫生行政部门依法设立的相关的专家库中选取参加鉴定的专家。

第五十六条　医疗卫生机构发现疑似职业病病人时,应当告知劳动者本人并及时通知用人单位。

用人单位应当及时安排对疑似职业病病人进行诊断;在疑似职业病病人诊断或者医学观察期间,不得解除或者终止与其订立的劳动合同。

疑似职业病病人在诊断、医学观察期间的费用,由用人单位承担。

第五十七条　用人单位应当保障职业病病人依法享受国家规定的职业病待遇。

用人单位应当按照国家有关规定,安排职业病病人进行治疗、康复和定期检查。

用人单位对不适宜继续从事原工作的职业病病人,应当调离原岗位,并妥善安置。

用人单位对从事接触职业病危害的作业的劳动者,应当给予适当岗位津贴。

第五十八条　职业病病人的诊疗、康复费用,伤残以及丧失劳动能力的职业病病人的社会保障,按照国家有关工伤保险的规定执行。

第五十九条　职业病病人除依法享有工伤保险外,依照有关民事法律,尚有获得赔偿的权利的,有权向用人单位提出赔偿要求。

第六十条　劳动者被诊断患有职业病,但用人单位没有依法参加工伤保险的,其医疗和生活保障由该用人单位承担。

第六十一条　职业病病人变动工作单位,其依法享有的待遇不变。

用人单位在发生分立、合并、解散、破产等情形时,应当对从事接触职业病危害的作业的劳动者进行健康检查,并按照国家有关规定妥善安置职业病病人。

第六十二条　用人单位已经不存在或者无法确认劳动关系的职业病病人,可以向地方人民政府民政部门申请医疗救助和生活等方面的救助。

地方各级人民政府应当根据本地区的实际情况,采取其他措施,使前款规定的职业病病人获得医疗救治。

第五章　监督检查

第六十三条　县级以上人民政府职业卫生监督管理部门依照职业病防治法律、法规、国家职业卫生标准和卫生要求,依据职责划分,对职业病防治工作进行监督检查。

第六十四条　安全生产监督管理部门履行监督检查职责时,有权采取下列措施:

(一)进入被检查单位和职业病危害现场,了解情况,调查取证;

(二)查阅或者复制与违反职业病防治法律、法规的行为有关的资料和采集样品;

(三)责令违反职业病防治法律、法规的单位和个人停止违法行为。

第六十五条　发生职业病危害事故或者有证据证明危害状态可能导致职业病危害事故发生时,安全生产监督管理部门可以采取下列临时控制措施:

(一)责令暂停导致职业病危害事故的作业;

(二)封存造成职业病危害事故或者可能导致职业病危害事故发生的材料和设备;

(三)组织控制职业病危害事故现场。

在职业病危害事故或者危害状态得到有效控制后,安全生产监督管理部门应当及时解除控制措施。

第六十六条　职业卫生监督执法人员依法执行职务时,应当出示监督执法证件。

职业卫生监督执法人员应当忠于职守,秉公执法,严格遵守执法规范;涉及用人单位的秘密的,应当为其保密。

第六十七条　职业卫生监督执法人员依法执行职务时,被检查单位应当接受检查并予以支持配合,不得拒绝和阻碍。

第六十八条　安全生产监督管理部门及其职业卫生监督执法人员履行职责时,不得有下列行为:

(一)对不符合法定条件的,发给建设项目有关证明文件、资质证明文件或者予以批准;

（二）对已经取得有关证明文件的，不履行监督检查职责；

（三）发现用人单位存在职业病危害的，可能造成职业病危害事故，不及时依法采取控制措施；

（四）其他违反本法的行为。

第六十九条　职业卫生监督执法人员应当依法经过资格认定。

职业卫生监督管理部门应当加强队伍建设，提高职业卫生监督执法人员的政治、业务素质，依照本法和其他有关法律、法规的规定，建立、健全内部监督制度，对其工作人员执行法律、法规和遵守纪律的情况，进行监督检查。

第六章　法　律　责　任

第七十条　建设单位违反本法规定，有下列行为之一的，由安全生产监督管理部门给予警告，责令限期改正；逾期不改正的，处十万元以上五十万元以下的罚款；情节严重的，责令停止产生职业病危害的作业，或者提请有关人民政府按照国务院规定的权限责令停建、关闭：

（一）未按照规定进行职业病危害预评价或者未提交职业病危害预评价报告，或者职业病危害预评价报告未经安全生产监督管理部门审核同意，开工建设的；

（二）建设项目的职业病防护设施未按照规定与主体工程同时投入生产和使用的；

（三）职业病危害严重的建设项目，其职业病防护设施设计未经安全生产监督管理部门审查，或者不符合国家职业卫生标准和卫生要求施工的；

（四）未按照规定对职业病防护设施进行职业病危害控制效果评价、未经安全生产监督管理部门验收或者验收不合格，擅自投入使用的。

第七十一条　违反本法规定，有下列行为之一的，由安全生产监督管理部门给予警告，责令限期改正；逾期不改正的，处十万元以下的罚款：

（一）工作场所职业病危害因素检测、评价结果没有存档、上报、公布的；

（二）未采取本法第二十一条规定的职业病防治管理措施的；

（三）未按照规定公布有关职业病防治的规章制度、操作规程、职业病危害事故应急救援措施的；

（四）未按照规定组织劳动者进行职业卫生培训，或者未对劳动者个人职业病防护采取指导、督促措施的；

（五）国内首次使用或者首次进口与职业病危害有关的化学材料，未按照规定报送毒性鉴定资料以及经有关部门登记注册或者批准进口的文件的。

第七十二条　用人单位违反本法规定，有下列行为之一的，由安全生产监督管理部门责令限期改正，给予警告，可以并处五万元以上十万元以下的罚款：

（一）未按照规定及时、如实向安全生产监督管理部门申报产生职业病危害的项目的；

（二）未实施由专人负责的职业病危害因素日常监测，或者监测系统不能正常监测的；

（三）订立或者变更劳动合同时，未告知劳动者职业病危害真实情况的；

（四）未按照规定组织职业健康检查、建立职业健康监护档案或者未将检查结果书面告知劳动者的；

（五）未依照本法规定在劳动者离开用人单位时提供职业健康监护档案复印件的。

第七十三条 用人单位违反本法规定,有下列行为之一的,由安全生产监督管理部门给予警告,责令限期改正,逾期不改正的,处五万元以上二十万元以下的罚款;情节严重的,责令停止产生职业病危害的作业,或者提请有关人民政府按照国务院规定的权限责令关闭:

(一)工作场所职业病危害因素的强度或者浓度超过国家职业卫生标准的;

(二)未提供职业病防护设施和个人使用的职业病防护用品,或者提供的职业病防护设施和个人使用的职业病防护用品不符合国家职业卫生标准和卫生要求的;

(三)对职业病防护设备、应急救援设施和个人使用的职业病防护用品未按照规定进行维护、检修、检测,或者不能保持正常运行、使用状态的;

(四)未按照规定对工作场所职业病危害因素进行检测、评价的;

(五)工作场所职业病危害因素经治理仍然达不到国家职业卫生标准和卫生要求时,未停止存在职业病危害因素的作业的;

(六)未按照规定安排职业病病人、疑似职业病病人进行诊治的;

(七)发生或者可能发生急性职业病危害事故时,未立即采取应急救援和控制措施或者未按照规定及时报告的;

(八)未按照规定在产生严重职业病危害的作业岗位醒目位置设置警示标识和中文警示说明的;

(九)拒绝职业卫生监督管理部门监督检查的;

(十)隐瞒、伪造、篡改、毁损职业健康监护档案、工作场所职业病危害因素检测评价结果等相关资料,或者拒不提供职业病诊断、鉴定所需资料的;

(十一)未按照规定承担职业病诊断、鉴定费用和职业病病人的医疗、生活保障费用的。

第七十四条 向用人单位提供可能产生职业病危害的设备、材料,未按照规定提供中文说明书或者设置警示标识和中文警示说明的,由安全生产监督管理部门责令限期改正,给予警告,并处五万元以上二十万元以下的罚款。

第七十五条 用人单位和医疗卫生机构未按照规定报告职业病、疑似职业病的,由有关主管部门依据职责分工责令限期改正,给予警告,可以并处一万元以下的罚款;弄虚作假的,并处二万元以上五万元以下的罚款;对直接负责的主管人员和其他直接责任人员,可以依法给予降级或者撤职的处分。

第七十六条 违反本法规定,有下列情形之一的,由安全生产监督管理部门责令限期治理,并处五万元以上三十万元以下的罚款;情节严重的,责令停止产生职业病危害的作业,或者提请有关人民政府按照国务院规定的权限责令关闭:

(一)隐瞒技术、工艺、设备、材料所产生的职业病危害而采用的;

(二)隐瞒本单位职业卫生真实情况的;

(三)可能发生急性职业损伤的有毒、有害工作场所、放射工作场所或者放射性同位素的运输、贮存不符合本法第二十六条规定的;

(四)使用国家明令禁止使用的可能产生职业病危害的设备或者材料的;

(五)将产生职业病危害的作业转移给没有职业病防护条件的单位和个人,或者没有职业病防护条件的单位和个人接受产生职业病危害的作业的;

(六)擅自拆除、停止使用职业病防护设备或者应急救援设施的;

(七)安排未经职业健康检查的劳动者、有职业禁忌的劳动者、未成年工或者孕期、哺乳期女职工从事接触职业病危害的作业或者禁忌作业的；

（八）违章指挥和强令劳动者进行没有职业病防护措施的作业的。

第七十七条 生产、经营或者进口国家明令禁止使用的可能产生职业病危害的设备或者材料的，依照有关法律、行政法规的规定给予处罚。

第七十八条 用人单位违反本法规定，已经对劳动者生命健康造成严重损害的，由安全生产监督管理部门责令停止产生职业病危害的作业，或者提请有关人民政府按照国务院规定的权限责令关闭，并处十万元以上五十万元以下的罚款。

第七十九条 用人单位违反本法规定，造成重大职业病危害事故或者其他严重后果，构成犯罪的，对直接负责的主管人员和其他直接责任人员，依法追究刑事责任。

第八十条 未取得职业卫生技术服务资质认可擅自从事职业卫生技术服务的，或者医疗卫生机构未经批准擅自从事职业健康检查、职业病诊断的，由安全生产监督管理部门和卫生行政部门依据职责分工责令立即停止违法行为，没收违法所得；违法所得五千元以上的，并处违法所得二倍以上十倍以下的罚款；没有违法所得或者违法所得不足五千元的，并处五千元以上五万元以下的罚款；情节严重的，对直接负责的主管人员和其他直接责任人员，依法给予降级、撤职或者开除的处分。

第八十一条 从事职业卫生技术服务的机构和承担职业健康检查、职业病诊断的医疗卫生机构违反本法规定，有下列行为之一的，由安全生产监督管理部门和卫生行政部门依据职责分工责令立即停止违法行为，给予警告，没收违法所得；违法所得五千元以上的，并处违法所得二倍以上五倍以下的罚款；没有违法所得或者违法所得不足五千元的，并处五千元以上二万元以下的罚款；情节严重的，由原认可或者批准机关取消其相应的资格；对直接负责的主管人员和其他直接责任人员，依法给予降级、撤职或者开除的处分；构成犯罪的，依法追究刑事责任：

（一）超出资质认可或者批准范围从事职业卫生技术服务或者职业健康检查、职业病诊断的；

（二）不按照本法规定履行法定职责的；

（三）出具虚假证明文件的。

第八十二条 职业病诊断鉴定委员会组成人员收受职业病诊断争议当事人的财物或者其他好处的，给予警告，没收收受的财物，可以并处三千元以上五万元以下的罚款，取消其担任职业病诊断鉴定委员会组成人员的资格，并从省、自治区、直辖市人民政府卫生行政部门设立的专家库中予以除名。

第八十三条 卫生行政部门、安全生产监督管理部门不按照规定报告职业病和职业病危害事故的，由上一级行政部门责令改正，通报批评，给予警告；虚报、瞒报的，对单位负责人、直接负责的主管人员和其他直接责任人员依法给予降级、撤职或者开除的处分。

第八十四条 违反本法第十七条、第十八条规定，有关部门擅自批准建设项目或者发放施工许可的，对该部门直接负责的主管人员和其他直接责任人员，由监察机关或者上级机关依法给予记过直至开除的处分。

第八十五条 县级以上地方人民政府在职业病防治工作中未依照本法履行职责，本行政区域出现重大职业病危害事故、造成严重社会影响的，依法对直接负责的主管人员和其他直接责任人员给予记大过直至开除的处分。

县级以上人民政府职业卫生监督管理部门不履行本法规定的职责,滥用职权、玩忽职守、徇私舞弊,依法对直接负责的主管人员和其他直接责任人员给予记大过或者降级的处分;造成职业病危害事故或者其他严重后果的,依法给予撤职或者开除的处分。

第八十六条 违反本法规定,构成犯罪的,依法追究刑事责任。

第七章 附 则

第八十七条 本法下列用语的含义:

职业病危害,是指对从事职业活动的劳动者可能导致职业病的各种危害。职业病危害因素包括:职业活动中存在的各种有害的化学、物理、生物因素以及在作业过程中产生的其他职业有害因素。

职业禁忌,是指劳动者从事特定职业或者接触特定职业病危害因素时,比一般职业人群更易于遭受职业病危害和罹患职业病或者可能导致原有自身疾病病情加重,或者在从事作业过程中诱发可能导致对他人生命健康构成危险的疾病的个人特殊生理或者病理状态。

第八十八条 本法第二条规定的用人单位以外的单位,产生职业病危害的,其职业病防治活动可以参照本法执行。

劳务派遣用工单位应当履行本法规定的用人单位的义务。

中国人民解放军参照执行本法的办法,由国务院、中央军事委员会制定。

第八十九条 对医疗机构放射性职业病危害控制的监督管理,由卫生行政部门依照本法的规定实施。

第九十条 本法自 2002 年 5 月 1 日起施行。

附录二 职业病分类和目录

国家卫生计生委等 4 部门关于印发《职业病分类和目录》的通知

国卫疾控发〔2013〕48 号

各省、自治区、直辖市卫生计生委(卫生厅局)、安全生产监督管理局、人力资源社会保障厅(局)、总工会,新疆生产建设兵团卫生局、安全生产监督管理局、人力资源社会保障局、工会,中国疾病预防控制中心:

根据《中华人民共和国职业病防治法》有关规定,国家卫生计生委、安全监管总局、人力资源社会保障部和全国总工会联合组织对职业病的分类和目录进行了调整。现将《职业病分类和目录》印发给你们,从即日起施行。2002 年 4 月 18 日原卫生部和原劳动保障部联合印发的《职业病目录》同时废止。

国家卫生计生委
人力资源社会保障部
安全监管总局
全国总工会
2013 年 12 月 23 日

职业病分类和目录

一、职业性尘肺病及其他呼吸系统疾病

（一）尘肺病

1．矽肺

2．煤工尘肺

3．石墨尘肺

4．碳黑尘肺

5．石棉肺

6．滑石尘肺

7．水泥尘肺

8．云母尘肺

9．陶工尘肺

10．铝尘肺

11．电焊工尘肺

12．铸工尘肺

13．根据《尘肺病诊断标准》和《尘肺病理诊断标准》可以诊断的其他尘肺病

（二）其他呼吸系统疾病

1．过敏性肺炎

2．棉尘病

3．哮喘

4．金属及其化合物粉尘肺沉着病（锡、铁、锑、钡及其化合物等）

5．刺激性化学物所致慢性阻塞性肺疾病

6．硬金属肺病

二、职业性皮肤病

1．接触性皮炎

2．光接触性皮炎

3．电光性皮炎

4．黑变病

5．痤疮

6．溃疡

7．化学性皮肤灼伤

8．白斑

9．根据《职业性皮肤病的诊断总则》可以诊断的其他职业性皮肤病

三、职业性眼病

1．化学性眼部灼伤

2．电光性眼炎

3．白内障（含放射性白内障、三硝基甲苯白内障）

四、职业性耳鼻喉口腔疾病

1. 噪声聋
2. 铬鼻病
3. 牙酸蚀病
4. 爆震聋

五、职业性化学中毒

1. 铅及其化合物中毒（不包括四乙基铅）
2. 汞及其化合物中毒
3. 锰及其化合物中毒
4. 镉及其化合物中毒
5. 铍病
6. 铊及其化合物中毒
7. 钡及其化合物中毒
8. 钒及其化合物中毒
9. 磷及其化合物中毒
10. 砷及其化合物中毒
11. 铀及其化合物中毒
12. 砷化氢中毒
13. 氯气中毒
14. 二氧化硫中毒
15. 光气中毒
16. 氨中毒
17. 偏二甲基肼中毒
18. 氮氧化合物中毒
19. 一氧化碳中毒
20. 二硫化碳中毒
21. 硫化氢中毒
22. 磷化氢、磷化锌、磷化铝中毒
23. 氟及其无机化合物中毒
24. 氰及腈类化合物中毒
25. 四乙基铅中毒
26. 有机锡中毒
27. 羰基镍中毒
28. 苯中毒
29. 甲苯中毒
30. 二甲苯中毒
31. 正己烷中毒
32. 汽油中毒
33. 一甲胺中毒

34. 有机氟聚合物单体及其热裂解物中毒
35. 二氯乙烷中毒
36. 四氯化碳中毒
37. 氯乙烯中毒
38. 三氯乙烯中毒
39. 氯丙烯中毒
40. 氯丁二烯中毒
41. 苯的氨基及硝基化合物(不包括三硝基甲苯)中毒
42. 三硝基甲苯中毒
43. 甲醇中毒
44. 酚中毒
45. 五氯酚(钠)中毒
46. 甲醛中毒
47. 硫酸二甲酯中毒
48. 丙烯酰胺中毒
49. 二甲基甲酰胺中毒
50. 有机磷中毒
51. 氨基甲酸酯类中毒
52. 杀虫脒中毒
53. 溴甲烷中毒
54. 拟除虫菊酯类中毒
55. 铟及其化合物中毒
56. 溴丙烷中毒
57. 碘甲烷中毒
58. 氯乙酸中毒
59. 环氧乙烷中毒
60. 上述条目未提及的与职业有害因素接触之间存在直接因果联系的其他化学中毒

六、物理因素所致职业病

1. 中暑
2. 减压病
3. 高原病
4. 航空病
5. 手臂振动病
6. 激光所致眼(角膜、晶状体、视网膜)损伤
7. 冻伤

七、职业性放射性疾病

1. 外照射急性放射病
2. 外照射亚急性放射病
3. 外照射慢性放射病

4. 内照射放射病

5. 放射性皮肤疾病

6. 放射性肿瘤（含矿工高氡暴露所致肺癌）

7. 放射性骨损伤

8. 放射性甲状腺疾病

9. 放射性性腺疾病

10. 放射复合伤

11. 根据《职业性放射性疾病诊断标准（总则）》可以诊断的其他放射性损伤

八、职业性传染病

1. 炭疽

2. 森林脑炎

3. 布鲁氏菌病

4. 艾滋病（限于医疗卫生人员及人民警察）

5. 莱姆病

九、职业性肿瘤

1. 石棉所致肺癌、间皮瘤

2. 联苯胺所致膀胱癌

3. 苯所致白血病

4. 氯甲醚、双氯甲醚所致肺癌

5. 砷及其化合物所致肺癌、皮肤癌

6. 氯乙烯所致肝血管肉瘤

7. 焦炉逸散物所致肺癌

8. 六价铬化合物所致肺癌

9. 毛沸石所致肺癌、胸膜间皮瘤

10. 煤焦油、煤焦油沥青、石油沥青所致皮肤癌

11. β-萘胺所致膀胱癌

十、其他职业病

1. 金属烟热

2. 滑囊炎（限于井下工人）

3. 股静脉血栓综合征、股动脉闭塞症或淋巴管闭塞症（限于刮研作业人员）

参 考 文 献

[1] (英)约翰·瑞德里,约翰·强尼.职业安全与健康[M].江宏伟,等,译.北京:煤炭工业出版社,2010.

[2] 《21世纪安全生产教育丛书》编写组.职业安全卫生管理体系指南[M].北京:中国劳动社会保障出版社,2000.

[3] 陈蔷,王生.职业卫生概论[M].北京:中国劳动社会保障出版社,2008.

[4] 陈全.职业安全卫生管理体系原理与实施[M].北京:气象出版社,2000.

[5] 姜威,刘军鄂.安全生产监察实务[M].北京:化学工业出版社,2010.

[6] 林勇.国外职业安全卫生管理[M].宁波:宁波出版社,2002.

[7] 孙贵范.职业卫生与职业医学[M].北京:人民卫生出版社,2012.

[8] 王秉权,左树勋,栾昌才.采矿工业卫生学[M].徐州:中国矿业大学出版社,2002.

[9] 吴英.安全卫生[M].天津:天津大学出版社,1999.

[10] 张家志,邢军.职业卫生[M].北京:中国劳动出版社,1999.